21世纪大学文科教材
复旦博学·哲学系列

彭锋◎著

美学导论

MEIXUEDAOLUN

www.fudanpress.com.cn

—— 图1　阿格桑德罗斯：《拉奥孔》——

—— 图2　毕加索：《格尔尼卡》——

— 图3　安格尔：《泉》—

— 图4　蒙克：《嚎叫》—

— 图5　《米洛岛的维纳斯》—

— 图6 波佐：《圣依纳爵教堂天顶画》—

— 图7 毕沙罗：《风景》—

— 图8　塞尚：《圣维克多山》—

— 图10　杜尚：《自行车轮》—

— 图9　毕加索：《亚威农少女》—

—— 图11　布伦：《布伦的圆柱》——

—— 图12　泰纳：《暴风雪中的汽船》——

—— 图13　梵高：《鞋》——

—— 图14　蒙德里安：《构成A》——

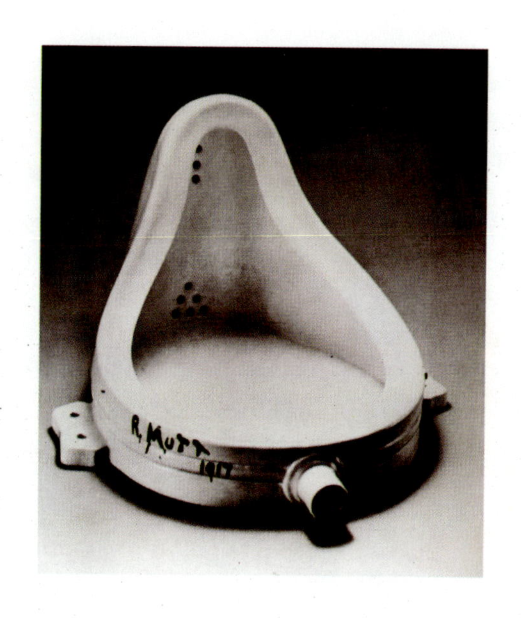

— 图15　杜尚：《泉》—

— 图16　沃霍尔：《布瑞洛盒子》—

— 图17　马蒂斯：《音乐》—

— 图18　波洛克：《薰衣草之雾》—

目　录

第一章　美学 …… 1
一、美学是关于美的科学 …… 1
二、美学是关于感性认识的科学 …… 3
三、美学即艺术哲学 …… 5
四、相邻学科对美学的渗透 …… 7
五、大众时代的美学眼光 …… 8
六、中国美学的现代意义 …… 9
七、美学的学科定位 …… 11
八、美学的学习方法 …… 15
九、美学的适用范围 …… 18

第二章　美与审美对象 …… 21
一、永恒之美与美的定义 …… 22
二、现代美学对美的理论的批判 …… 25
三、审美对象 …… 27
四、心理学美学对审美对象的认识 …… 30
五、现象学美学对审美对象的认识 …… 31
六、符号学美学对审美对象的认识 …… 37
七、中国古典美学对审美对象的认识 …… 38

第三章　审美经验 …… 45
一、关于审美经验的态度理论 …… 46
二、关于审美经验的因果理论 …… 50
三、对审美经验理论的批判与辩护 …… 53

四、分离式的审美经验和介入式的审美经验 …… 57
五、审美经验作为人生在世的原初经验 …… 60

第四章　审美情感 …… 65
一、审美愉快 …… 66
二、审美情感的多样性 …… 67
三、情感的净化 …… 72
四、虚构的悖论 …… 73

第五章　审美创造 …… 84
一、创造的观念 …… 84
二、创造与灵感 …… 88
三、创造与天才 …… 91
四、创造与实验 …… 96
五、创造的实质 …… 100
六、创造的结果 …… 103

第六章　审美解释 …… 107
一、浪漫主义文艺批评中的意图主义倾向 …… 108
二、反意图主义的盛行 …… 110
三、意图主义的复兴 …… 114
四、实际的意图主义与假设的意图主义 …… 120

第七章　审美趣味 …… 128
一、趣味作为一种感觉判断力或内感官 …… 129
二、趣味的标准 …… 132
三、趣味作为共通感 …… 141
四、趣味与审美评判 …… 145

第八章　审美与科学 …… 151
一、美与真的冲突 …… 152

二、美作为真的初级阶段 …… 154
三、艺术与科学的分野 …… 156
四、美与真的和解 …… 160
五、美与真的同一 …… 163
六、后现代科学与艺术的结盟 …… 166

第九章　审美与道德 …… 170
一、美与善的同一 …… 170
二、美与善的分离以及对美的攻击 …… 174
三、美与善的初步和解 …… 177
四、美的独立价值 …… 180
五、美与善的深层关联 …… 183

第十章　审美与宗教 …… 189
一、共有的超越领域 …… 190
二、不同的方向 …… 192
三、不同的态度 …… 194
四、作为宗教的现代艺术 …… 197
五、宗教艺术的启示 …… 202

第十一章　审美与自然 …… 207
一、对自然美的热情 …… 208
二、分离模式 …… 210
三、介入模式 …… 211
四、自然环境模式 …… 214
五、情感唤起模式 …… 215
六、显现模式 …… 217
七、自然美的启示 …… 220

第十二章　审美与社会 …… 224
一、日常生活审美化发生的社会条件 …… 225

二、日常生活审美化的哲学解释 …… 226
三、日常生活审美化的社会-政治批判 …… 229
四、日常生活审美化的美学批判 …… 233

第十三章　审美与艺术 …… 239
一、现代艺术概念的起源 …… 240
二、艺术的传统定义 …… 244
三、艺术定义的新发展 …… 248
四、艺术的历史演变 …… 253

第十四章　审美范畴 …… 258
一、美学范畴、艺术范畴与审美范畴 …… 259
二、审美范畴作为文化大风格的凝聚 …… 262
三、审美范畴作为先验情感范畴 …… 265
四、不同的"二十四" …… 273

第十五章　审美教育 …… 275
一、概念辨析 …… 276
二、审美教育作为完人教育 …… 279
三、从"负的方法"看审美教育 …… 282
四、从"正的方法"看审美教育 …… 285
五、审美教育作为境界教育 …… 289

第一章　美　学

本章内容提要：美学史上关于美学有许多不同的定义。本章重点讲述美学史上对美学的几种有代表性的理解，展望当今美学的发展趋势，探讨中国美学的现代意义，确立美学的学科位置，对于美学的学习方法和应用范围给出一般性的建议。

美学是哲学的一个分支学科。美学学科的名称 Aesthetica，是 18 世纪中期由德国哲学家鲍姆嘉通（A. G. Baumgarten, 1714—1762）首次提出来的，它的意思是关于感性认识的科学，与研究理性认识的逻辑学相并列。不过，尽管鲍姆嘉通用“感性认识”来定义这个学科，但它的研究对象却主要是美和艺术，因此后来一些美学家干脆要么将美学确定为研究美的科学，要么确立为艺术哲学，很少有人在鲍姆嘉通的意义上来理解美学。

一、美学是关于美的科学

尽管在鲍姆嘉通提出美学的名称之前没有严格意义上的美学学科，但并不能因此否认已经存在美学思想。事实上，早在古希腊时期就有丰富的美学思想，特别是关于美的思想。比如，柏拉图（Plato, 前 427—前 347）就试图弄清楚美究竟是什么。在对话录《大希庇阿斯篇》中，柏拉图区分了“美本身”（beauty in itself）和美的事物，他认为一般人在回答美是什么的时候，只是列举美的事物，而没有涉及“美本身”。“美本身”是使无数的美的事物之所以成为美的事物的根据，是无数美的事物共有的本质。柏拉图对这个“美本身”展开了讨论，他否认了当时流行的各种观点，认为美不是某个美的事物，不是使事物显得美的质料或形式，不是某种物质或精神上的满足，不是恰当、有用、有益等价值，不是由视觉与听觉引起的快感，等等。但柏拉图自己也没有给出令人满意的答案，而是以“美是难的"结束了自己的讨论①。

柏拉图之所以用"美是难的"来结束关于"美本身"的探讨,原因在于美可能在根本上就是不能定义的,因为美之中蕴含了许多矛盾的因素。正如雷恩(Micheal Wreen)指出的那样,对于古希腊人来说,"美表达了有限的、形式中可感知的东西,以及无限的、超越形式的东西,联结着可测度的东西与不可测度的东西,联结着人的世界与自然和神灵。"②

美蕴含着矛盾的特征,在温克尔曼(J. J. Winckelmann, 1717—1768)关于希腊艺术的评述中也可以看出。温克尔曼用了许多矛盾的词语来描述表现美的希腊艺术。比如:

希腊艺术杰作的一般特征是一种高贵的单纯和一种静穆的伟大,既在姿态上,也在表情里。

就像海的深处永远停留在静寂里,不管它的表面多么狂涛汹涌,在希腊人的造像里那表情展示一个伟大的沉静的灵魂,尽管是处在一切激情里面。③

这种动与静的冲突与和解,在许多希腊雕塑作品中都可以看到。比如,雕塑作品《拉奥孔》(图 1),描绘拉奥孔和他的两个儿子被巨蛇缠死的场景,人物因极度痛苦而扭曲的身体,却仍然保持着和谐的形状。这种动与静的结合,被许多美学家认为是希腊艺术中的美的理想的体现。

总之,不用矛盾的词语就不足以描述美,这表明美是很难定义的,美的本质问题是很难回答的。在美学史上,我们可以看到关于美的本质问题的不同的探讨路径。有的美学家从审美主体方面去寻找美的本质,有的从客体方面去探求美的本质,还有的从主客体之间的关系方面去寻找美的本质。尽管对于美的本质有各种各样的理论,但在 18 世纪之前西方美学对于美还是形成了一些比较一致的看法,如美在于比例、和谐或效用。

18 世纪的西方美学家开始怀疑各种美的理论。首先,他们发现美的事物是各式各样的,没有一个美的定义能够涵盖如此丰富多样的美的现象。其次,他们发现人们的审美判断往往跟审美态度(aesthetic attitude)有关。没有审美态度,再美的事物也不会成为人们审美欣赏的对象,人们也不会对它做出审美评判。有了审美态度,一些明显不美的事物如崇高甚至丑的事物,也具有审美价值(aesthetic value)。从此,关于审美态度、审美价值、审美经验(aesthetic

① 柏拉图:《大希庇阿斯篇》,见柏拉图:《文艺对话集》,朱光潜译,人民文学出版社,1963 年。
② Michael Wreen, "Beauty: Conceptual and Historical Overview", in Michael Kelly ed., *Encyclopedia of Aesthetics*, Oxford: Oxford University Press, 1998, Vol. 1, p. 238.
③ 温克尔曼:《论希腊雕刻》,见《宗白华美学文学译文选》,北京大学出版社,1982 年,第 2 页。

experience)和审美对象(aesthetic object)的研究取代了传统的美的本质研究①。

20世纪的分析美学发现对美进行定义是不可能的。如维特根斯坦(Ludwig Wittgenstein, 1889—1951)就认为,"美是什么"的问题,只是一个假问题,柏拉图极有可能将美学引上了一条错误的道路。在维特根斯坦看来,美只是表达主观情感的感叹词而不是描述对象性质的形容词,因此传统美学关于美的本质的争论,实际上是一场极大的误会②。

二、美学是关于感性认识的科学

在纷繁多样的审美经验中,如果说并不存在共同的美的本质,那么有没有其他共同的东西存在?鲍姆嘉通就发现了另一个共同的东西,即人们在审美活动中总是倾向于使用感性认识。正是基于这样的认识,鲍姆嘉通把美学定义为"感性认识的科学",而不是"美的科学"。

鲍姆嘉通区分了两种认识形式,一种是明确的(distinctive)理性认识,一种是明晰的(clear)感性认识。明确的理性认识要符合诸如精、简之类的逻辑标准,它所使用的概念必须保持为空泛的和普遍的,以便可以不确定地应用于许多个体;明晰的感性认识要符合丰富、生动和密集等审美要求,这种认识只能通过一个丰富的、密集的,以及某种意义上不确定的形象来获得,这就是鲍姆嘉通所构想的作为美学研究对象的完善的感性认识。在鲍姆嘉通看来,感性的完善在于对对象的各种属性最大限度的表现,"事物越多地被确定,它们的表象就越多地被理解;在混乱的表象中积累起来的东西越多,它就越是普遍地明晰,它就越具有诗意。因此,诗意就是尽可能多地去确定一首诗中所表现的事物"③。尽管鲍姆嘉通认为这种完善的感性认识可以同理性认识发挥一样的效力,但人们通过诗去获得关于一个对象的丰富的表象的目的,并不是为了纯粹的认识,而是为了唤起情感。诗歌的目的是唤起情感,这样,诗歌所代表的完善的感性认识并不跟理性认识构成竞争关系,因为它们的目的完全不同。评价诗歌好坏的标准是看它是否能够激发起强烈的情感,但这并不与诗歌意象的明晰性相矛盾。换句话

---

① 关于西方美学史上主要的美的理论以及18世纪美学家对这些美的理论的批判,见 Jerome Stolnitz, "'Beauty': Some Stage in the History of an Idea", in Peter Kivy ed., *Eassys on the History of Aesthetics*, Rochester: University of Rochester Press, 1992, pp. 185-202.

② 维特根斯坦关于美的分析,见维特根斯坦:《美学讲演》,载蒋孔阳主编:《二十世纪西方美学名著选》(下),复旦大学出版社,1988年,第80—92页。

③ 鲍姆嘉通:《关于诗的哲学默想录》第18节,转引自 Paul Guyer, "The Origins of Modern Aesthetics: 1711-35", in Peter Kivy ed., *The Blackwell Guide to Aesthetics*, Oxford: Blackwell, 2004, p. 36.

说，意象越明晰的诗歌唤起的情感越强烈，反之亦然。鲍姆嘉通说："更强烈的感觉也是更明晰的，因而它们比那些缺乏明晰度和力度的感觉更具有诗意……因此激发更强烈的情感比激发缺少力量的情感更富有诗意。"①由此可见，鲍姆嘉通的观点是，诗歌的目的是激起情感，这是一个意欲的目的，而不是一个客观的认知的目的，但要达到这个目的需要通过一种特定认知形式，即通过丰富的、密集的、明晰的感性形象而不是空泛的、普遍的和明确的科学概念。

鲍姆嘉通还将感性认识区分为与感官相关的外在感性和与心灵相关的内在感性。我们天天用外在感官来感知世界，这是习以为常的事，用不着设立一门学科来研究它；同时外在感觉变幻莫测，稍纵即逝，也不足以成为知识对象。艺术的魅力不是来源于人人都有的外在感性，而是来源于一种更深层次的内在感性，或者说超越的感性，用英国经验主义美学家的术语来说，是"内在感官"或者"第六感官"。这种内在感性潜藏在心灵深处，不通过深入的研究是发掘不出来的；同时艺术的魅力是人人都承认的，这表明这种内在的感性具有普遍可传达性，可以成为知识对象。只有这种内在的感性才有可能也值得设立一门学科来进行研究。鲍姆嘉通在《美学》中给"Aesthetica(美学)"所下的定义是："Aesthetica(作为自由艺术的理论、认识论之下的理论、美的思维的艺术、类理性的艺术)是感性认识的科学。"②

鲍姆嘉通开创的这个美学研究的新方向，得到了康德(Immanuel Kant，1724—1804)的继承和发展。如果说，鲍姆嘉通对美学在认识论中的核心地位的认识还比较模糊或游移不定的话，康德则非常明确地表达了美学在认识论中的核心位置的思想，并对它做出了强有力的论证。

在《判断力批判》之前，康德完成了《纯粹理性批判》和《实践理性批判》。《纯粹理性批判》研究"知"的问题，即探讨人类知识在什么条件下才是可能的，属于认识论。《实践理性批判》研究"意"的问题，即探讨人凭什么原则去指导道德行为，属于伦理学。按照对人的心理功能的知、情、意三方面的划分，就应该还有一门专门研究"情"的学科，即美学。事实上，美学的必要性还不仅仅在弥补情感研究的空缺。更重要的是，如果没有这方面的研究，前面两大批判之间就无法沟通，完整的哲学体系就无法建立。因为《纯粹理性批判》只涉及知性和自然界的

① 鲍姆嘉通：《关于诗的哲学默想录》第27节，转引自Paul Guyer，"The Origins of Modern Aesthetics：1711－35"，in Peter Kivy ed.，*The Blackwell Guide to Aesthetics*，p.36。

② 这里关于鲍姆嘉通美学思想的概述，参考了以下文献：Paul Guyer，"The Origins of Modern Aesthetics：1711－35"，in Peter Kivy ed.，*The Blackwell Guide to Aesthetics*，pp.35－38；Nicholas Davey，"Alexander Baumgarten"，in David E. Cooper ed.，*A Companion to Aesthetics*，Oxford：Blackwell，1997，pp.40－41；蒋一民：《鲍姆嘉通》，载阎国忠主编：《西方著名美学家评传》(中)，安徽教育出版社，1991年，第280—291页。

必然,《实践理性批判》只涉及理性和精神界的自由,二者之间有一条不可逾越的鸿沟。尽管自然不必关涉到自由,但自由必须关涉到自然。因为人的道德理想必须在自然中才能实现,道德秩序必须符合自然规律,否则就无所谓自由。由此必须找到一座跨越自由与自然之间的鸿沟的桥梁。康德最终找到的桥梁便是审美判断力。因此,美学研究不仅有自身的必要,而且有完善、沟通认识论和伦理学,最终建立完整的哲学体系的必要。

总之,康德讨论美学问题的《判断力批判》虽然晚出,但它探讨的却是整个批判哲学的基础问题,这个基础就是人与自然遭遇时的那个直接被给予的经验,我们的理论知识和实践行为都诞生在这个基础经验之上。这个直接被给予的、原初的经验领域就是反思判断力的领域,也就是审美的领域①。

三、美学即艺术哲学

康德之后,美学并没有朝着研究感性认识的方向继续发展,而是将自己的研究对象限制在艺术领域。在美学的这种方向转变中,继承康德思想的谢林(F. W. J. von Schelling, 1775—1854)和黑格尔(G. W. F. Hegel, 1770—1831)起了重要的作用。谢林干脆放弃了鲍姆嘉通的美学命名,将他的美学著作命名为"艺术哲学"②。黑格尔在究竟用"美学"还是用"艺术哲学"来命名他的美学著作时,颇费一番踌躇。尽管他最终还是选择了"美学",但促使他做出这一选择的并不是研究对象,而是传统习惯。从实际的研究对象的角度来说,"艺术哲学"也许更加名副其实③。从黑格尔对美的定义——"美是理念的感性显现"来看,只有艺术,严格地说,只有古典艺术完全符合这个定义。根据阿多诺(T. W.

---

① 这里关于康德美学思想的概述,参考 Paul Guyer, "The Origins of Modern Aesthetics: 1711 - 35", in Peter Kivy ed., *The Blackwell Guide to Aesthetics*, pp. 35 - 38。

② 事实上,谢林对于美学这个学科和他的有关讲演究竟应该命名为"美学"还是"艺术哲学"没有特别的说明,从他与奥·施莱格尔的通信中可以看出,他是把这两个名字等同起来使用的。如 1802 年 11 月 1 日的信中写道:"我已着手关于艺术哲学的讲演……"1802 年 11 月 29 日的信中写道:"我毅然着手关于美学的讲演……"(转引自魏庆征:《介绍弗·威·谢林及其〈艺术哲学〉》,载谢林:《艺术哲学》上,魏庆征译,中国社会出版社,1996 年,第 27 页)

③ 黑格尔在他的美学讲演中开宗明义地说:"这些演讲是讨论美学的;它的对象就是广大的美的领域,说得更精确一点,它的范围就是艺术,或则毋宁说,就是美的艺术。对于这种对象,'伊斯特惕克'(Ästhetik)这个名称实在是不完全恰当的,因为'伊斯特惕克'的比较精确的意义是研究感觉和情感的科学。……我们姑且用'伊斯特惕克'这个名称,因为名称本身对我们并无关宏旨,而且这个名称既已为一般语言所采用,就无妨保留。我们的这门学科的正当名称却是'艺术哲学',或则更确切一点,'美的艺术的哲学'。"(黑格尔:《美学》第一卷,朱光潜译,商务印书馆,1991 年,第 3—4 页)

Adorno, 1903—1969)的分析,美学之所以转向艺术哲学,完全忽视自然美,"是因为人的自由和尊严概念膨胀至极端的结果"①。

黑格尔等人将美学研究的对象严格限定为艺术,把美学等同于艺术哲学,也有他们的理由。因为在他们看来,美和感性认识,只有在艺术中才能得到最集中和最纯粹的表现。换句话说,艺术是美的结晶,是感性的王国。对艺术的研究同时可以很好地兼顾美和感性认识两个方面。不仅如此,将美学限定为艺术哲学还有更古老的传统,亚里士多德(Aristotle, 前 384—前 322)的美学著作《诗学》,只对当时流行的艺术——史诗和悲剧——进行研究。

受黑格尔等人的影响,中国现代美学家在建立他们的美学体系的时候,也明确将美学讨论的范围限定为艺术。最有代表性的要数朱光潜(1897—1986)。朱光潜将他的美学著作命名为《文艺心理学》,由此可见,文艺是他的美学的主要研究对象。为了将美学保持在纯粹的艺术领域中,朱光潜甚至还主张"是'美'就不'自然',只是'自然'就还没有成为'美'"②。

20 世纪的西方美学,特别是因为受到分析哲学的影响,更明确地将美学等同于艺术哲学,等同于对艺术批评、艺术作品和艺术概念的语言分析。正如卡尔松(Alan Carlson)在回顾这一时期的美学所观察到的那样:"在分析哲学传统中,哲学美学实际上等同于艺术哲学。在这一时期的美学的主要课本,加上了'批评哲学中的问题'的副标题,主要的美学文集冠上了诸如'艺术与哲学'和'对艺术的哲学考察'之类的标题。"③分析美学之所以狭隘地关注艺术,原因在于分析美学将自身视为二阶(second-order)的元批评(metacriticism),以区别于与个别艺术作品紧密相关的一阶(first-order)的批评(criticism);由于在分析美学兴起的 20 世纪 50 年代还缺乏关于自然美的一阶的自然批评或环境批评,但并不缺乏关于艺术的一阶的艺术批评,因此分析美学只关注艺术而不关注自然美就不难理解了④。

---

① T. W. Adorno, *Aesthetic Theory*, Translated by C. Lenhardt, London, Boston & Melbourne: Routledge & Kegan Paul, 1984, p. 92.

② 朱光潜:《谈美》,安徽教育出版社,1992 年,第 74 页。

③ Allen Carlson, *Aesthetics and the Environment: The Appreciation of Nature, Art and Architecture*, London and New York: Routledge, 2000, p. 5. 这里,主要的美学课本指的是比尔兹利的《美学:批评哲学中的问题》(Monroe C. Beardsley, *Aesthetics: Problems in the Philosophy of Criticism*, New York: Harcourt, Brace & World, 1958);主要美学文集指的是肯尼克编辑的《艺术与哲学:美学文选》(W. E. Kennick ed., *Art and Philosophy: Readings in Aesthetics*, New York, St Martin's Press, 1964)和马格利斯编辑的《对艺术的哲学考察:当代美学文选》(Joseph Margolis ed., *Philosophy Looking at the Arts: Contemporary Readings in Aesthetics*, New York: Charles Scribner's Sons, 1962)。

④ 有关分析美学的分析,见 Richard Shusterman, *Surface and Depth: Dialectics of Criticism and Culture*, Ithaca and London: Cornell University Press, 2002, pp. 17 - 30。

作为艺术哲学的美学，顾名思义是一种以处理艺术问题为核心的美学，主要思考艺术美的构成，艺术审美的心理结构，艺术在整个人类文化中的位置，艺术的风格类型等问题。除了这些一般性的问题之外，艺术哲学还有一种或明显或潜在的企图，那就是要为艺术家的创作指出方向，为观众的欣赏给予引导，对现存的艺术现象做出批评，尤其是要为艺术价值的评鉴提供准则。艺术哲学教我们怎样从纷繁复杂的人类文化中，将艺术分离出来，同时将那些没有艺术价值的人工制品毫不留情地从艺术圣殿中清除出去。由于20世纪的艺术实践倾向于打破艺术与非艺术的边界，因此对艺术进行定义就成了这个时期艺术哲学的主要任务。

四、相邻学科对美学的渗透

随着美学研究的深入发展，它越来越多地采用相邻学科的术语和方法；同时，其他学科在拓展自己的研究领域时，也常常自觉或不自觉地进入美学领域，因为审美是人类生活中的一种普遍现象，艺术是人类精神活动的一种基本形式，任何一门人文社会学科都或多或少地要接触到审美活动和艺术形式。美学与相邻学科的相互渗透，已成了现代美学的基本特征，如杜夫海纳(Mikel Dufrenne，1910—1995)就提倡美学要采取多学科、跨学科和超学科的研究方法。在杜夫海纳主编的《美学文艺学方法论》一书中，我们可以看到，在当今的美学研究中，流行的方法达十五种之多，它们被杜夫海纳总括为“科学的方法”。在诸多相邻学科中，心理学和社会学是对美学影响最大的两门学科①。

由于心理学在解决美感发生的心理机制方面具有得天独厚的优势，自19世纪以来，心理学已经向美学全面渗透，以至于审美心理学成了现代美学的一个重要的组成部分。

19世纪末至20世纪初，以思辨哲学著称的德国，却流行从心理学甚至生理学的角度来研究美学问题，随后在世界范围内形成了具有广泛影响的心理学美学思潮。经过一个多世纪的研究，审美心理学取得了许多重要成果，其中一些学说，如移情说、内模仿说、心理距离说、异质同构说、本能欲望升华说、集体无意识说、高峰体验说等等，对我们具体地理解审美经验具有十分重要的意义。

在美学运用心理学方法接连提出许多有重要价值的学说的同时，社会学也开始向美学全面渗透。运用社会学的方法研究美学，最早可以追溯到维柯(G.

---

① 杜夫海纳主编：《美学文艺学方法论》，朱立元等编译，中国文联出版公司，1992年。

B. Vico，1668—1744)和赫尔德(J. G. Herder，1744—1803)。席勒(J. C. F. von Scheller，1759—1805)的人本主义游戏说，斯宾塞(H. Spencer，1820—1903)的生物学游戏说，丹纳(H. A. Taine，1828—1893)的种族、环境、时代决定论，马克思主义美学和新马克思主义美学，等等，都可以看作社会学美学或者审美文化学、艺术社会学。它们的共同特征是：以人的社会属性为出发点，研究人的审美意识和艺术实践的起源、功能和价值。

五、大众时代的美学眼光

美学变革不仅体现在方法论的转变上，而且体现在研究对象的扩展上。20世纪后半期以来，美学的研究领域有了很大的扩展。美学不再局限在传统的艺术领域内，而是深入到了日常生活、科学和哲学的核心。正如威尔什(Wolfgang Welsch，1946—)所说的那样，"美学已经失去作为一门仅仅关于艺术的学科的特征，而成为一种更宽泛更一般的理解现实的方法。"①

美学之所以成为一种一般的理解现实的方法，原因在于现实本身被审美化了。根据威尔什的观察，今天的世界正在发生从表到里的全面的审美化进程。表面的审美化表现为外观的审美；深层的审美化是通过新的工艺技术改变物质的结构，通过生物工程改变生物的结构，通过媒体改变社会现实的结构。由于新技术的发展，使得整个现实变得具有可塑性，人们可以根据美学原则自由地设计和塑造现实。美学眼光正是这样从表到里全面渗透到了现实之中。

但是，具有讽刺意味的是，在现实被审美化的同时，我们这个时代的艺术却普遍表现出反美学的倾向。与作为美的结晶的古典艺术相对，现代艺术成了丑的大杂烩。艺术家纽曼(Bartnett Newman，1905—1970)曾经直截了当地说：现代艺术的冲动，"就是要摧毁美"②。艺术家杜布菲(Jean Dubuffet，1901—1985)也曾坦率地说："对我来说，美决不会进入画面。"③今天的艺术之所以表现出反美学的倾向，一个重要的原因在于，现实的审美化结果不仅没有强化人们的审美感悟力，反而使它变得麻木迟钝。因为，现实的审美化所采取的美学眼光，针对

---

① Wolfgang Welsch, *Undoing Aesthetics*, trans. Andrew Inkpin, London: SAGE Publications, 1997, p. ix.

② Bartnett Newman, "The Sublime is Now"[1948], in Bartnett Newman, *Bartnett Newman: Selected Writings and Interviews*, New York: Knopf, 1990, p. 172.

③ Jean Dubuffet, "Anticultural Positions", in Richard Roth and Susan King Roth eds., *Beauty is Nowhere: Ethical Issues in Art and Design*, Amsterdam: G+B Arts International, 1998, p. 12.

的是大众的平均化的审美趣味，并没有真正考虑作为大众的一分子的个体的审美要求，由此大众的欲望在被满足的同时，大众中的每一个个体则被规范、定位，直至彻底迷失自身的独特审美要求。今天的艺术正是以它反美学的倾向，帮助人们摆脱现实的审美化以美的名义造成的审美危机，发现并培养个体的审美感悟力和个性风格。

六、中国美学的现代意义

如果从世界美学的发展历程来看，可以非常粗略地说，迄今为止，美学的发展经历了前现代、现代和后现代三个阶段。先让我们做一点概念上的澄清工作。

尽管后现代是一个十分含混的概念①，但是，如果我们将与之对应的现代和前现代联系起来考虑的话，还是比较容易澄清它的含义。比如，梅勒（Hans-Goreg Moeller，1963— ）用结构主义符号学的方法对前现代、现代和后现代做出了比较成功的区分。在梅勒的结构主义符号学中，核心的概念是“代表性”（representation）。“这个概念首先表示能指（signifier）与所指（signified）之间的一种特殊关系。它描述一个符号学结构：如果能指是被理解为所指的某种‘代表’（representative），并且仅仅被理解为某种‘代表’，我就称它们之间的关系为‘代表性’的关系。许多以往的哲学和人文科学方面的构想，我们都可以使用‘代表性’的结构加以解释。例如，某些语言哲学中词语与其所代表者的关系，西方形而上学中事物与观念、物自身与现象、自主创生者与依存者之间的关系，基督教关于上帝与人世间的分别，政治生活中选民与其代表者之间的关系，都包含了某种‘代表性’的设想。在此种关系中，代表者与所代表者之间被理解为一种既相互联系、又具有某种实质性的区别的关系。”②

与这种“代表性”结构相对的是两种“非代表性”的结构：一种是“存有性”（presence）结构，另一种是“标记性”（significance）结构。前者也可以说是“前代表性”结构，后者也可以说是“后代表性”结构。“存有性的符号结构在于肯定能指与所指的同样真实性，就是说能指与所指合成事物的整体，正如形式与颜色合成绘画的整体一样。中国传统哲学中的形名关系或名实关系，社会生活方面的

---

① 正如舒斯特曼指出的那样，“关于后现代主义最清楚和最确定的东西也许就是：它是一个非常不清楚和充满争议的概念。”见 Richard，Shusterman，“Aesthetics and Postmodernism”，in Jerrold Levinson ed.，*The Oxford Handbook of Aesthetics*，Oxford：Oxford University Press，2003，p. 771。

② 梅勒：《冯友兰新理学与新儒家的哲学定位》，《哲学研究》1999 年第 2 期，第 54—55 页。

知行关系，都体现了存有性的结构。……在此种结构中，你不能够说‘名’与‘实’之间只有‘代表’的关系，因为它们具有同样的真实性，‘名’不只是某种符号，它同时体现了事物之理。‘名’与‘实’同样的真实，它们都是存有的一部分。而标记性的结构中没有真正的存有领域，可以说，一切都在‘代表’的领域中。就是说，在存有性结构中，所指与能指都在存有的领域；在代表性结构中，所指在存有的领域，而能指在‘代表’的领域；而在标记性的结构中，只有‘代表’而没有所代表者，所代表者也只是某种‘标记’而已。”[①]梅勒根据这个模式，认为中国传统哲学的主流形态都可以归属于存有性的结构，而标记性的结构则在所谓“后现代主义”或者说当代“后形而上学”(post metaphysics)的哲学讨论中占主导地位。梅勒用一个图表直观地例示了这三种不同的符号学结构的关系[②]：

结构模式	存有领域	标记领域
存有性结构	能指-所指	
代表性结构	所　指	能　指
标记性结构		能指-所指

梅勒的这个模式将前现代、现代和后现代比较成功地区分开来了：前现代具有存有性符号学结构，现代具有代表性符号学结构，后现代则具有标记性符号学结构[③]。

现在，让我们对这些术语再做些简单化的解释。所谓存有领域就是实在领域，标记领域就是虚拟领域。在前现代的存有性结构中，符号的能指与所指都属于实在领域，都具有现实存在的意义。在后现代的标记性结构中，能指与所指都属于虚拟领域，都只有语言符号的意义。尽管这两种结构完全属于不同的领域，但它们具有一个共同的特征，那就是能指与所指都属于同一个领域。而在现代的代表性结构中，能指与所指分别属于虚拟的标记领域和实在的存有领域，它们

① 梅勒：《冯友兰新理学与新儒家的哲学定位》，第55页。

② 有关这三种结构的更详细的分析，见 Hans-Georg Moeller, “Before and After Representation”, *Semiotica* 143-1/4 (2003), pp. 69-77。

③ 当然，我们也必须意识到，这种清晰的区分冒着简单化的危险。舒斯特曼(R. Shusterman)教授曾经警告我，这种区分过于简单和草率，因为在他看来，“关于后现代主义最清楚和最确定的东西也许就是：它是一个非常不清楚和充满争议的概念”(Richard, Shusterman, “Aesthetics and Postmodernism”, in Jerrold Levinson ed., *The Oxford Handbook of Aesthetics*, p. 771)。尽管这种区分的确有简单化的危险，但对于缺乏对这些概念的清晰区分的中国学术界来说，简单化也许更有助于我们澄清思路和把握实质。

之间存在着类型上的差异。

梅勒的这种区分，也可以应用到美学领域。我们可以用艺术来代替能指和标记，用现实来代替所指和存有。于是，我们就会看到一种这样的情形：在前现代美学中，艺术与现实同属于现实领域，它们之间存在着密切的关系，艺术能够对现实发生直接的作用，艺术是现实的一部分，但艺术所发挥的作用不会特别重要，因为艺术同现实一样都服从现实原则；在后现代美学中，艺术与现实同属于艺术领域，它们之间也存在着密切关系，现实能够对艺术发生直接的作用，现实在某种意义上具有艺术的特性，艺术所发挥的作用特别重要，因为现实同艺术一样都服从艺术原则；在现代美学中，艺术属于艺术的领域，现实属于现实的领域，它们之间不存在直接的关系，只能发生间接的作用或影响。

由于中国传统美学强调艺术与现实的密切关系，由于审美自律和为艺术而艺术的观念不甚明晰，因此在总体上属于前现代美学的范畴。如果用现代美学的标准来看中国传统美学，就会发现我们根本就没有严格意义上的审美和艺术，就像当年王国维做出“我中国非美术之国也”的判断那样①。具有前现代特征的中国传统美学，强调审美和艺术可以在促进自然、社会和人生的和谐关系上发挥重要作用。19 世纪末 20 世纪初开始的中国美学的现代转型，就是将前现代形态的中国传统美学改造为现代形态的西方现代美学。由于中国传统美学和马克思主义意识形态的强势影响，中国美学的现代性表现得很不纯粹，审美自律和为艺术而艺术的观念并没有成为中国美学的主导观念。正因为中国美学的现代性特征并不明显，它可以与后现代美学联合起来反对审美现代性的观念，重新将被现代美学孤立起来的审美和艺术放回到广大的生活世界之中。当然，中国美学与后现代美学之间存在着巨大差异。后现代美学所谓的生活世界实际上是服从叙事改变的语言世界，不是真正的社会实践世界。中国美学对生活世界的真实性的强调，可以弥补后现代美学将一切都虚拟化的弊端。通过与西方美学的交流和对话，不仅可以让中国美学走向世界，而且可以对西方现代美学和后现代美学如何走出困境提供某些启示。

七、美学的学科定位

美学究竟是一门怎样的学科？在今天的中国高等教育中，美学的适用范围

① 王国维：《孔子之美育主义》，载《王国维文集》第三卷，中国文史出版社，1997 年，第 158 页。

显得比较复杂。美学通常被视为哲学系和中文系学生的主干基础课或专业必修课，也被视为艺术院校的学生的基础理论课。不过，如果从上述关于美学的基本理解来看，美学适用范围的复杂性可以得到较好的解释。

首先，从美学是关于美的科学的角度来讲，美学是同研究真的狭义哲学（认识论）、研究善的伦理学并列的广义哲学分支学科。这种区分可以在康德的哲学构想中找到根据。在《判断力批判》导言中，康德将哲学划分为三个领域，并用下面这个图表清晰地表明了这三个领域的区别①：

内心的全部能力	诸认识能力	诸先天原则	应用范围
认识能力	知　性	合规律性	自　然
愉快和不愉快的情感	判断力	合目的性	艺　术
欲求能力	理　性	终极目的	自　由

在康德的这种划分中，美学是对判断力的研究，处于研究知性的理论哲学与研究理性的实践哲学之间，起居中协调和过渡的桥梁作用。

当代一些研究者发现，在康德的哲学构想中，美学不仅处于认识论与伦理学之间，起着沟通二者的桥梁作用，而且在逻辑上处于二者之前，处于整个哲学的基础部位上。比如，在汤森德（Dabney Townsend，1941—　）看来，“尽管康德的《判断力批判》在其批判系列中第三个出现，但它却在逻辑上处理前两大批判已经作为必然揭示出来的那个先决条件。”②《判断力批判》涉及整个批判哲学的基础问题，这个基础就是人与自然遭遇时的那个直接被给予的经验，我们的理论知识和实践行为都诞生在这个基础经验之上，如果没有那个业已被给予的经验，关于这个经验的理论的和实践的解释也就无从谈起。这个直接被给予的、原初的经验领域就是判断力的领域，也就是审美的领域。威尔什也持类似的主张。通过对鲍姆嘉通、康德、尼采（F. Nietzsche，1844—1900）、维特根斯坦等人的重新解读，威尔什指出：“审美已经深入哲学的核心，进入知识和真理的基础层面。同时，我们已经确立，按照现代的理解，真理中渗透着审美的前提；我们的认识在它的基础方面是审美地描绘的。”③正是基于这样的认识，威尔什提出了所谓的“美学转向（aesthetic turn）”。他说：“我们的‘第一哲学’（first philosophy）在相

① 康德：《判断力批判》，邓晓芒译，人民出版社，2002年，第33页。
② Dabney Townsend, *Aesthetics: Classic Readings from Western Tradition*, San Francisco: Wadsworth, 2002, p. 118.
③ Wolfgang Welsch, *Undoing Aesthetics*, trans. Andrew Inkpin, p. 46.

当的程度上已经变成了审美的。'第一哲学'——这是对这个学科中对现实作最一般描述的部分的经典称谓。在古代曾经是由存在得出，在现代起源于意识，在现代性阶段则由来于语言；今天向审美的范型转变似乎是非常临近了。我们越往后追问，越基础地分析，我们就越遭遇到审美的因素和审美性质的结构。在论证的基础和对现实的基本描述中，我们一再发现审美选择。在今天的语境中——在无基础性(non-fundamentality)的语境中——'基础'(fundaments)大体上显现出一种审美的面貌。或者，更准确地说，非基础主义更精确地意味着基础具有审美的特征(aesthetic inscription)。"①

其次，从关于感性认识的角度来看，美学是与逻辑学并列的研究人的认识能力和思维能力的科学。我们可以在鲍姆嘉通关于美学的最初构想中发现这种学科定位。尽管鲍姆嘉通追随理性主义者将感性认识称为"低级能力"，但他的目的不是去谴责它的低级，而是为感性认识的认识论价值进行辩护。

像莱布尼茨、沃尔夫等理性主义者一样，鲍姆嘉通区别了两种认识方式：一种是逻辑，一种是审美。逻辑思维的目的是获得概念的确定性，为了达到这个目的，概念必须是空泛的，它们可以不确定地运用于许多个体；审美思维的目的是获得一个确定个体的表象，对象完满的确定性只能通过一个丰富的、密集的，以及某种意义上不确定的意象来获得②。比如，一个生物学家可以通过逻辑思维获得确定的松树概念，这个空泛的松树概念可以不确定地适用于任何个别的松树而不会出错，但这个生物学家可以从来没有见过任何一棵真正的松树。相反，一个画家可以通过审美思维把握到眼前一个生动的松树意象，但这个松树意象是唯一的，画家很难将这个意象运用到其他不同的松树个体上去，也就是说，尽管画家对松树非常熟悉，但他可能没有确定的松树概念。鲍姆嘉通认为这两种都是有效的知识，只不过审美思维获得的知识不如逻辑思维获得的知识那么确定而已。正是在这种意义上，鲍姆嘉通主张将审美思维视为逻辑思维的低级阶段。不过，鲍姆嘉通又认为，完美的审美思维可以像逻辑思维一样发挥作用。诗人用的就是这种完美的审美思维，因此诗是一种感性上完美的话语形式。诗的感性完美在于它最大限度地表现了一个对象的属性，以至于在获得对该对象的明确认识的意义上可以与逻辑思维相媲美。

再次，从艺术哲学来看，美学同道德哲学、政治哲学、宗教哲学、科学哲学、文化哲学、经济哲学、教育哲学等一道，组成哲学的应用学科。就艺术哲学来说，就

① Wolfgang Welsch, *Undoing Aesthetics*, trans. Andrew Inkpin, pp. 47－48 页.

② 参见 Paul Guyer, "The Origins of Modern Aesthetics: 1711－35", in Peter Kivy ed., *The Blackwell Guide to Aesthetics*, p. 36。

是将哲学的基本观念和方法应用于艺术研究领域。如同前面指出的那样，艺术哲学不同于一般的艺术理论和批评，而是为一般的艺术理论和批评提供基本的观念和方法，因此也被称作元批评。当然，艺术哲学更不同于一般的艺术实践，它在性质上还是属于哲学学科，具有哲学的一般特征，而一般意义上的艺术实践，无论是艺术欣赏还是艺术创作，都不属于哲学领域。

尽管我们在哲学领域给美学找到了合适的位置，但是我们也必须承认，美学的学科定位一直存在疑问，美学在哲学大厦中始终处于边缘的位置。如果我们仔细阅读康德的著作，就会发现他在给美学定位的问题上，显得有些犹豫不定。在高等教育中，美学曾经是哲学学科中的丑小鸭，经历过非常“沉寂”的时期，它在今天的兴旺发达让许多美学家都有些意想不到。基维(Peter Kivy)对于美学在50年代的沉寂记忆犹新，对于美学在今天的兴盛充满自豪：“如果某些哲学的分支还承受着‘沉寂’的绰号，那么，无论美学还是艺术哲学，都不再是其中的一员；它们获得了前所未有的兴盛发达。……如果让任何一位出版商在(比如说)1959年来考虑一套哲学指南系列读物，我敢肯定美学指南不会包括在该计划之内。但今天，不包含美学指南的这种计划是不可能被考虑的。”①今天复兴的美学跟沉寂时期的美学有重要的区别，美学由自圆其说的理论体系，逐渐分解为具体问题，围绕这些具体问题的争论，形成了当代美学的大繁荣②。

艾尔雅维茨(Ales Erjavec)主张，美学在今天的繁荣与它的学科定位不甚严格有关。在艾尔雅维茨看来，人类社会已经进入了全球化时代，美学之所以在今天兴盛起来，是因为全球化导致的政治格局、经济形式和社会形态，与美学自身的特性非常吻合。艾尔雅维茨认为，经济全球化必然导致民族国家强权的衰落，代之而起的是一种新的强权形式，一种新的帝国的诞生。这种新的帝国或强权形式，不再建立在单个民族国家的基础上，因而失去了中心。美学学科的开放性和非霸权性，与全球化时代的去中心倾向相适应。艾尔雅维茨指出：“如果数十年前美学还是艺术哲学和美的哲学的话，那么今天它已经转变成了一个各种平行的理论话语共存的广大领域。美学今天显然不再被视为一种霸权，而是某种东西的‘第二特性’，无论这个东西的‘第一特性’是什么，无论它是艺术史、比较文学、解构主义、批评理论、艺术社会学、文化研究，还是音乐学、舞蹈理论。就像今天的帝国那样，美学也失去了中心，或者具有诸多不同的中心。”③正因为美学

---

① Peter Kivy, “Aesthetics Today”, in Peter Kivy ed., *The Blackwell Guide to Aesthetics*, p. 4.

② 彭锋：《在争论中发展的当代美学》，载《哲学动态》2009年第4期。

③ Ales Erjavec, “Aesthetics and/as Globalization: An Introduction”, in Ales Erjavec ed., *International Yearbook of Aesthetics*, Vol. 8, 2004, p. 7.

没有中心,没有严格的限制,因此它可以包容众多不同的理论。就"第一特性"来说是艺术史的东西,就"第二特性"来说可以是美学;就"第一特性"来说是文化研究的东西,就"第二特性"来说也可以是美学,尽管艺术史与文化研究截然不同。换句话说,由于美学在"第一特性"上没有任何确定的所指,或者说由于美学实际上只是一个"空的能指"(empty signifier),因此它可以包容许多不同甚至冲突的理论。就像全球化时代失去中心的政治共同体一样,由于它不再建立在单一的民族国家的基础上,因此任何民族国家都可以囊括进来,不管它们之间存在多大的不同甚至严重的冲突。由此,我们就不难理解美学为什么会在全球化时代兴盛起来,因为全球化时代的政治、经济和文化需要像美学一样的开放性和包容性。换句话说,美学可以培养出全球化时代所需要的那种开放性和容忍力。如果真的是这样的话,美学学科的不确定性,或者长期以来人们对美学学科的合法性的质疑,在全球化时代就不再是它的缺点,而是它的优势。因为"作为不同甚至冲突的知识和理论话语领域的一个充满分歧的集合体,美学只有在它不被严格界定的时候才有可能。尽管它携带的普遍意义比较模糊,但正是这种特征让它可以成为一个全球概念。而且,任何严格定义都不仅让美学变得僵化,而且无视了这个事实:美学不再是'哲学大厦中的一部分'……而是一种横向知识,不仅忽略了传统的学科划分,而且忽略了文化差异,特别是后者在今天显示了它的多产本性"①。根据艾尔雅维茨,在全球化时代,美学之所以变得多产而富有活力,关键在于它可以忽略学科之间的差异和文化之间的差异。

八、美学的学习方法

朱光潜先生在总结自己学习美学的经验时着重强调:"研究美学的人们如果忽略文学、艺术、心理学、哲学(和历史),那就会是一个更大的缺陷。"②由此可见,学习美学需要涉及广泛的知识。在这种意义上,可以说美学具有跨学科的特征。不过,我这里着重要强调的是,学习美学要保持理论与实践之间的辩证关系,保持概念的运动性。

美学在总体上属于哲学领域,学习美学一方面需训练好理论思维,掌握哲学

① Ales Erjavec, "Aesthetics and/as Globalization: An Introduction", in Ales Erjavec ed., *International Yearbook of Aesthetics*, Vol. 8, 2004, p. 8.

② 朱光潜:《我学美学的经历和一点经验教训》,载《朱光潜全集》第 10 卷,安徽教育出版社,1993 年,第 570 页。

的一般观念，学会用哲学的方法和观念去思考和分析问题。在这方面，最好的方式是学习历史上伟大的哲学家的思想，通过理解哲学家的思想，培养自己的思维能力，建构自己的概念体系。但是，另一方面，美学的研究领域毕竟跟艺术实践和审美经验有关，而这些领域中的事物是以变化著称的，“艺术是一个在本质上开放和易变的概念，一个以它的原创、新奇和革新而自豪的领域”①。学习美学，就需要对艺术和审美领域中的变化保持高度的敏感。要保持对艺术和审美的敏感，最好的方式就是介入艺术实践和审美经验之中。由于美学研究是用哲学的观点和方法研究审美和艺术，而且审美和艺术具有与哲学抽象完全相反的特征，这就给美学研究造成了一定程度的困惑：一方面要高度超然或分离(detachment)，因为哲学理论具有典型的超然性，总是事后的反思；另一方面又要积极介入或参与(engagement)，因为审美和艺术具有典型的在场性，要求当下的体验。如何用超然的哲学理论来把握和解释在场的审美和艺术，这是每个美学研究者都必须认真思考的问题。让我们以艺术为例对这个问题做些简要的解答。

美学要对艺术实践做出哲学研究，首先需要对艺术实践有切身的体验，要有丰富的欣赏经验和创作经验，要了解艺术家运用的技术和材料，要了解艺术家的意图、实现意图的方式、需要解决的困难。

其次，需要艺术史和艺术批评的知识。鉴于艺术是一个以创新而自豪的领域，因此不同时代的艺术有不同的风格，不同的风格会形成不同的艺术范畴。要理解历史上的艺术作品，就需要将它们放在适当的艺术范畴下来观照。比如，要理解毕加索(Pable Picasso，1881—1973)的《格尔尼卡》(*Guernica*，图 2)，就需要将它放在立体派的范畴下来感知，而不是放在印象派的范畴下来感知。如果将《格尔尼卡》放在印象派的范畴下来感知，它的几何构成就会被认为是笨拙的；如果将它放在立体派的范畴下来感知，同样的几何构成就会被认为是巧妙的。我们怎么知道“立体派”是感知《格尔尼卡》的正确范畴呢？当然，光凭我们对艺术的切身体验还不够，我们还需要有相应的艺术史和艺术批评的知识，因为艺术史和艺术批评会告诉我们如何将艺术作品放在其相应的范畴下来感知，换句话说，我们将《格尔尼卡》视为立体派而不是印象派，这不是由绘画的经验告诉我们的，而是由艺术史和艺术批评的知识告诉我们的。

再次，我们需要将有关《格尔尼卡》的经验上升到哲学理论高度，或者从某种哲学理论的角度来解读《格尔尼卡》。比如，我们可以用尼采的“透视主义”(perspectivism)或“解释学的普遍主义”(hermeneutic universalism)来解读《格

---

① 舒斯特曼：《实用主义美学》，彭锋译，商务印书馆，2002 年，第 59 页。

尔尼卡》,或者将欣赏《格尔尼卡》的经验上升到"透视主义"或"解释学普遍主义"的高度。按照"透视主义"或"解释学普遍主义"的看法,世界上不存在事实,只存在解释,世界是解释地构成的。《格尔尼卡》正好是这种哲学主张的体现,它不是事实的反映,而是事实的构成,是在毕加索的解释中构成的事实。

最后,我们必须让哲学理论经受起艺术经验的检验,让哲学概念在艺术经验的冲击下不断重新界定。艺术,尤其是20世纪以来的艺术,以挑战任何既成哲学理论著称。但这并不意味着我们无法对艺术进行哲学解释,也并不意味着为了解释千变万化的艺术,哲学就应该放弃自身理论特征而变成艺术。千变万化的艺术并不会导致理论的终结,但会推动理论的完善,推动概念的运动。比如,对《格尔尼卡》的经验让我们认识到世界并不完全是解释地构成的,还有某些东西处于解释之下或之外[①]。在罗蒂(Richard Rorty, 1931—2007)看来,残暴和痛苦就是这样的现象,它们是非语言的,不服从叙事改变,处在解释之外[②]。基于这种认识,我们就需要对解释学普遍主义做出一定的修正或限制。再如,我们仍然可以用"崇高"这个概念来解读《格尔尼卡》,或者我们从《格尔尼卡》中感到了某种崇高感,但我们需要注意的是,这种崇高与朗吉弩斯(Longinus)所说的神性崇高不同,与博克(Edmund Burke, 1729—1797)所说的自然崇高也不同,而比较接近利奥塔(Jean-François Lyotard, 1924—1998)所说的社会生活的崇高[③]。尽管我们用的是同一个崇高概念,但这个概念的内涵发生了变化,这就是我们说的艺术和审美经验推动了哲学概念的运动。

由于概念是运动的,理论是发展的,因此我们需要学习美学理论,但又不能拘泥于某种理论,因为每种美学理论事实上都是在解释某个特定历史阶段的艺术和审美经验,都是在突出某种艺术类型的独特特征,而无法适应所有的艺术和审美经验。正如韦兹(Morris Weitz, 1916—1981)指出的那样,"我们作为哲学家,一旦明白了定义与隐藏在定义背后的东西之间的区别,我们就应该宽大地对待传统的艺术理论;因为每个这种定义中所体现的东西都是一种争论或证明,旨在强调或关注艺术的某个被忽视或曲解的特征。如果我们严格地对待美学理论,就像我们已经看到的那样,它们就都是错误的;但是,如果我们根据它们的功能和用途,将它们重新解释为对于有关艺术卓越性的标准的严肃和力争的荐举,那么我们就会明白美学理论并非完全无用。事实上,它成了美学中的核心,成了

---

① 关于"解释学普遍主义"以及"解释之下",见舒斯特曼:《实用主义美学》第四章、第五章。

② 罗蒂关于残暴和痛苦的论述,见 Richard Rorty, *Contingency, Irony, and Solidarity*, Cambridge: Cambridge University Press, 1989, pp. 40, 65。

③ 关于崇高的不同含义的演变,见彭锋:《西方美学与艺术》第四章,北京大学出版社,2005年。

我们理解艺术的核心，因为它教给我们在艺术中去寻找什么以及如何看到所寻找的东西。在所有理论中，至关重要的和必须得到清楚说明的，是它们关于艺术卓越性的理由的争论——关于情感的深度、深刻的真理、自然之美、处理的新鲜性、精确性等等作为评价标准的争论——所有这一切在什么使得一件艺术作品成为好的艺术作品这个永久的问题上聚集到了一起。理解美学理论的作用，不是将它当作定义，这在逻辑上必定失败，而是将它理解为对于以某种方式关注艺术的某种特征所做出的严肃荐举的总结。"①

九、美学的适用范围

学习美学究竟有什么用？美学在当今社会里究竟可以发挥怎样的作用？这是学习美学的人们都想要知道的问题。让我们接着上述韦兹关于理论在美学中的作用谈起。

韦兹认为尽管美学理论不可能成为放之四海而皆准的理论，尽管艺术实践和审美经验倾向于挑战甚至颠覆美学理论，但是理论在艺术实践和审美经验中仍然具有重要的作用。比如，有了科林伍德(R. G. Collingwood, 1889—1943)的表现主义美学理论和克莱夫·贝尔(Clive Bell, 1881—1964)的形式主义美学理论，我们就能够更好地理解梵高(Vincent van Gogh, 1853—1890)具有表现主义风格的绘画，有了意境理论，我们就能够更好地理解中国古典诗词和文人绘画，尽管意境理论可能不能很好地解释抽象表现主义绘画，而形式主义理论和表现主义理论不能很好地解释中国古典诗词和文化绘画。系统学习美学，可以给我们相对系统的关于审美和艺术的知识，让我们认识到美学理论的适用性和有限性。系统学习美学史知识，可以给我们大量可供选择的美学理论，为我们解释自己面临的审美困惑提供相应的理论资源，无论我们面临的困惑是艺术创作上的还是审美欣赏上的。

其次，美学理论可以为艺术批评提供依据或检验。如前所述，美学也被当作艺术哲学或元批评，与艺术批评的关系相当密切。美学可以为艺术批评提供必要的理论框架和专业语汇，给出艺术批评的相对标准和依据。同时，美学可以对艺术批评进行批评。如同艺术批评是对艺术作品进行分析、解释和评价那样，美学是对艺术批评进行分析和评价。从美学的角度出发，可以判断什么样的批评

---

① Morris Weitz, "The Role of Theory in Aesthetics", in Peter Lamarque and Stein H. Olsen eds., *Aesthetics and the Philosophy of Art: The Analytic Tradition*, p. 18.

是好的或者是有效的，什么样的批评是坏的或者是无效的。

第三，学习美学不仅有助于审美欣赏、艺术创作和艺术批评，而且有助于其他领域的知识的学习和创新。美学强调兴趣、敏感等主体因素在审美欣赏和艺术创作中的重要作用，而这些主体因素在其他领域的知识学习和创新中也会发挥重要作用。美学为兴趣、敏感等主体因素在审美欣赏和艺术创作中发挥的重要作用所找到的理由，在一定程度上可以启发其他领域的知识学习和创造重视这些主观因素，从而促进这些领域的知识学习和创造。

第四，学习美学可以让我们的人格变得更完美。美学强调同情在审美欣赏和艺术创作中的重要作用，而同情也是我们做一个好人的基础。是否是好人不仅要看是否遵守各种规范，而且要看以何种态度遵守规范，要看是否充满同情心地对待周围的人和事物。如同《论语·为政》中所记载的孔子的言论所说的那样，"道之以政，齐之以刑，民免而无耻。道之以德，齐之以礼，有耻且格。"做一个好人，不仅要遵守规范，而且要避免无耻。耻感与内心的敏感密切相关，如同同情一样，是一些在规则之外的主体因素。如同美学学习有助于其他领域的知识学习和创造一样，美学重视这些主体因素在审美欣赏和艺术创作的重要作用，有助于我们在人格修养中重视这些主体因素，进而有助于我们的人格完善。更重要的是，在今天这个盛行多元主义的时代，在社会生产力发展到可以满足人自由选择自己的人格的时代，好人与坏人之间的区别渐渐地蜕变为美人与丑人之间的区别。美人不仅是外表优美的人，而且是有人格魅力、有丰富性和创造性的人生的人，是将自己的人生塑造成为一件具有独特魅力的艺术作品的人①。如果的确如同罗蒂和舒斯特曼(Richard Shusterman，1949—)等构想的那样，艺术人生成了今天的人们追求的目的，美好生活的榜样就是体现丰富性的批评家和体现创造性的诗人，那么美学在指导我们的人生设计和自我实现方面，将会发挥越来越重要的作用。

最后，随着全球范围内的审美化进程(aestheticization processes)的深入发展，美学策略实际上已经渗透日常生活的各个方面。在最浅表的层次，我们会遭遇到个人外观的修饰和社区外观的美化，化妆、美容、整容、景观设计等产业蓬勃发展；在较深的层面上，我们会遭遇到经济生活的审美化和社会现实的审美化。比如，在经济生活中属于美学范围的产品外观包装、产品观念包装、企业形象包装占有越来越重的比例。在有关社会现实的媒体报道中，报道的戏剧性似乎比事实的真相更能吸引人们的关注。由于审美化已经渗透到了社会的各个层面，

① 关于哲学作为生活艺术以及将人生做成艺术作品的构想，见舒斯特曼：《哲学实践》第一章，彭锋等译，北京大学出版社，2002年。

因此在社会不同层面工作和生活的人们都会遇到美学问题。在这种意义上,我们可以说,学习美学有助于我们在日常生活的竞争中确立自己的优势。

思考题

1. 什么是美学?
2. 如何学习美学?
3. 如何看待美学理论与艺术实践的辩证关系?
4. 美学在当今社会里可以发挥怎样的作用?

推荐书目

鲍姆嘉通:《美学》,简明、王旭晓译,文化艺术出版社,1987年。

康德:《判断力批判》上卷,宗白华译,商务印书馆,1964年。

黑格尔:《美学》,朱光潜译,商务印书馆,1981年。

Paul Guyer,"The Origins of Modern Aesthetics: 1711–35", in Peter Kivy ed., *The Blackwell Guide to Aesthetics*, Oxford: Blackwell, 2004. 中文版《美学指南》由南京大学出版社于2008年出版。

Jerrold Levinson,"Philosophical Aesthetics: An Overview", in Jerrold Levinson ed., *The Oxford Handbook of Aesthetics*, Oxford: Oxford University Press, 2003. 中文版《美学手册》即将由商务印书馆出版。

Paul Guyer,"History of Modern Aesthetics", in Jerrold Levinson ed., *The Oxford Handbook of Aesthetics*, Oxford: Oxford University Press, 2003.

第二章　美与审美对象

本章内容提要：美是古典美学研究的主要对象。本章将讲述美学史上关于美的几种有代表性的定义，现代美学对美的定义的批评，以及审美对象问题对美的问题的取代。在分析当代美学关于审美对象的不同认识之后，给出关于审美对象的相对合理的看法。

美学以美为研究对象，这在18世纪之前没有多少人怀疑。美学史上，不乏对美进行探讨的美学家，关于美也有形形色色的定义。正如斯托尼茨(Jerome Stolnitz)指出的那样，"'美'(beauty)比'美的艺术'(fine art)和'审美'(aesthetic)远为尊贵，它在传统上是美学理论、艺术批评和日常的美学谈论中的主导概念。"[①]在文艺复兴和新古典主义美学中，这种美的概念被抽象成为各门艺术的具体规则，那时的美学讨论"常常与技术手册几无差别。而且它们常常只专注于一种艺术或者一种艺术中的某种类型如史诗"[②]。

但是，18世纪的美学家开始怀疑美的定义，他们从各个不同的方面对以往的美的理论进行了批判。20世纪的美学家甚至认为美是什么这个问题就是一个假问题，于是美学很少讨论美的问题。不过，美的问题并不是完全被抛弃了，而是转换成了审美对象(aesthetic object)的问题。现代美学家更喜欢讨论审美对象的特征，如何获得审美对象，以及如何评价审美对象等等，而不再讨论美或者"美本身"(beauty-in-itself)的问题。然而，在古希腊美学家那里，只有"美本身"的问题才是美学研究的真正对象。

---

① Jerome Stolnitz, "'Beauty': Some Stage in the History of an Idea", in Peter Kivy ed., *Eassys on the History of Aesthetics*, Rochester: University of Rochester Press, 1992, p. 185.

② 同上书，第187页。

一、永恒之美与美的定义

美本身的问题，最早由古希腊哲学家提出。在专门探讨美的《大希庇阿斯篇》中，柏拉图区分了美本身和美的事物。一般人在回答什么是美的问题时，只是列举美的事物，如美的小姐、美的母马、美的竖琴、美的汤罐之类，而没有涉及美本身。美本身是使这无数的美的事物成为美的事物的根据，是无数美的事物共有的本质。按照柏拉图的设想，“这种美是永恒的，无始无终，不生不灭，不增不减的。它不是在此点美，在另一点丑；在此时美，在另一时不美；在此方面美，在另一方面丑；它也不是随人而异，对某些人美，对另一些人就丑。还不仅此，这种美并不是表现于某一个面孔，某一双手，或是身体的某一其他部分；它也不是存在于某一篇文章，某一种学问，或是任何一个别物体，例如动物、大地或天空之类；它只是永恒地自存自在，以形式的整一永与它自身同一；一切美的事物都以它为泉源，有了它那一切美的事物才成其为美，但是那些美的事物时而生，时而灭，而它却毫不因之有所增，有所减。”①

柏拉图关于美本身的构想，是美学史上最早关于美的哲学探讨。按照柏拉图的构想，美本身类似于现代美学中讨论的“美的本质”(essence of beauty)或“美的定义”(definition of beauty)。无论是美本身、美的本质还是美的定义，这些构想都以存在着某种永远不变的美为前提。我们将这种构想称为“永恒之美”的构想。按照这种构想，所有美的事物，都具有某个共同的特性。这个共同的特性不仅本身是美的，而且是所有美的事物的本质，是我们对美进行定义的充要条件，成为我们判断美的事物的标准。在美学史上，我们可以看到不少这方面的理论，我们可以称之为美的本质理论，或者美的定义理论。为了叙述方面，我们将它们简称为“美的理论”(theory of beauty)。

最有影响力的美的理论，就是“美在比例”(proportion)。按照这种理论，所有美的事物中，都可以分析出某种数的比例。比如，黄金分割(长与宽之比等于长加宽与长之比)就被认为是所有美的事物所共有的比例。这种构想源于毕达哥拉斯学派。怀疑论者塞克斯都·恩披里柯(Sextus Empiricus，约2—3世纪)对毕达哥拉斯学派的主张做了一个这样的总结：“没有比例，任何一门艺术都不会存在，而比例在于数中，因此，一切艺术都借助数而产生……于是，在雕塑中存

① 柏拉图：《文艺对话集》，朱光潜译，人民文学出版社，1963年，第272—273页。

在着某种比例，就像在绘画中一样；由于遵循比例，艺术作品获得正确的式样，它们的每一种因素都达到协调。一般说来，每门艺术都是由理解所组成的系统，这个系统就是数。因此，‘一切模仿数’……这就是毕达哥拉斯学派的主张。”①

毕达哥拉斯学派的这种主张也影响到了柏拉图。尽管在《大希庇阿斯篇》中，柏拉图只是提出了什么是美本身这个问题，并没有给出这个问题的答案，但在《斐里布篇》中，我们可以看到他对美的明确界定：“许多人以为我所谓的形式美是指动物美或绘画美一类美，实际上，我的意思并不是这样；(那项论证说，)请明白，我指的是直线和圆形，以及借助圆规、界尺和角规板用直线和圆形构成的平面图和立体图，因为，我肯定这些图形不但像其他东西一样相对来说是美的，而且是永恒地和绝对地美，而且它们能给人以特殊快感，同刺激发痒的地方给人的快感(我们前面已经提到，那是一种同痛感混合起来的快感)大不相同。”②

这种美在比例的思想，对于西方艺术产生了极大的影响，尤其是在建筑方面体现得最为明显。“首先是希腊的，然后是罗马的，还有后来中世纪的建筑，很多世纪以来都是根据这三角形和正方形的原则设计的。”③

对于美在比例的思想可以有不同的理解，其中可以归纳出狭义和广义两种。狭义的理解认为存在一种美的比例，比如黄金分割比例，任何美的事物都符合这种比例，不符合这种比例的事物就不美。在毕达哥拉斯学派和柏拉图那里，我们都找不到这种理解的明确证据，而且这种理解也与常识相悖。广义的理解认为不管符合何种比例的事物都是美的，比如八度和声的比例是 1∶2，五度和声的比例是 2∶3，四度和声的比例是 3∶4，这些和声都符合比例，但这些比例有不同的比率。毕达哥拉斯学派关于美在比例的构想也许更接近这种广义的理解，由此美在比例的思想似乎并不妨碍美的多样性。但是，这种广义的理解也有它的缺陷，由于存在无数不同比率的比例，因此用比例作为美的定义条件事实上等于没有做出任何限定，任何东西都可以是美的，因为任何东西都可能符合某种比例。一些美学家用“适当”来做限定，即美在适当的比例，事物之所以美是因为它符合某种适当的比例。这种限定可以避免空泛性，但它又引入了新的不确定性，因为适当是什么并不清楚。如果存在无数的比例，而事物的美丑关键在于是否符合适当的比例，那么这种表述就可以简化为“美在适当”，事实上美学史上的确有不少人主张美在适当。

与美在比例相关联的另一个影响广泛的美的理论是“美在和谐”

---

① 转引自凌继尧：《西方美学史》，北京大学出版社，2004 年，第 6 页。
② 转引自鲍桑葵：《美学史》，张今译，商务印书馆，1987 年，第 47 页。
③ 塔塔科维兹：《古代美学》，杨力等译，中国社会科学出版社，1990 年，第 156 页。

(harmony)。这两种理论常常容易混淆，也常常合并在一起，将美定义为由比例造成的和谐。不过，分析起来，这两种理论是有所不同的。和谐包含“多样统一”(uniformity in variety)的意思，而比例这个概念并不强调这种意思。柏拉图在《会饮篇》中对和谐做了一番这样的解释：“说和谐就是相反，或是和谐是由还在相反的因素形成的，当然是极端荒谬的。……如果高音和低音仍然相反，它们之间决不能有和谐，因为和谐是声音的调协，而调协是一种相互融合，两种因素如果仍然相反，就不可能互相融合；相反的因素在还没有互相融合的时候也就不可能有和谐。”①

和谐包含对立统一或者多样统一的意思。柏拉图这里批评的“和谐就是相反”，被认为是古希腊哲学家赫拉克利特的观点。在柏拉图看来，单纯的相反不足以构成和谐。当然，单纯的同一也不足以构成和谐。用中国美学的术语来说，单纯的同一是“同”，而不是“和”②。和谐既不是单纯的相反，也不是单纯的同一，而是多样统一。如同美在比例一样，美在和谐这个定义中也有许多含糊的因素。我们可以清楚地识别单纯的相反和单纯的同一，但不容易识别多样统一。在什么情况下，我们说两个相反的事物达成了统一？在什么情况下，我们说两个相反的事物只是单纯的相反？在这里似乎需要引进一个另外的因素来解释“统一”。这个因素通常被认为是比例，即两个不同的事物只要符合某种比例关系，就达成了统一。这样，我们又回到了美在比例的定义，因此美在和谐的定义也含有美在比例的定义所面临的困难。

如前所述，还有一个与美在比例相关的理论，那就是“美在适当”(fitness)或者“美在效用”(utility)。在美学史上，苏格拉底就明确主张美在效用。苏格拉底反对美在比例和美在和谐，认为美的东西之间不存在任何相似性。事物的美丑关键在于它是否适用。粪筐是美的，金盾却是丑的，“如果粪筐适用而金盾不适用”③。在苏格拉底看来，一个事物的美丑，不是单独由这个事物本身的结构和性质决定的，而是由这个事物与它要达到的目的之间的关系决定的。这里的目的可以从两方面来理解，一方面是事物自身的目的，另一方面是使用者的目的。一个事物的结构和特性符合它自身的目的，我们可以说它“合适”。一个事物符合使用者的目的，我们可以说它“有用”。

比如，猫头鹰特殊的眼睛构造和敏锐的听觉系统适合于夜间观察，柔软的羽

---

① 柏拉图：《文艺对话集》，第234页。

② 《国语·郑语》记载史伯的话说：“夫和实生物，同则不继。以他平他谓之和，故能丰长而物生之。若以同稗同，尽乃弃矣。”这里的“同”是单纯同一，“和”是多样统一。

③ 北京大学哲学系美学教研室编：《西方美学家论美和美感》，商务印书馆，1980年，第19页。

毛适合于悄无声息的飞行，弯曲呈钩状的爪子和嘴适合于抓捕，因此猫头鹰特别适合于夜间捕食老鼠。这是就猫头鹰符合自身的目的来说的。猫头鹰的目的就是捕食老鼠，它的结构和特性适合于捕食老鼠，因此我们说它是美的。如果让猫头鹰长满夜里闪闪发光的羽毛，尽管人们常常觉得闪闪发光的羽毛是美的，但由于它们不利于猫头鹰捕食老鼠，因此我们说长有夜里闪闪发光的羽毛的猫头鹰是丑的。我们这里说到猫头鹰的美丑时，依据的标准是它是否合适。

然而，由于在很长时间里人们没有认识到猫头鹰具有捕食老鼠的功能，或者人们不认为猫头鹰捕食老鼠对人类生活有什么好处，仅仅因为猫头鹰的外貌和叫声给人恐怖的感觉，而说它是丑的。这就是就猫头鹰是否符合使用者的目的来说的。换句话说，猫头鹰是丑的，因为它除了让我们感到恐怖之外对我们毫无用处。今天，当我们破除迷信，认识到猫头鹰捕食老鼠对人类生活大有助益之后，我们可以说捕食老鼠的猫头鹰是美的。如果在将来的某一天，老鼠濒临灭绝，猫头鹰捕食老鼠不利于生态系统的完善，而完善的生态系统对于人类生活十分重要，我们也可以说捕食老鼠的猫头鹰是丑的。我们这里说到猫头鹰的美丑时，依据的标准是它是否有用。

如同美在比例和美在和谐一样，美在适当和美在效用也存在这样或那样的缺陷。首先，按照适者生存的原理，所有存在的事物都是美的，因为它们都符合其自身的目的；不符合自身目的的事物根本就不能存在，即使存在不符合自身目的的丑的事物，我们也因其不能存在而无法知晓。但如果一个美的定义最终导致所有事物都是美的，这个定义就等于没有定义一样，没有任何意义。其次，符合使用者的目的的事物，与其说是美的，不如说是有用的。有用的并不一定就美，美的也并不一定就有用。这是经验告诉我们的常识。

二、现代美学对美的理论的批判

由于无论任何美的理论都存在这样或那样的缺陷，现代美学家展开了对美的理论的批判。这种批判从 18 世纪就开始了。根据斯托尼茨的总结，18 世纪的美学家从三个方面对以往各种美的理论进行了清算。

首先是从经验上的(empirical)反驳。18 世纪的美学家常常找出各种美的理论的反例，以证明这些理论的错误。比如，博克就明确反对美在比例。在博克看来，人们认为花是美的，鸟是美的，但我们很难从各种美的花鸟中抽象出一种比例，有些花是圆的有些花是长的，有些鸟是胖的有些鸟是瘦的，这些差异并不妨碍它们都是美的。那种认为美是一种比例比如黄金分割的说法是经不起检验的①。克姆斯(Lord Kames, 1696—1782)就明确反对美在多样统一。在克姆斯看来,有些事物的美不需要多样性,比如道德行为的完美,数学定理的完美,都与多样性无关;另外,丑的事物也可以具有多样统一的特性。因此,美是和谐或者多样统一的说法也是经不起检验的②。唐纳德森(J. Donaldson)明确反对美在效用或适当。在唐纳德森看来,癞蛤蟆就像雉鸠一样符合其本性的目的,但雉鸠是美的,癞蛤蟆是丑的。有些东西没有任何用处,比如一些人工装饰物,我们却说它们是美的③。诸如此类的通过从经验上举出各种反例来批判流行的各种美的理论,在18世纪屡见不鲜。

其次是从现象学上的(phenomenological)反驳。莎夫茨伯利(Shaftesbury, 1671—1713)和艾迪生(Joseph Addison, 1672—1719)等人在18世纪初期就强调"审美态度(aesthetic attitude)"在审美经验中的重要性。这种审美态度常常被构想为不受个人利益驱动的、对对象形式的直接反应。由于发现了审美态度的重要作用,18世纪的美学家们可以很容易从现象学上来反驳从前各种美的理论。从前曾经以为可以使事物变成美的事物的各种性质,诸如比例、和谐、多样统一、适当、效用等等,现在统统失效了,因为对这些性质的感知往往需要一定的知识积累,从而与那种无利害的、直接的审美态度相矛盾。换句话说,根据康德的理论,审美是对对象的形式做无功利、无目的、无概念的静观,而要从对象中看出诸如比例、和谐、多样统一、适当、效用等等特性,至少需要涉及概念,从而与审美态度和审美经验相背离。总之,我们看见事物的美的时候,看不见诸如比例、和谐、多样统一、适当、效用之类的特性,看见这些特性的时候看不见事物的美。

第三是从逻辑上的(logical)反驳。18世纪中期以来,就不断有美学家怀疑是否存在一种普遍有效的美的理论,因为许多美学家已经认识到美这个术语的含义非常模糊,可以适用于许多不同的情形,这些不同的情形根本没有可供定义选择的共同本质。斯丢沃德(Dugald Steward, 1753—1828)在解释美这个词的多种词义时,采取了一种十分类似于维特根斯坦的"家族相似"的策略:假定有对象A、B、C、D、E,A可能具有一种与B相似的性质,B可以具有一种于C相似的性质,C可能具有一种与D相似的性质,D可能具有一种与E相似的性质,

---

① 具体论述,见 Edmund Burke, *A Philosophical Enquiry into the Origin of our Ideas of the Sublime and Beauty*, J. T. Boulton ed., London: Routledge & Kegan Paul, 1958, pp. 94 - 95。

② Lord Kames, *Elements of Criticism*, Edinburgh, 1788, pp. 324 - 325. 参见 Jerome Stolnitz, "'Beauty': Some Stage in the History of an Idea", in Peter Kivy ed., *Eassys on the History of Aesthetics*, p. 197。

③ J. Donaldson, *The Elements of Beauty*, Edinburgh, 1780, p. 6. 参见同上。

"但同时不能发现任何性质共同属于这个系列中的任何三个对象"①。在斯丢沃德看来,美就是这样一种概念,它适用的范围是如此之广,以至于被称为"美的"的事物中没有任何共同的性质,由此,发现一种适合于所有美的事物的美的定义就是在逻辑上不可能的。

除了18世纪美学家的这三种有代表性的批判之外,20世纪维特根斯坦还提出了一种重要的批判,即语言学上的批判。维特根斯坦通过分析发现,"美的"并不是表达对象性质的形容词,而是表达主体感受的感叹词,就像"啊"一样。对于表达对象性质的形容词比如说"红",我们可以问它是什么;但对于表达主体感受的感叹词比如"啊",我们就不可以采取像对待"红"一样的态度来对待。传统美学的错误,在于没有在"美"与"红"之间见出区别,将处理"红"的方式来处理"美",从而将美学引上了一条错误的道路②。

经过现代美学家的批判,过去作为美学研究主要对象的美差不多从美学研究领域中消失了,美学史上关于美的各种理论被视为一些奇谈怪论而不予重视。

三、审 美 对 象

不过,美在美学讨论中的隐匿只是词语的隐匿,而不是实质的隐匿,因为过去美学中关于"美"的讨论现在转变成了"审美对象"的讨论。

审美对象是一个比美涵盖更广的概念。审美对象既可以包含美,也可以包含崇高、悲剧,甚至丑。总之,审美对象可以是一切具有审美价值(aesthetic value)的事物。随着人们审美欣赏范围的不断扩大,审美观念的不断变化,具有审美价值的事物也在发生变化,以前具有审美价值的事物现在可能会不再具有审美价值,以前不具有审美价值的事物现在可能会转而具有审美价值。比如,人们对自然的审美欣赏范围就在不断扩大,诸如沙漠、沼泽、极地等从前被认为是丑陋的自然景观,现在转变成了审美对象。相反,以前人们钟爱的过分修饰的园林,却因为容易引起审美疲劳而难以成为审美对象。

如果说审美对象是具有审美价值的事物,那么人们自然会问:什么是审美价值?一般说来,审美价值是指事物所具有的激发审美经验(aesthetic experience)的

① Dugald Stewart, *Philosophical Essays*, Edinburgh, 1810, p. 217. 转引自 Jerome Stolnitz, "'Beauty': Some Stage in the History of an Idea", in Peter Kivy ed., *Eassys on the History of Aesthetics*, p. 202.

② 参见维特根斯坦:《美学讲演》,载蒋孔阳主编:《二十世纪西方美学名著选》(下),复旦大学出版社,1988年,第80—92页。

能力。对于审美价值,比尔兹利(Monroe Beardsley, 1915—1895)曾经给出过一个这样的公式化的定义:"一个对象的审美价值就是这个对象具有的能够提供审美满意的价值。"①比尔兹利这里所说的"审美满意"(aesthetic gratification)实际上就是审美经验。一个对象具有的审美价值就是这个对象具有的能够提供审美经验的价值。当然,我们可以继续追问什么是审美经验。尽管我们下述讨论要涉及审美经验这个概念,但关于审美经验的详细讨论将留待下一章进行。

既然审美对象是唤起审美经验的对象,不管这个对象是美的还是丑的,只要它能够唤起审美经验,就是审美对象,只要它不能唤起审美经验,就不是审美对象。由此,审美经验成了我们界定审美对象的关键因素。一些美学家干脆将审美对象界定为审美经验中的对象。这种基于审美经验的区别与上述那种基于审美价值的区别不同。按照这种基于审美经验的区别,即使一个具有审美价值的事物,如伦勃朗的一幅油画作品,尽管它倾向于成为审美对象,但也可以不成为审美对象;即使一个不具有审美价值的事物,如一块石头,尽管它不倾向于成为审美对象,但也可以成为审美对象。正如古德曼(Nelson Goodman, 1906—1998)指出的那样,"一个对象在某些时候是艺术作品,而在另一些时候则不是艺术作品。实际上,正是因为一个对象以某种方式所起的符号作用,当它在起这种符号作用的时候,它才成为艺术作品。在正常情况下,马路上的一块石头不是艺术作品,但如果在美术馆里展出,它就可能是一件艺术作品。在马路上,石头通常不会发挥符号功能。但在美术馆,它就能够例示出它的某些特性,如形状、颜色、质地之类的特性。挖坑再填上的行为也具有艺术作品的功能,只要我们关注它作为一种例示的(exemplifying)符号。另一方面,如果将伦勃朗的一幅绘画用来取代一扇破窗户,或者当作一块盖毯,它就不再发挥艺术作品的功能。"②同样的一块石头,在马路上就不是审美对象,在美术馆就是审美对象;同样的一幅绘画,用来糊窗就不是审美对象,用来欣赏就是审美对象;同样的挖坑填坑,将它视为一般行为就不是艺术作品,将它视为例示符号就是艺术作品。这里涉及的不是对象本身的不同,而是态度、眼光和经验的不同。在审美态度(aesthetic attitude)、审美眼光(aesthetic point of view)和审美经验中的事物,就是审美对象,反之就不是审美对象。

让我们对这里的区别再费点笔墨。传统美学关注美丑的区别。比如,安格

① Monroe C. Beardsley, "Aesthetic Experience Regained", *The Journal of Aesthetics and Art Criticism*, Vol. 28 (1969), p. 387.

② Nelson Goodman, "When is Art?" in T. E. Wartenberg ed., *The Nature of Art*, San Francisco: Wadsworth, 2001, p. 206.

尔(Jean-Auguste D. Ingres，1780—1867)的《泉》(图 3)是美的，蒙克(Edvard Munch，1863—1944)的《嚎叫》(图 4)是丑的。现在美学强调审美对象与非审美对象的区别。安格尔的《泉》与蒙克的《嚎叫》都能激发我们的审美经验，因此都具有审美价值，都是审美对象。甚至，有些人会认为，蒙克的《嚎叫》比安格尔的《泉》更具有审美冲击力，更容易激发我们的审美经验，因而具有更大的审美价值，是更好的审美对象。在这里，美丑的区别就不再重要，重要的是是否具有审美价值，以及审美价值的高低大小。这就是基于审美价值的审美对象与非审美对象的区分。还有一种基于审美态度、审美观点和审美经验的审美对象与非审美对象的区分。比如，无论是安格尔的《泉》还是蒙克的《嚎叫》，当我们不用审美态度来对待它们，不用审美观点来观照它们，不在审美经验中来体验它们，它们就不是审美对象，无论它们是美的还是丑的，无论它们是否具有审美价值，无论它们具有的审美价值是高还是低；相反，如果我们用审美态度来对待它们，用审美观点来观照它们，在审美经验中来体验它们，它们就成了审美对象。

这种审美对象理论建立在这样一种基本信念上：同一个对象，用不同的态度来对待它，用不同的观点来观照它，它会呈现出不同的面貌。正如朱光潜指出的那样，对于同样一棵古松抱有不同的态度，会得到不同的结果："假如你是一位木商，我是一位植物学家，另外一位朋友是画家，三人同时来看这棵古松。我们三人可以说同时都'知觉'到这一棵树，可是三人所'知觉'到的却是三种不同的东西。你脱离不了你的木商的心习，你所知觉到的只是一棵做某事用值几多钱的木料。我也脱离不了我的植物学家的心习，我所知觉到的只是一棵叶为针状、果为球状、四季常青的显花植物。我们的朋友——画家——什么事都不管，只管审美，他所知觉到的只是一棵苍翠劲拔的古树。我们三人的反应态度也不一致。你心里盘算它是宜于架屋或是制器，思量怎样去买它，砍它，运它。我把它归到某类某科里去，注意它和其他松树的异点，思量它如何活得这样老。我们的朋友却不这样东想西想，他只是在聚精会神地观赏它的苍翠的颜色，它的盘屈如龙蛇的线纹以及它的昂然高举、不受屈挠的气概。"①

既然用审美的态度、观点来观照事物，会获得事物的不同样子，将事物转化成为审美对象，那么人们自然会问审美对象究竟在什么地方不同于非审美对象？审美对象究竟具有怎样的特征？

对于这个问题，从不同的美学理论角度会获得不同的答案。总起来说，比较有影响力的答案有心理学的、现象学的、符号学的三种。

---

① 朱光潜：《谈美》，安徽教育出版社，1997 年，第 15—16 页。

四、心理学美学对审美对象的认识

美学史上,许多美学家喜欢从心理学的角度将审美对象与非审美对象区别开来。这些美学家将审美对象视为一种心理对象,类似于我们平时所说的"意象"或"胸中之竹"。我们通过视听嗅味触等外感观,收集与外在事物有关的各种素材,然后存于心中,经过心灵的加工改造,形成"心中意象"或"胸中之竹"。审美对象就是这种作为心理对象的"心中意象"或"胸中之竹"。这种意义上的审美对象是作为内感观的心灵的直觉对象,是心灵创造的结果。同时,心灵在对外感官获得的各种素材进行加工改造的过程中,会融入自己的思想情感,心灵创造出来的"胸中之竹"已经是情景交融的产物,已经不同于外感观获得的"眼中之竹"。18 世纪以来的心理学美学家差不多都持这种看法。我们可以结合英国经验主义美学家的理论对这种看法做一点深入的说明。

18 世纪英国经验主义美学家明确将审美判断的对象归结为心理对象,而不是物理对象,当时流行的看法是"美在观念"。在 18 世纪英国经验主义美学家那里,"观念"(idea)的含义不是柏拉图意义上的抽象的、绝对的形式或模型(form),而是心理学上的感觉印象(impression)。我们看见一朵红花,红花会在我们的视觉中留下印记,在我们看不见这朵红花的时候,这朵红花仍然会在我回忆它的时候出现在我的脑海中。这时在脑海中出现的红花,当然不是那朵实在的红花,而是红花的印记,用英国经验主义美学家的话来说,就是红花的观念。

于是,我们有了两种不同的红花:实在的红花和观念的红花。实在的红花是视觉感知的对象,观念的红花是心灵感知的对象,也就是所谓内感观或第六感观感知的对象。美与实在的红花无关,只与观念的红花有关。美存在于观念领域,是心灵感知的对象。这是 18 世纪英国经验主义美学家比较普遍的看法。比如,哈奇森(Francis Hutcheson, 1694—1746)就明确地说:"美这个词语是用来指在我们之中引起的观念的,美感是我们感知这种观念的能力。"[①]哈奇森所说的美在"多样统一",也不是指外在事物中的多样统一,而是指内在观念中的多样统一。对这种内在观念中的多样统一的感知,不能依靠任何外感官,只能依靠内感观。内感官与外感官一样,都是对感觉对象的直接反应,但它们至少在这样两个方面非常不同:第一,没有一个外感官可以与内感官相对应,内感官属于心灵

---

① Francis Hutcheson, *Inquiry Concerning Beauty*, *Order*, *Harmony*, *Design*, Peter Kivy ed., The Hague: Martinus Nijhoff, 1973, p. 34.

而不属于视听嗅味触等任何一种外感官。第二，内感官不是直接应用于事物，而是应用于事物的观念，主要是指心灵对外感官提供的各种简单观念的复合体的反应①。

由此可见，审美对象不是指外在的实在对象，而是在内在的心理对象。18世纪英国经验主义美学家确立起来的这种看法，对现代美学产生了很大的影响。朱光潜对美或审美对象的认识就比较接近英国经验主义美学的这种看法。朱光潜主张，审美对象与非审美对象的区分，是“物乙”与“物甲”的区分、“物的形象”与“物本身”的区分、“美”与“美的条件”的区分。朱光潜给“美”（其实也就是“物乙”或“物的形象”）下了一个这样的定义：“美是客观方面某些事物、性质和形状适合主观方面意识形态，可以交融在一起而成为一个完整形象的那种特质。”②根据朱光潜的看法，审美对象是心灵在“物甲”、“物本身”或“美的条件”的基础上创造出来的“物乙”、“物的形象”或“美”。审美对象是心灵创造的产物，在大的分类上属于心灵的内在对象，而不属于物理的外在对象。这是心理学美学对审美对象的认识的典型表达。

五、现象学美学对审美对象的认识

20世纪一些受到现象学影响的美学家不满心理学美学家对审美对象的认识，他们首先从根本上否定存在所谓的“心理对象”，称主张存在心理对象的理论为“内在性的幻觉”，主张所谓的“心理对象”实际上是指向外在对象的一种特殊方式，常常是一种不与外在事物直接遭遇的方式。由于在这种指向外在事物的方式中我们经常不直接接触到外物，就误以为我们不是在与外在事物打交道，而是在跟内在对象打交道。比如，萨特（Jean-Paul Sartre，1905—1980）用我们对于椅子的两种不同的意识方式做了清楚的说明：

当我看到一把椅子的时候，如果说这把椅子在我的知觉之中，这就荒唐了。根据我们采用的术语，我的知觉是某种意识，而椅子是这种意识的对象。现在，我闭上眼睛，我制造出我刚才看见的那把椅子的“像”（image）。现在，这把以“像”的方式出现的椅子，也像前面那把椅子一样，决不能进入意识。椅子的“像”

---

① 上述关于哈奇森的描述，参见 Dabney Townsend, *Aesthetics: Classic Readings from Western Tradition*, San Francisco: Wadsworth, 2002, pp. 88 - 91。另见 Peter Kivy, “Francis Hutcheson”, in David E. Cooper ed., *A Companion to Aesthetics*, Oxford: Blackwell, 1997, pp. 203 - 206。

② 朱光潜：《朱光潜全集》第五卷，安徽教育出版社，1989年，第79页。

不是也不可能是一把椅子。事实上，无论我感知还是想象那把我坐在上面的草编的椅子，那把椅子总是处在我的意识之外。在这两种情形中，那把椅子都是就在那里，在空间之中，在那间房子里，在书桌之前。现在……无论我看见还是想象那把椅子，我的知觉对象和想象对象都是同一的：那把我坐在上面的草编的椅子。这只不过是意识以两种不同的方式联系到那把同样的椅子而已。在这两种情形中，意识的目标都是那把具体的有形有质的椅子。只不过在一种情形中，意识"遭遇到了"那把椅子，而在另一种情形中没有遭遇到而已。①

萨特这里批判的靶子，就是自18世纪英国经验主义美学以来盛行的心理学美学。按照心理学美学的观点，审美对象是一种内在于心灵的心象或意象，是心灵对客观存在的物象加工改造的结果，来源于客观物象而又高于或不同于客观物象，因为审美对象中包含了来自审美主体的内容，比如说情感和理解等等，如朱光潜所说的"物乙"。在萨特看来，根本就不存在作为内在的心理对象的"物乙"。我们以为存在着的"物乙"，只不过是一种"内在性的幻觉"。所谓"物乙"，只不过是意识以另外的方式(如回忆、幻想或想象等)指向"物甲"而已。

萨特在破除了对审美对象的心理学理解之后，提出了自己对审美对象的看法，认为审美对象是一种非现实的"想象"对象。萨特所说的"想象"(imagining)，既不同于与对象直接遭遇的"感知"(perception)，也不同于借助图像指向对象的"像想"(imaging)。感知和像想都是被动的，只有想象是主动的。想象是"一种预定去获得思想对象的魔咒，是我们想要的东西，以一种我们能够占有它的方式显现"②。在萨特看来，我们能够掌握对象意味着我们拥有了占有对象的自由。审美意识跟其他意识之间的重要区别，就在于审美意识是一种拥有自由的、主动的想象。对象要成为我们想象的对象，成为我们自由掌握的对象，就必须是一种"非现实"(irreality)，是一种"虚无"(nothingness)。在心理学美学家看来，艺术创造是将某种非现实的对象(胸中之竹)转变或凝固成为现实的对象(手中之竹)，与之相反，在萨特看来，艺术创造是将现实的对象(演员)变成非现实的对象(角色)："并不是演员将角色变成了现实的存在，而是演员在角色中变成了非现实的存在。"③

茵伽登(Roman Ingarden，1893—1970)对审美对象也有独特的认识。与萨特将审美对象视为非现实的现象对象不同，茵伽登将审美对象视为"纯粹的意向

① Jean-Paul Sartre, *The Imaginary: A Phenomenological Psychology of the Imagination*, trans. J. Webber, London: Routledge, 2004, pp. 6 - 7.

② 同上书，第125页。

③ 同上书，第191页。

性对象”(purely intentional object)。

在茵伽登看来,审美对象是一个包含许多层面的复合性的意向性对象,因为只有用多层面的复合形式,才能解决所谓的“非此即彼”(either/or)的问题,即审美对象既是现实的存在又是观念的存在,既是现实的物质又是非现实的意义,而不像日常生活中的事物那样是非此即彼的。

茵伽登以文学作品为例,对审美对象进行了说明。在茵伽登看来,文学作品既可以当作艺术来欣赏,也可以当作其他东西来认识或使用(比如书架上的装饰品);只有当我们将文学作品当作艺术来欣赏的时候,文学作品才会成为审美对象。作为审美对象的文学作品既不是物理对象,也不是观念对象,而是纯粹的意向性对象,它包含四个基本层次:(1)字音和建立在字音之上的更高级的语音构成层次;(2)不同等级的意义单元层次;(3)多方面的图式化观相和图式化观相的连续统一层次;(4)再现的客体及其变化层次①。作为审美对象的文学作品是一种多层次的(multi-layered)复合体,它们依据一种“形而上性质”(metaphysical quality)而统一成为整体。所谓形而上性质,在茵伽登看来,也就是诸如崇高、悲剧之类的东西。它们既不是通常意义上的对象的性质,也不是心理状态,而是在复杂而又截然不同的情境和事件中,显现为一种弥漫于该情境中的人与物之上的“氛围”(atmosphere),用它的光芒穿透并照亮其中的所有东西。这种形而上性质的出现显示了存在的顶点和深渊,没有它,我们的生活便变得“黯淡无味”(gray and meanlingless),有了它,我们的生活便“值得一过”(life worth living)②。

由于形而上性质是生活中显现的氛围,因此,它既不是生活中的某个确定的部分,也不能被生活的某个方面来表达,更不能用抽象的概念去指称。文学作品的四个层次之所以都有意义,原因正在于此。我们在阅读作品的活生生的“生活”中,这四个层次都在向我们“说话”。茵伽登把这四个层次的审美意味性的统一整体看成一种审美的“复调和声”(polyphonic harmony),这是只有在阅读“生活”中才能显现的相互融贯的意义整体。只有这种复调和声才能表达或显示形而上性质。复调和声同形而上性质的显现一样,都是使作品成为艺术作品的东西③。所谓形而上性质或复调和声这种构成艺术作品的本质性的东西,并不是一种自在的观念或实在,而是只有由现象才能显现的本质,而且是离开现象就不存在的本质,是寓居于现象之中的本质。文学作品的四个层面之所以都有意义,因

---

① Roman Ingarden, *The Literary Work of Art*, Northwestern University Press, 1979, p. 30.
② 同上书,第290—291页。
③ 同上书,第396页。

为文学作品的"本质"存在于由这四个层面构成的复调和声之中,只能由这四个层面共同来显现它,或者说是这四个层面协同合作产生出来的新质。

没有这种形而上性质灌注的文学作品,是未完成的审美对象,因为它们中间充满了许多"未定点"(spots of indeterminacy)。有了这种形而上性质灌注的文学作品,是"具体化"(concretization)的审美对象,先前的未定点得到了填充,因而成为一个有机整体。这里的"灌注"和"填充"或者"具体化",是在读者的阅读经验中进行的,文学作品在读者的阅读经验中转变成了审美对象。

杜夫海纳在茵伽登的基础上,阐述了自己对审美对象的认识,主张审美对象是一种"感性对象"(sensuous object)。

杜夫海纳反对茵伽登将艺术作品视为充满空白点的示意图,因为如果这样的话,艺术作品就失去了自己的自律性,同时为对审美经验的心理主义解释留下了余地。"对我们来说,茵伽登在这两个方面似乎有些含糊不清:一个是有关意向性对象的观念,另一个是有关他律的观念。在这两个方面,茵伽登都没有忠于胡塞尔。……意向性对象只有通过现象学还原才会出现。还原不创造任何东西。它只是悬置自然态度的正题(thesis)。还原不构成新的对象,不从真实对象中去掉任何东西。加'括号'不是去除。还原要求我们所做的所有东西,就是不要'启动正题'(无论是现实的正题还是非现实的正题),也就是不要介入其中,要让我们自己自由活动。实行还原就是要采取黑格尔《精神现象学》中的那种哲学家的态度,看低幼稚的意识,去理解它所经验的东西。意向性对象既不是不同于现实对象,也不是不同于非现实对象。它是从还原的角度来把握的这两种对象的任何一种,这种还原的角度拒绝介入信念,让信念保持完整。"①如果意向性对象是现象学还原的结果,而现象学还原并不减少或增加任何东西,那么意向性对象就应该正是事物本身。任何事物,无论是现实的还是非现实的,都可以成为意向性对象,都可以呈现出它的真身。因此,审美对象与非审美对象之间的区别在于:审美对象显示了事物的真身,而一般对象则是处于遮蔽中的事物,不能显示事物的真身。杜夫海纳正是在这种意义上来理解审美对象的。

在杜夫海纳看来,所谓的事物的真身,就是在我们的感知中直接呈现的事物,是活泼泼的感性对象。艺术作品与审美对象之间的区别在于非感性对象与感性对象之间的区别,未进入审美经验中的艺术作品是非感性的存在,进入审美经验中的艺术作品是感性的存在。在杜夫海纳看来,审美对象就是这种感性,或

① Mikel Dufrenne, *The Phenomenology of Aesthetic Experience*, trans. Edward S. Casey and others, Evanston: Northwestern University Press, 1973, pp. 208-209.

者说“一种感性要素的聚结”,“感性的顶峰”,“灿烂的感性”①。

比如,对《米洛岛的维纳斯》(图 5)的感知,并不需要通过想象将她失去的胳膊补充起来,而是要感知它直接呈现给感觉的那个样子。与包括茵伽登在内的许多美学家强调审美对象是欣赏者对艺术作品的再创造不同,杜夫海纳尽管强调审美对象与艺术作品在存在样态上的根本区别,但他却特别强调审美对象与艺术作品之间的必然联系,强调审美感知要服从作品的必然性,强调作品本身就已经是完成了的。杜夫海纳说:

当茵伽登声称审美对象的具体化为了填补作品中“不确定的”东西而要求想象时,他强调这种行为必须被控制去保持忠实于作品,但这种限制还不够:无论我们任何时候看米洛岛的维纳斯,都不必想象一位完整的妇女,就像茵伽登所设想的那样。在这件删截的雕像中,没有失去任何东西,正如罗丹的一件躯干雕像一样;雕像充分地、辉煌地、完美无缺地显现。保持在一种非存在状态而没有加入显现的东西,是雕像打开的世界,那个优雅而宁静的不确定的世界。如果我们的想象必须开始活动,它可以穿透这个世界将它明确化为客体,但这并不必要。让我们容许作品存在,容许作品为我们并在我们之中想象,作品以表现自身去展开想象。当然,我们总有那种偶然的狂热想象力,但真实世界以自己的方式也可以具有这种能力。客体可以发散出一种光环(aura),山脉可以表现得像巨人。②

由此可知,杜夫海纳所说的审美对象,只是艺术作品在审美感知中必然地呈现的感性状态,它不需要欣赏者主观的创造或补充,需要的是审美感知的照亮和见证。作为感性的审美对象自身散发光芒,自身展开想象,并由此展现出一个意义世界。杜夫海纳反对将审美对象视为抽象的意义,但他不反对审美对象具有意义,相反他主张审美对象充满意义,意义在审美对象中达到了最饱和的程度。需要注意的是,审美经验中的意义与其他活动如认识或实践中的意义完全不同。认识或实践活动中的意义总是超出它的感性对象而指向抽象的概念,审美经验中的意义则固定在感性自身之中,展示感性自身的内在结构。这是意义的一种特殊形式,它既不是不存在的,也不是超越的,用杜夫海纳的话来说,它“内在于感性,是感性自身的构成”③。这种内在于感性的意义,就好像一种环绕感性的情感“氛围”(atmosphere),它不像概念一样完全脱离感性,也不是完全虚幻的假

---

① Mikel Dufrenne, *The Phenomenology of Aesthetic Experience*, trans. Edward S. Casey and others, pp. 13、11、86.

② Mikel Dufrenne, *In the Presence of the Sensuous: Essays in Aesthetics*, edited and translated by Mark S. Roberts and Dennis Gallagher, Atlantic Highlands, New Jersey: Humanities Press International, Inc., 1987, p. 143.

③ Mikel Dufrenne, *The Phenomenology of Aesthetic Experience*, trans. Edward S. Casey and others, p. 12.

象。由于有意义的浸透，作为审美对象的感性不再是一种客观物体，而是一个"被表现的世界"(expressed world)。这个被表现的世界既不是物质世界，也不是概念世界，而是情感世界，因为正是弥漫于审美世界中的"情感特质"(affective quality)将审美世界中的各个部分统一成为整体，从而让审美对象充满表现力。这种被情感特质贯穿成为整体的、富有表现力的审美世界，就好像一个自为的主体一样，正是在这种意义上，杜夫海纳将审美对象称为"准主体"(quasi subject)。由于杜夫海纳将审美对象视为准主体，因此他特别强调审美对象的独立和完整，强调审美对象所具有的不服从欣赏者的改变的必然性。毫无疑问，杜夫海纳的这一洞见，显示了审美对象最深刻的特性。

在杜夫海纳看来，审美对象不仅是一个"准主体"，而且是世界的本来面目，比真实还要真实。因为在杜夫海纳看来，现象学还原所得到的那个"剩余者"，实际上就是审美对象。在审美对象中，主体与客体是相互交织在一起的，都达到了它们的存在的深度。这种体现存在深度的领域，杜夫海纳也称之为我们的"绝对经验"(absolute experience)的领域。这是一个在人与世界相区分之前的真实领域，为了表达它的绝对真实性，杜夫海纳称之为"前真实"(pre-real)或者大写的"**自然**"(Nature)①。在杜夫海纳看来，在前真实的**自然**领域中，人与自然、主体与客体处于一种先验的统一之中。因为**自然**既是人的根源，同时也是世界的根源。杜夫海纳整个美学和哲学所追求的，就是这种前真实(pre-real)的**自然**。杜夫海纳说：

由于这种**自然**先于人——它产生人，人对于它无能为力：只要他在那，他就总是在那，**自然**变成了世界。但是，在这种人几乎回到他的诞生时刻的前真实(pre-real)的经验中，人可以感受那个维持他的基底。**自然**是一种前前真实(pre-pre-real)，由前真实的表现性所唤起那些可能的世界证实它的深度和力量。它们给我们一种**自然**感，从而引起我们去发现外在世界，因为外在世界是可见的，它是当人在那里观看时**自然**所呈现的面容。②

总之，按照现象学美学家的审美对象理论，审美对象只是事物在感性中的显现，我们的意识除了给事物提供显现的感性舞台之外，不增添任何东西。审美对象是事物如其所是地在我们的感性经验中的显现，我们并没有在事物之中加入思想情感，我们并没有对事物进行加工改造。由于在我们的感性经验中，事物是如其所是的显现自身，因此审美对象被视为现象学还原的剩余者，被认为是比真

---

① 下面的行文中，大写的"自然"用黑体字表示。

② Mikel Dufrenne, *In the Presence of the Sensuous: Essays in Aesthetics*, p. 145.

实世界还要真实的**自然**。审美对象就是如此这般存在的事物本身。

六、符号学美学对审美对象的认识

我们在前面阐述审美对象与非审美对象的区别的时候，曾经引用过古德曼的观点。与心理学和现象学关于审美对象的认识不同，古德曼从符号学的角度对审美对象提出了自己独特的看法。在古德曼看来，当一个东西起例示的符号作用的时候，它就成了审美对象。

尽管例示的符号表达方式是审美对象的主要特征，但古德曼并没有将它视为审美对象的唯一定义条件，相反，古德曼认为我们不能给审美对象下一个精确的定义，只能给出审美对象的一些征候，如句法密度(syntactic density)、语义密度(semantic density)、句法充盈(syntactic repleteness)以及例示(exemplification)等等[①]。古德曼不认为这是关于审美对象的定义，因为单独来看，这些征候中的任何一个征候，都既不是审美对象的充分条件，也不是审美对象的必要条件[②]。在后来发表的《何时是艺术?》一文中，古德曼列举了审美对象的五个征候：

(1) 句法密度，其中在某些方面的最细微差别构成了符号间的差异——比如，一支没有刻度的水银温度计同一个电子读数仪器的对比；(2) 语义密度，其中符号是由以某些方面的最细微差别区别开来的事物所规定的(不仅仍可以以那支没有刻度的温度计为例，而且可以以日常英语为例，尽管这种英语并不具有句法上的密度)；(3) 相对的充盈，其中比较而言，一个符号的许多方面都有意义——比如，由北斋(Hokusai)所作的工笔山水画，其中形状、线条和厚度等等每个方面的特征都有价值，这与股市日均线图上的也许完全相同的条线形成对照，那里线条的全部意义就是在底部之上的线条的高度；(4) 例示，其中一个符号，无论其是否有所指谓，都会因为作为它在字面上或在隐喻意义上所具有的特性的例子而具有符号的作用；最后(5) 多重的和复杂的含义，其中一个符号起几个整合的和相互作用的意指功能，某些是直接的，某些是通过其他符号中介的。[③]

---

① Nelson Goodman, *Languages of Art*, Indianapolis, Cambridge: Hackett Publishing, 1976, pp. 252 - 253.

② 同上书，第254页。

③ Nelson Goodman, "When Is Art?" in Thomas E. Wartenberg, *The Nature of Art: An Anthology*, San Francisco: Thomson Leaning, 2002, p. 207.

由此，古德曼从符号表达方式的角度，将审美对象与非审美对象区别开来了。所谓语言“密度”（包括句法密度和语义密度），指的是语言本身的不可分析性。在这种具有密度的语言的任何两个最小的单位之间，都可以加入第三个单位。比如，用古德曼自己的例子来说，假定一支没有刻度的水银温度计的最小单位是1°，在0°与1°之间可以加入0.5°，在0°与0.5°之间可以加入0.25°，如此以至于无穷。这种语言就是有密度的语言。相反，如果一个电子读书仪器的最小单位是1°，那么在0°与1°之间就不可以加入任何一个读数。这种语言就是没有密度的语言。没有刻度的水银温度计的指针的某个位置显示的可以是0°—1°之间的无数读数中的任何一个，而电子读数仪器显示的不是0°就是1°，没有任何其他可选择的余地。这就是有密度的语言跟没有密度的语言之间的区别。有密度的语言不能由分析穷尽的原因在于，它的最小单位可以无穷小。

相对“充盈”指的是语言的各个方面都具有意义。比如，用古德曼自己的例子来说，绘画中的线条的高低、长短、厚薄、虚实、肥瘦、徐疾、软硬、干湿、浓淡等等都有意义，而股市日均线只有高低有意义。绘画中的线条就是充盈的，股市日均线就是不充盈的。

“例示”说的是语言的符号表达方向，即以较具体的特性来例示较抽象的特性，而不是相反。比如，绘画中的一根红色的线条在字面意义上例示了红色，在隐喻的意义上例示了热烈、激情、革命等等。相对而言，红色、热烈、激情、革命等属性或特性是抽象的，一根红色的线条是具体的，因此这根红色的线条就在起例示的符号表达作用。同样一根红色的线条如果是在股市日均线图上，那么它就是在字面意义上表示时间和点数。相对而言，股市的时间或点数是具体的，一根红色的线条是抽象的，因此这根红色的线条就在起代表（representation）的符号表达作用。

密度、充盈、例示等特征，都会让审美对象或艺术语言富有多义性，因此“多重的和复杂的含义”与其说是审美对象的一个独立的征候，不如说是前面四个征候所必然导致的结果。由此，我们也能够理解为什么在《艺术语言》中古德曼只列举了四个征候。总之，根据古德曼所列举的这些审美对象的征候，我们可以说审美对象具有不可分析性、丰富性、个体性、多义性等特征。

七、中国古典美学对审美对象的认识

我们在前面论述审美对象与非审美对象的区别的时候，用了“意象”和“胸中之竹”等中国古典美学的概念。中国古典美学对于审美对象也有自己独特的认识。对照上面分析的关于审美对象的心理学、现象学和符号学的认识，我们很难将中国古典美学归结为其中的任何一种。在中国古典美学有关审美对象的认识中，我们可以发现它具有心理学的、现象学的和符号学的三个维度。

事实上，"意象"、"胸中之竹"等概念就明显具有心理学的色彩。在郑板桥(1693—1765)的一则题画中，"胸中之竹"这个概念的含义得到了清楚的表达：

江馆清秋，晨起看竹，烟光日影露气，皆浮动于疏枝密叶之间。胸中勃勃遂有画意。其实胸中之竹，并不是眼中之竹也。因而磨墨展纸，落笔倏作变相，手中之竹又不是胸中之竹也。总之，意在笔先者，定则也；趣在法外者，化机也。独画云乎哉！①

郑板桥不仅明确提出了"胸中之竹"这个概念，而且通过与"眼中之竹"和"手中之竹"的对照，清晰地阐释了这个概念的含义。当郑板桥强调"胸中之竹"不同于"眼中之竹"和"手中之竹"的时候，他显然有内在的心理对象的观念。"胸中之竹"是内在的心理对象，"眼中之竹"是外在的自然对象，"手中之竹"是外在的文化对象。如果我们将这里的"胸中之竹"等同于审美对象，郑板桥关于审美对象的理论就是一种心理学理论。不过，在这则题画中，郑板桥并没有明确将"胸中之竹"等同于审美对象。郑板桥这里描述了他的作画过程。先有"眼中之竹"，后有"胸中之竹"，再有"手中之竹"。如果从创作的最终结果来看，"手中之竹"才是审美对象。但郑板桥的这种描述似乎在暗示欣赏者应该采取一种相反的过程，从"手中之竹"达到"胸中之竹"，从"胸中之竹"再到"眼中之竹"。如果从欣赏的最终结果来看，"眼中之竹"才是审美对象。由于"眼中之竹"、"胸中之竹"和"手中之竹"都有自己独特的特征，它们之间的关系不是模仿与被模仿、再现与被再现的关系，因此它们三者都应该参与构成审美对象。按照郑板桥的看法，审美对象应该是自然("眼中之竹")、心灵("胸中之竹")、文化("手中之竹")相互限制、相互启发、相互和解的结果。如果我们的这种解释是成立的，郑板桥关于审美对象的认识，就接近现象学美学家茵伽登的多层复合、复调和声的思想。

郑板桥关于审美对象的这个看法，在明代画家王履(1332—1391)的《华山图序》中也可以找到明确的表达：

画虽状形，主乎意。意不足，谓之非形可也。虽然，意在形，舍形何所求意？故得其形者，意溢乎形。失其形者，形乎哉？画物欲似物，岂可不识其面？古之

① 转引自叶朗：《中国美学史大纲》，上海人民出版社，1985年，第546页。

人之名世，果得于暗中摸索耶？彼务于转摹者，多以纸素之识是足而不之外者，故愈远愈伪，形尚失之，况意？苟非识华山之形，我其能图耶？既图矣，意犹未满，由是存乎静室，存乎行路，存乎床枕，存乎饮食，存乎外物，存乎听音，存乎应接之隙，存乎文章之中。一日燕居，闻鼓吹过门，怵然而作曰："得之矣夫。"遂麾旧而重图之。①

在这段文字中，王履区分了三种作画的方式，第一种是"务于转摹者"，这些人只是模仿别人的绘画，而不出门观察所画对象，借用郑板桥的术语来说，他们只在"手中之竹"上做文章，这是王履最为反对的，因为这种作画的方式根本就抓不住"形"，更谈不上"意"的表达了。第二种是王履的第一次画华山，即所谓"既图矣，意犹未满"。王履在游览华山之后，能够抓住华山之形，但不一定能够深得华山之"意"。这种作画方式侧重于"形"，借用郑板桥的术语来说，就是在"眼中之竹"上下工夫。王履赞赏这种作画方式，强调观察自然的重要性，但只观察自然、把握外形还不够，还需要意思满满。于是，有了王履的第二次画华山。这次画华山是在不断存想、深思熟虑、怵然得意的时候进行的。这种作画方式重视意的捕捉，借用郑板桥的术语来说，就是在"胸中之竹"上谋开悟。这是王履最推崇的作画方式。在王履这里，"胸中之竹"不仅是一个阶段，而且是一种状态，是一种将自然与文化、观察与技巧统一起来的状态，其作用类似于茵伽登将文学作品不同层次统一成为整体的那种"形而上性质"。

中国古典美学关于审美对象的认识也有更接近现象学美学的主张的。比如，王夫之(1619—1692)认为，好的诗歌可以让事物如其所是地显现，类似于禅家所说的"现量"，而禅家的"现量"又接近现象学美学家所说的作为还原的剩余者的审美对象。王夫之说："'僧敲月下门'，只是妄想揣摩，如说他人梦，纵令形容酷似，何尝毫发关心？知然者，以其沉吟'推''敲'二字，就他作想也。若即景会心，则或推或敲，必居其一，因景因情，自然灵妙，何劳拟议哉？'长河落日圆'，初无定景；'隔水问樵夫'，初非想得：则禅家所谓现量也。"②关于"现量"，王夫之解释说："现量，现者有现在义，有现成义，有显现真实义。现在，不缘过去作影；现成，一触即觉，不假思量计较；显现真实，乃彼之体性本自如此，显现无疑，不参虚妄。"③

王夫之这里所说的"现量"非常接近现象学美学家所说的作为还原的剩余者的审美对象，它是事物向我们显现而尚未形成概念知识的活泼状态，用杜夫海纳

① 王履：《华山图序》，见《中国历代美学文库》明代卷上，高等教育出版社，2003年，第24页。
② 王夫之：《夕堂永日绪论内编》，见《船山全书》第十四册，岳麓书社，1998年，第820页。
③ 王夫之：《相宗络索·三量》，见《船山全书》第十三册，岳麓书社，1998年，第536页。

的话来说，它是“灿烂的感性”①。事物在我们心灵或意识中显现的这种活泼状态是最初被给予的，因此是“‘初’无定景”，“‘初’非想得”；是事物的本来面貌，因此是“彼之体性本自如此，显现无疑，不参虚妄。”

在王夫之的诗论中，他一再强调对主观意识进行限制，对诗人的“意”进行限制，让诗人的意识只起照亮的作用，而不起篡改的作用。王夫之说：

> 诗之深远广大与夫舍旧趋新也，俱不在意。唐人以意为古诗，宋人以意为律诗绝句，而诗遂亡。如以意，则直须赞《易》陈《书》，无待诗也。“关关雎鸠，在河之洲。窈窕淑女，君子好逑”，岂有入微翻新，人所不到之意哉？此《凉州词》总无一字独创，乃经古今人尽力道不出。镂心振胆，自有所用，不可以经生思路求也，如此！②

对诗人主观之“意”的限制，目的是为了让事物本身直接出场，让真情实感直接流露，避免主观思虑破坏自然圆成。王夫之说：“盖当其天籁之发，因于俄顷，则攀缘之径绝而独至之用弘矣。若复参伍他端，则当事必怠；分疆情景，则真感无存。情懈感亡，无言诗矣。”③“天籁”指的是自然界的声音，泛指一切本然状态。一旦这种本然状态显现的时候，就应一任自己的独创而无需攀缘他人。如果这时还以他人为师，这种刹那间显现的本然状态就会销声匿迹；如果这时还去区分情景，自己的真情实感就会荡然无存。没有真情实感，就无所谓诗了。王夫之说：

> 景语之合，以词相合者下，以意相合者较胜；即目即事，本自为类，正不必蝉连，而吟咏之下，自知一时一事有于此者，斯天然之妙也。“风急鸟声碎，日高花影重”，词相比而事不相属，斯以为恶诗也矣。“花迎剑佩星初落，柳拂旌旗露未干”，洵为合符，而犹以有意连合见针线迹。如此云：“明镫曜闺中，清风凄已寒”，上下两景几于不续，而自然一时之中，寓目同感。在天合气，在地合理，在人合情，不用意而物无不亲。乌呼，至矣！④

从王夫之的这则评点中可以清楚地看到，在王夫之看来，根据语言关系写出的诗，是最低级的诗；根据意义关系写出的诗，是较好的诗；而根据当下直接呈现经验写出的诗，才是最好的诗。

中国古典美学关于审美对象的认识还有接近符号学美学的主张的。古德曼

---

① M. Dufrenne, *The Phenomenology of Aesthetic Experience*, trans. Edward S. Casey and others, p. 86.

② 王夫之：《明诗评选》卷八“高启《凉州词》评语”，见《船山全书》第十四册，第1576—1577页。

③ 王夫之：《古诗评选》卷四“潘岳《哀诗》评语”，见《船山全书》第十四册，第694页。

④ 王夫之：《古诗评选》卷四“刘桢《赠王官中郎将》评语”，《船山全书》第十四册，第671页。

通过对艺术语言的分析，发现艺术作品或审美对象具有密集性、不可分析性、多义性等特征，这与中国古典美学对诗歌的认识具有高度的一致性。在这方面，中国古典美学家有许多精彩的论述。比如，严羽就指出诗以“不涉理路，不落言筌”为上，“其妙处透彻玲珑，不可凑泊，如空中之音，相中之色，水中之月，镜中之象，言有尽而意无穷”[①]。王廷相承接严羽的说法，强调诗歌意象的不可分析性。他说：“夫诗贵意象透莹，不喜事实粘著，古谓之水中之月，镜中之影，可以目睹，难以实求是也。……言征实则寡余味也，情直致而难动物也。故示以意象，使人思而咀之，感而契之，邈哉深矣，此诗之大致也。”[②]王夫之也有类似的观点，他说：“看明远乐府，别是一味。急切觅佳处，早已失之。吟咏往来，觉蓬勃如春烟，弥漫如秋水，溢目盈心，斯得之矣。”[③]又说：“此种诗直不可以思路求佳。二十字如一片云，因日成彩，光不在内，亦不在外，既无轮廓，亦无丝理，可以生无穷之情，而情了无寄。”[④]叶燮对于诗歌的符号表达方式（借用古德曼的术语）作为了一个总结性的概括，他说：“惟不可名言之理，不可施见之事，不可径达之情，则幽渺以为理，想象以为事，惝恍以为情，方为理至、事至、情至之语。”[⑤]“不可名言之理，不可施见之事，不可径达之情”是不可分析的，它们是诗人表达的对象。诗人用“幽渺”、“想象”、“惝恍”的符号表达方式来表达，形成了幽渺之理、想象之事、惝恍之情。作为审美对象的幽渺之理、想象之事、惝恍之情具有古德曼所说的那些审美征候，不仅如此，它们还具有现象学美学的特征，因为它们“理至、事至、情至之语”，是事物本身的显现，借用杜夫海纳的术语来说，它们显示了一个比真实还要真实的世界，深入到了“前真实的**自然**”之中。

通过上述的分析，我们对审美对象的特性有了一个比较清楚的认识。审美对象是一种要求我们在审美经验中去体验的东西，它不是美学研究可以穷究的对象，或者说是美学研究的剩余者。这种剩余者只是事物的兀自在场（present）或显现（appear），而不显现为任何确定的外观（appearance）或知识（knowledge）。审美对象就是事物活泼泼的显现（appearing）[⑥]，或者说在向外观或知识的显现途中。

我们前面曾经指出，现代美学关于审美对象的理论，建立在这样一种基本信

---

① 严羽：《沧浪诗话》，见《中国历代美学文库》宋辽金卷下，高等教育出版社，2003年，第418页。

② 王廷相：《与郭价夫学士论诗书》，见《中国历代美学文库》明代卷上，第166—167页。

③ 王夫之：《古诗评选》卷一“鲍照《拟行路难》评语”，见《船山全书》第十四册，第537页。

④ 王夫之：《古诗评选》卷三“王俭《春诗》评语”，见《船山全书》第十四册，第622页。

⑤ 叶燮：《原诗》，见《中国历代美学文库》清代卷中，高等教育出版社，2003年，第59页。

⑥ 关于“显现”的论述，见 Martin Seel, *Aesthetics of Appearing*, trans. John Farrell, Stanford: Stanford University Press, 2005。

念上：同一个对象，用不同的态度来对待它，用不同的观点来观照它，它会呈现出不同的面貌。那么，能否说审美对象是我们用审美态度和审美眼光来看待事物时事物所呈现的面貌呢？对这个问题许多美学家都会毫不犹豫地做肯定的回答。不过，在我看来，这种肯定的回答容易陷入一种误区，即将审美态度看作与实用态度和科学态度并列的态度，进而将审美对象看作与实用对象和科学对象并列的对象。事实上，审美态度不是一种与科学态度和实用态度并列的态度，而是对科学态度和实用态度的消解，是一种“无态度”的态度。与此相应，审美对象不是与科学对象和实用对象并列的对象，而是对科学对象和实用对象的消解，是一种“无对象”的对象。正是在这种意义上，杜夫海纳不将审美对象视为“对象”(object)，而是视为一种类似于“主体”(subject)的“准主体”(quasi subject)。在我看来，审美对象既不是任何确定的事物(如美的事物或者艺术作品)，也不是关于事物的任何确定的外观或知识，而是事物在向任何确定的外观或知识显现而尚未成为任何确定的外观或知识的途中，是事物活泼泼的显现状态或显现过程，正是在这种意义上，我主张“美在显现”。对于“美在显现”的进一步了解涉及我们对审美经验的理解，我们在接下来的一章将集中讨论审美经验的问题。

思 考 题

1. 有哪些关于美的经典理论？
2. 现代美学家是如何反驳关于美的经典理论的？
3. 美与审美对象有何区别与联系？
4. 谈谈你对审美对象的理解。

推 荐 书 目

Jerome Stolnitz, “‘Beauty’: Some Stage in the History of an Idea”, in Peter Kivy ed., *Eassys on the History of Aesthetics*, Rochester: University of Rochester Press, 1992.

Francis Hutcheson, *Inquiry Concerning Beauty, Order, Harmony, Design*, Peter Kivy ed., The Hague: Martinus Nijhoff, 1973.

Jean-Paul Sartre, *The Imaginary: A Phenomenological Psychology of the Imagination*, trans. J. Webber, London: Routledge, 2004.

Roman Ingarden, *The Literary Work of Art*, trans. George G. Grabowicz Evanston: Northwestern University Press, 1973.

Roman Ingarden, *Roman Ingarden Selected Papers in Aesthetics*, Washington, D. C.: The Catholic University of America Press, 1985.

Mikel Dufrenne, *The Phenonmenology of Aesthetic Experience*, trans. Edward S. Casey and others, Evanston: Northwestern University Press, 1973.

Mikel Dufrenne, *In the Presence of the Sensuous: Essays in Aesthetics*, edited and translated by Mark S. Roberts and Dennis Gallagher, Atlantic Highlands, New Jersey: Humanities Press International, Inc., 1987.

Nelson Goodman, *Languages of Art*, Indianapolis/Cambridge: Hackett Publishing, 1976.

Martin Seel, *Aesthetics of Appearing*, trans. John Farrell, Stanford: Stanford University Press, 2005.

叶朗:《中国美学史大纲》,上海人民出版社,1985年。

第三章　审美经验

本章内容提要：审美经验是现代美学研究的主要对象。本章将讲述美学史上关于审美经验的几种主要理论，梳理20世纪分析美学对审美经验的批判和实用主义美学对审美经验的恢复。最后在综合中西美学关于审美经验理论的基础上，提出自己关于审美经验的看法：审美经验是人生在世的原初经验。

美学的研究对象是美还是审美经验，常常被视为判断美学是古典美学还是现代美学的准绳。正如朱光潜总结的那样，“近代美学所侧重的问题是：‘在美感经验中我们的心理活动是什么样？’至于一般人所喜欢问的‘什么样的事物才能算是美’的问题还在其次。”[①]现代美学的这种转向是可以理解的，因为尽管人们对于美是什么的答案可以千差万别，但他们从美的事物中获得的审美经验应该是一致的，比如说愉快。美学不应该去研究千差万别的美，而应该研究高度一致的审美经验，因为只有从一致的审美经验中才有可能获得相对确定的、普遍的美学知识。现代美学关于审美经验的理论可以分成两类：一类侧重于态度(attitude)或关注(attention)，审美经验就是用一种特殊的态度来关注审美对象。我们可以将这类理论简称为“态度理论”；一类侧重于观看审美对象所获得的结果，审美经验是一种特殊的、与审美对象有因果关系的经验类型，迪基将这类审美经验理论称为“审美经验的因果概念”(the causal concept of aesthetic experience)[②]。我们可以将这类理论简称为“因果理论”。就是这样，审美经验长期被视为现代美学可以依据的事实，现代美学用关于审美经验的实证研究，取代了传统美学关于美的思辨研究。现代美学的奠基人鲍姆嘉通和康德正是依据审美经验这个独特的事实，将美学从认识论和伦理学中独立出来，为美学从哲学

① 朱光潜：《文艺心理学》，安徽教育出版社，1996年，第9页。

② George Dickie, “Beardsley's Phantom Aesthetic Experience”, *Journal of Philosophy* 62 (1965), p. 129.

大厦中争得了独立的地位。

20 世纪的一些美学家进一步用审美经验来定义艺术。在他们看来，艺术作品就是艺术家为唤起审美经验而生产出来的产品，艺术作品的好坏优劣，可以根据它激发出来的审美经验的强度来判断，能够提供高强度的审美经验的艺术作品就是优秀的艺术作品，否则就是低劣的艺术作品。杜威(John Dewey，1859—1952)就是这些美学家中的代表，他不仅用审美经验来定义艺术，而且用“艺术即经验”给他的主要美学著作命名。比尔兹利进一步得出了这样一个关于艺术定义的公式化的表达：“艺术作品要么是旨在能够提供具有显著审美特征的审美经验的条件安排，要么(附带地)是属于典型地旨在具备这种能力的安排的一个种类(class)或类型(type)”[①]。在比尔兹利看来，不具备提供审美经验的能力的东西，就算不上是艺术作品。然而，杜威和比尔兹利这种以审美经验为艺术定义标准的美学思想，遭到了迪基(George Dickie，1926—)、肯尼克(William Kennick，1923—2009)、科恩(Marshall Cohen，1935—)等分析美学家的严厉批判。在迪基看来，审美经验是现代美学的一个神话，它不仅无法将艺术作品从非艺术作品中区别开来，而且本身就是一个含混不清的概念，我们根本无法将审美经验与非审美经验区别开来。另一些美学家如舒斯特曼则坚信审美经验是一个可以依赖的事实，如果在美学研究领域中驱除审美经验，美学学科的存在理由就会大打折扣；如果在我们的生存经验中驱除审美经验，我们的存在将不再是人的存在。那么，究竟什么是审美经验？审美经验在人类生活中究竟具有怎样的作用？我们将结合美学史上关于审美经验的理论来回答这些问题。

一、关于审美经验的态度理论

审美经验是一个现代美学概念，直到 19 世纪才确立起来。不过，美学史上关于审美经验的研究，可以上溯到 17 世纪末甚至更早。有人认为亚里士多德关于悲剧净化的理论，就是一种典型的审美经验理论。只不过是由于英国经验主义的影响，审美经验理论才逐渐在美学理论中取得主导地位，正如汤森德指出的那样：“尽管在 19 世纪之前提及‘审美经验’会犯下弄错时代的错误这一点已经得到普遍认可，但这个概念在 17 世纪后期和 18 世纪英国兴起的经验主义中已经有了它的基础。在洛克、牛顿和许多其他人的影响下，与自 14 世纪以来兴起

① Monroe Beardsley, “Redefining Art”, in M. J. Wreen and D. M. Callan eds., *The Aesthetic Point of View*, Ithaca, NY: Cornell University Press, 1982, pp. 298 - 315.

的中世纪等级制本体论的决裂，在概念上变得非常明显了。但是，对于美学理论的目的来说，'经验'的首要地位不断发展起来的方式，却造成了将美学不断从认识论和本体论的主流中孤立出来的困难。不过在18世纪还没有出现这种情况。哈奇森、休谟、博克、荷加斯、杰勒德和艾利森等人都承认：关于美、崇高和趣味的讨论是哲学讨论的核心。从他们的讨论中形成的审美经验的概念，以这样或那样的形式主宰了随后的美学理论。"①在汤森德看来，关于审美经验的讨论，在18世纪的英国不仅是美学的核心话题，而且是一般哲学的核心话题；只是在后来的发展过程中，以审美经验为核心话题的美学才从认识论和本体论的主流哲学中孤立出来，成为独立的哲学分支学科。

18世纪的审美经验理论在总体上可以归结为审美经验的态度理论，其中最有代表性的是所谓的"无利害性"(disinterestedness)理论。

无利害性是18世纪美学家用来标明审美经验的独特特征的专有名词，由莎夫茨伯利首先提出。不过，莎夫茨伯利最初引进无利害概念并不是专门用来概括美感经验的特征，而是用来概括一切与有目的地使用对象的态度相对立的行为的特征，审美、伦理和科学活动都可以是无利害性的。哈奇生对莎夫茨伯利的这个概念做了进一步的提炼和限制，不仅把个人的实用兴趣排除在外，而且排除了一般的对待自然的兴趣，特别是认知的兴趣，由此，科学和伦理活动都不是无利害性的(因为它们都涉及概念和认知兴趣)，只有审美活动才是无利害性的。最后，到了艾利森(A. Alison, 1757—1839)那里，无利害概念达到了最高的理论高度，被用来指称一个特殊的"心灵状态"，也就是所谓的"空灵闲逸"(vacant and unemployed)状态。不过，对无利害性概念做出最系统的阐述的还不是英国经验主义者，而是批判哲学家康德。在康德看来，审美经验中的愉快是不带任何利害的。所谓不带有利害，也就是只与对象的表象(presentation)、不与对象的存在(existence)发生联系。康德说：

> 我们可以很容易地看出，对我来说，为了说一个对象是美的并证明我有趣味，要紧的东西是我与内心中的表象的关系，而不是我依赖于对象存在的[方面]。每个人都必须承认，如果关于美的判断只要夹杂着丝毫的利害，那么它就是非常片面的，且不是纯粹的趣味判断了。为了在有关趣味的事物中担任评判员，我们必须对事物的存在不能有哪怕一丁点偏爱，而必须对它抱彻底的漠不关心的态度。②

---

① Dabney Townsend, "From Shaftesbury to Kant: The Development of the Concept of Aesthetic Experience", in Peter Kivy ed., *Eassys on the History of Aesthetics*, Rochester: University of Rochester Press, 1992, p. 205.

② Immanuel Kant, *Critique of Judgment*, trans. Werner S. Pluhar, Hackett Publishing Company, 1987, p. 46.

只有这种不与对象的存在发生关系的愉快，才有可能是自由的和无利害的，才是审美经验中的愉快。康德以此明确地将审美愉快与具有感官利害的愉快和具有理性利害的愉快区别开来："我们可以说，在所有这三种愉快之中，只有涉及有关美的趣味愉快是无利害的和自由的，因为我们不受任何利益的强迫去做出我们的赞许，无论是感官的利害还是理性的利害。因此我们可以说，在上述提及的三种情形中，愉快[一词]要么与自然倾向(inclination)相关联，要么与喜爱(favor)相关联，要么与敬重(respect)相关联。只有喜爱是唯一的自由愉悦。自然倾向的对象和由理性规律作为欲求对象颁发给我们的对象，都不能留给我们自由去使某物成为我们自身的愉快对象。所有利害不是以需要为前提，就是引起某种需要；而由于利害是决定赞许的基础，因此它使得关于对象的判断不再自由。"①

经过康德的分析，将审美经验视为无利害的快感似乎成了现代美学的第一原理。这种思想被后来的美学家不断重提，其中在20世纪的斯托尼茨和维瓦斯(Eliseo Vivas，1901—1993)等人那里可以找到更加系统和清晰的论述。斯托尼茨明确指出，审美经验的获得取决于审美态度，审美态度就是"因为自身的缘故，对不管怎样的意识对象进行无利害的(disinterested)和移情的(sympathetic)关注和静观(contemplation)。"②所谓"无利害的"，就是"不涉及任何外在目的"③；所谓"移情的"，就是"因其自身的原因接受一个对象并欣赏它"④；所谓"静观"，就是"观者直接针对对象自身进行感知，不涉及对对象的分析或针对对象提问"⑤。这是对18世纪以来的审美经验理论做出的一个高度概括。

维瓦斯以文学欣赏为例对无利害性理论进行了检验。维瓦斯区分了审美地对待文学作品与非审美地对待文学作品。"用非审美的模式来处理一首诗歌，可以是将它处理成历史、社会批判、作者神经官能症的诊断证据，还可以以无数其他方式来非审美地处理一首诗。"⑥维瓦斯将非审美地对待文学作品称为"及物"(transitive)阅读，将审美地处理文学作品称为"不及物"(intransitive)阅读。比如，将一首诗歌作为获取白日梦的跳板、作为诊断作者神经官能症的证据、作为历史索引、作为社会批判，诸如此类的阅读都是及物阅读。"不及物"的阅读就是

---

① Immanuel Kant, *Critique of Judgment*, trans. Werner S. Pluhar, p. 52.
② Jerome Stolnitz, *Aesthetics and Philosophy of Art Criticism*, Boston: Houghton Mifflin Co., 1960, pp. 34 - 35.
③ 同上书，第35页。
④ 同上书，第36页。
⑤ 同上书，第38页。
⑥ Eliseo Vivas, "Contextualism Reconsidered", *The Journal of Aesthetics and Art Criticism*, Vol. 18 (1959), pp. 224 - 225.

对文学作品的无利害静观。因此,维瓦斯所说的"及物"与"不及物"的区别,实际上就是斯托尼茨所说的"有利害"与"无利害"的区别。

与无利害性紧密相关的另外一种态度理论,是英国心理学家家布洛(Edward Bullough,1880—1934)在20世纪初提出来的"心理距离"(Psychical Distance)理论①。布洛的这种理论在世界范围内产生了广泛的影响,特别是经过朱光潜的介绍,成为中国美学界广泛讨论的一种理论②。根据布洛的主张,我们从事物那里获得审美享受,关键在于与对象保持适当的心理距离。"距离太近"(under-distance)或"距离太远"(over-distance),都会影响审美经验的获得。所谓"距离太近",就审美对象方面来说,就是过于实际或真实,失去了生活与艺术之间的距离;就审美主体方面来说,就是过于介入,采取参与者的态度,把审美对象当作实际事物来看。所谓"距离太远",就审美对象方面来说,就是过于抽象,失去了真实性,失去了与实际生活的联系;就审美主体方面来说,就是过于超脱,采取旁观者的态度,把审美对象当作与自己无关的东西进行研究和分析。所谓"适当的距离",就是不即不离。正如朱光潜总结的那样,"在美感经验中,我们一方面要从实际生活中跳出来,一方面又不能脱尽实际生活;一方面要忘我,一方面又要拿我的经验来印证作品,这不显然是一种矛盾么?事实上确有这种矛盾,这就是布洛所说的'距离的矛盾'(the antinomy of distance)。创造和欣赏的成功与否,就看能否把'距离的矛盾'安排妥当,'距离'太远了,结果是不可了解;'距离'太近了,结果又不免让实用的动机压倒美感,'不即不离'是艺术的一个最好的理想。"③

与朱光潜在中国传播"距离说"相类似,希拉·道生(Sheila Dawson)是"距离说"在澳大利亚的主要传播者。道生也非常关注所谓的"距离的矛盾",她沿用布洛的一个例子来说明距离的矛盾问题:一个满怀猜忌的丈夫在观看戏剧《奥赛罗》(*Othello*)的时候,对该剧毫不关心,因为他一直在想他妻子的可疑行为,该丈夫与戏剧保持的心理距离就太近了。相反,如果我们只是关注戏剧表演的技术细节,我们与戏剧所保持的心理距离就太远了④。

无论是无利害说还是距离说,都强调审美经验的获得与主体的某种态度有

---

① Edward Bullough, "'Psychical Distance' as a Factor in Art and as an Aesthetic Principle", *British Journal of Psychology*, Vol. 5 (1912), pp. 87-117. 该文被广泛重印于各种文集,本章参考版本重印于 Morris Weitz ed., *Problems in Aesthetics*, second edition, New York: Macmillan Publishing Co., 1970。

② 朱光潜对"距离说"的介绍,见朱光潜《文艺心理学》和《谈美》中的有关章节。

③ 朱光潜:《文艺心理学》,第25页。

④ Sheila Dawson, "'Distancing' as an Aesthetic Principle", *Australasian Journal of Philosophy*, Vol. 39 (1961), p. 159.

关，而与审美对象的特征无关。无论怎样的事物，只要我们对它们采取恰当的审美态度，就都可以获得审美经验。无论怎样的事物，只要我们不对它们采取恰当的审美态度，就都不可能获得审美经验。由于态度在审美经验的获得中扮演了至关重要的角色，因此，这种理论被称为审美经验的"态度理论"。

二、关于审美经验的因果理论

与审美经验的态度理论侧重于审美经验的发生条件不同，审美经验的因果理论侧重于审美经验自身的特征。按照审美经验的态度理论，不管是一种怎样的经验，只要它是在无利害的、有适当距离的、超然的静观中发生的，这种经验就是审美经验。态度理论并没有从经验本身的特征上将审美经验与非审美经验区别开来，而这正是审美经验的因果理论试图解决的问题。在现代美学中，克莱夫·贝尔、瑞恰慈（I. A. Richards，1890—1979）和比尔兹利的主张比较有代表性。

与审美经验的态度理论相似，克莱夫·贝尔将审美经验视为一种特殊的经验或感情。克莱夫·贝尔说："一切审美方式的起点必须是对某种特殊感情的亲身感受，唤起这种情感的物品，我们称之为艺术品。大凡反应敏捷的人都会同意，由艺术唤起的特殊感情是存在的。我的意思当然不是指一切艺术品均唤起同一种感情。相反，每一件艺术品都引起不同的感情。然而，所有这些感情都可以被认为是同一类的。……这种感情就是审美感情。"①

与审美经验的态度理论不同，克莱夫·贝尔进一步从经验本身的特征角度，对审美经验进行了描述。在克莱夫·贝尔看来，审美经验是一种对形而上的实体的感受经验，具有迷狂、深刻、超越等特征。克莱夫·贝尔说："优秀的视觉艺术品能把有能力欣赏它的人带到生活之外的迷狂之中……从这些[形式]方面能够得到远比事实、观念的描述所能给予的感情更深刻，更崇高的感情。"②"如果一件艺术品的形式很有意味，那么它的出处是无关紧要的。面对卢佛尔博物馆中萨默里安的人物塑像的壮观，他所感受到的狂喜与四千年前迦勒底的崇拜者感受到的狂喜是同样多的。"③

为了解释这种特殊的审美经验或感情，克莱夫·贝尔提出了一种"形而上的

---

① 克莱夫·贝尔：《艺术》，周金环、马钟元译，中国文联出版社，1984年，第3页。
② 同上书，第19页。
③ 同上书，第23页。

假说”，认为艺术的“‘有意味的形式’就是我们可以得到某种对‘终极实在’之感受的形式。……艺术家灵感产生时的感情与某些普通人偶尔艺术地看待事物的感情，以及我们许多人凝视艺术时的感情，是同一类的感情，即：都是人们通过纯形式对它所揭示的现实本身的感情”①。由于艺术形式与形而上学的实在紧密相关，“对纯形式的观赏使我们产生了一种如痴如狂的快感，并感到自己完全超脱了与生活有关的一切观念”②。也正是在这种意义上，克莱夫·贝尔将审美经验与宗教经验等同起来，主张“艺术和宗教是人们摆脱现实环境达到迷狂境界的两个途径。审美的狂喜和宗教的狂热是联合在一起的两个派别，艺术与宗教都是达到同一类心理状态的手段”③。

根据克莱夫·贝尔，审美经验是一种特殊经验，是由艺术形式引起的对绝对实在的体验，具有狂喜、迷狂、深刻等特征，与宗教经验类似。由此，克莱夫·贝尔不仅像态度理论那样，给出了达到审美经验的条件，而且给出了审美经验自身的特征，这是他不同于态度理论的地方。

瑞恰慈对审美经验的特征也有所描述，不过他并不同意克莱夫·贝尔的看法。瑞恰慈主张根本就不存在一种作为特殊精神活动的审美经验，他认为“近代全部美学都依据一个始终鲜见论述的臆说，即假定存在着一种类别明确的精神活动，它出现于大家所说的审美经验”④。在瑞恰慈看来，这种臆说起源于康德，克莱夫·贝尔是其现代传播者，他们都认为“存在着某种独特类别的心智成分，它进入审美经验而无法进入其他经验，因此克莱夫·贝尔先生总是坚持认为存在着一种名曰‘审美情感’的独特情感，视之为种差，但是心理学中并未给这样一种存在留出位置”⑤。

如果审美经验不是一种含有独特类别的心智成分的特殊经验，那么审美经验与日常经验有何区别？如果它们之间没有任何区别，审美经验这个概念就没有意义，如果它们之间有区别，那么如何将审美经验与其他经验区别开来？瑞恰慈承认审美经验是可以区别的，但同时“力求表明他们和许多其他经验十分相似；它们的主要差别在于成分之间的关系方面；它们仅仅是进一步发展且更加精细地组织了普通经验，而且根本不是一种新型的不同的种类。我们赏画读诗或者听音乐的时候，我们并不是在做什么特别的事，跟我们前往国家美术馆途中的言谈举止或清晨我们穿戴衣冠的情形并无两样。使我们产生经验的方式有所不

① 克莱夫·贝尔：《艺术》，第36页。
② 同上书，第47页。
③ 同上书，第62页。
④ 艾·阿·瑞恰慈：《文学批评原理》，杨自伍译，百花洲文艺出版社，1992年，第6页。
⑤ 同上书，第9页。

同,一般说来经验比较复杂,而且我们如果成功的话,经验也比较一致。不过我们的活动并非属于一个根本不同的种类"①。

在谈到诗歌的审美经验时,瑞恰慈表达了同样的思想。他说:"诗歌的天地决无任何不同于世界其他一切都现实,而且根本没有特殊的规律和彼岸世界的特点。它是由那些和我们通过其他方式接触到的经验一模一样类别的经验组成的。然而每一首诗都有其严格局限性的一段经验,如果有异质成分强行掺入的话,这段经验就多多少少容易变成碎片。和大街上或山坡边的普通经验相比起来,诗歌经验的组织程度更高也更微妙;它是脆弱的。……由于这些原因,我们在体验和尝试体验的时候,必须防止污染,防止个人特性的侵入。我们必须始终不让这些东西来妨碍读诗,否则我们就百读不解,反而获得另外的经验。由于这些原因,我们确定二者割裂,我们在一首诗与我们经验之中不属于这首诗的东西之间划清一条界限。不过这并不是相异事物而是相同活动的不同系统之间的分割。"②

总之,关于审美经验与非审美经验,瑞恰慈采取了一种类似于实用主义美学的区别:审美经验与非审美经验不是在"质"上划然有别,而是在"量"上有所不同。审美经验在种类上与日常经验一致,只不过审美经验经过了更加精细的组织,显得比较复杂,比较一致,比较微妙而已。这里的"复杂"、"一致"、"精细"和"微妙"都是就审美经验本身来描述的,它们指的是审美经验本身的特征,而不是指造成审美经验的原因。

尽管瑞恰慈强调审美经验与非审美经验之间不存在种类上的不同,只存在同一种活动的不同系统之间的差别,但他在二者之间做出的区分或割裂却一点也不含糊,严禁用日常经验来干扰审美经验。在我看来,瑞恰慈之所以强调审美经验与日常经验之间的严格区别,原因正在于二者之间不存在质的区别,日常经验因而很容易"掺入"或"侵入"审美经验,审美经验很容易受到日常经验的"污染"。为了保持审美经验的纯粹性,就必须在二者之间"划清一条界限"。这是瑞恰慈与实用主义美学不同的地方。实用主义美学强调审美经验与日常经验的连续性,不仅强调二者之间没有种类上的区别,而且不担心日常经验掺入审美经验,不强调审美经验的纯粹性。在这方面,杜威的思想最有代表性。

在综合布洛和杜威等人的思想的基础上,比尔兹利提出了更加全面和精致的审美经验理论。比尔兹利关于审美经验的论述总结为这样三个方面:(1)审美经验是对对象的集中关注;(2)审美经验具有相当程度的强度或密度

① 艾·阿·瑞恰慈:《文学批评原理》,杨自伍译,第10—11页。
② 同上书,第67—68页。

(intensity)；(3) 审美经验具有统一性(unity)，是一种连贯的(coherent)和完成的(complete)经验①。显然，第一个方面的思想可以归入审美经验的态度理论，后两个方面的思想可以归入审美经验的因果理论，在瑞恰慈那里我们已经见到了它们的雏形。由于比尔兹利综合了有关审美经验的两种代表性的理论，因此他关于审美经验的论述是最完善的、最有代表性的。不过，一些美学家发现，审美经验的因果理论中有一个不容易识别的混淆，即那些用来概括审美经验的特征，如密度、统一性、连贯性、完成性等等，实际上是引起审美经验的对象如艺术作品的特征。也就是说，具有诸如此类特征的艺术作品引起了具有诸如此类特征的审美经验，前者是原因，后者是结果，正是在这种意义上，有关审美经验的特征的描述被归结为审美经验的因果理论。

三、对审美经验理论的批判与辩护

然而，具有诸如此类特征的艺术作品果真能够引起具有诸如此类特征的审美经验吗？在另一些美学家看来，答案是否定的。20世纪的分析美学将批评的矛头对准了作为现代美学核心理论的审美经验理论，其中以迪基最有代表性。

迪基首先批评了审美经验的态度理论，把它称为"审美态度的神话"②。

对于现代美学家视为伟大发现的"距离说"，迪基认为除了制造混乱之外毫无意义。迪基发现"距离说"中的"距离"一词的用法包含两层含义：(1) 作为一种特别行为类型的"保持距离"(to distance)；(2) 作为这种特别行为类型的结果，即一种"被间离"(being distanced)的意识状态。迪基通过回忆自己的审美经验，发现根本就不存在审美距离说所假定的那种行为类型和意识状态。迪基通过分析指出，其实距离说真正要表达的意思是：我们在欣赏戏剧的时候要关注戏剧本身，而不是关注其他东西，比如像那位距离太近的丈夫一样只关注自己妻子的可疑行为，或者像那位距离太远的观众一样只关注表演的技术细节，在这两种情况中，欣赏者都在关注某种别的东西而没有欣赏到戏剧本身。如果距离说要表达的意思无非如此的话，就大可不必引进一些技术性很强的专业词汇，用一

① 比尔兹利的论述，见 Monroe C. Beardsley, *Aesthetics: Problems in the Philosophy of Criticism*, New York: Barcourt Brace, 1958, pp. 527 - 528。迪基的总结，见 George Dickie, "Beardsley's Phantom Aesthetic Experience", *Journal of Philosophy*, Vol. 62 (1965), p. 130。

② George Dickie, "The Myth of the Aesthetic Attitude", *The American Philosophical Quarterly*, 1 (1964). 该文被许多文集重印，本章引用的版本重印于 John W. Bender and H. Gene Blocker eds., *Contemporary Philosophy of Art: Readings in Analytic Aesthetics*。

般的语言完全可以将这种意思表达清楚。"引进'距离'(distance)、'距离太近'(under-distance)、'距离太远'(over-distance)之类的技术性术语,除了让我们去追逐虚幻的意识行为和意识状态之外,别无所用。"①

对于"无利害说"强调的那种无利害的静观,迪基认为根本就不存在。迪基认为,只存在关注和不关注,而不存在无利害的关注。在许多情形中,无利害的关注其实就是不关注。迪基承认,我们对审美对象的关注可以有密切和不密切的区别,在动机上还可以有偏颇和不偏颇的区别,但这些并不会引起两种形式的关注。迪基在分析了有关音乐、绘画、戏剧和文学等艺术形式的欣赏经验之后确认:"'无利害性'或'不及物性'不能被适当地用来指称一种特殊的关注。'无利害性'是一个用来说明具有某种动机的行为的术语。因此,我们说(调查团的)无偏颇的审查,(法官和陪审团的)无偏颇的裁决,如此等等②。当然,我们可以带有不同动机去关注一个对象,但关注本身并不会因为其动机是那种激发有偏颇行为的动机或无偏颇行为的动机(如同调查和裁决有可能出现的情况那样)而是有偏颇的或无偏颇的,尽管关注可以有密切和不太密切的区别。"③

总之,通过行为与动机的分离,迪基对 18 世纪以来在美学领域中占主导地位的审美态度理论进行了透彻的批判。如果不管带有什么动机去关注一个对象,其关注过程和关注结果都是一样,那么审美态度与非审美态度之间的区别,审美经验与非审美经验之间的区别就失去了意义。在迪基看来,根本就不存在那种被某些美学家神秘化了的审美态度和审美经验,现代美学中的审美态度理论是一个经不起检验的神话。

在批判了审美经验的态度理论之后,迪基又对审美经验的因果理论展开了批判。迪基发现审美经验的因果理论(如比尔兹利的理论)中所说的具有连贯性、完成性、统一性的东西,可以区分为两个方面:一方面是具有统一性的审美对象,另一方面是由具有统一性的审美对象引起的具有统一性的审美经验④。迪基认为,诸如连贯性、完成性、统一性之类的术语,只能用于审美对象,而不能用于审美经验。审美经验的因果理论将用于审美对象的术语误用于审美经验,将审美对象的特征误作为审美经验的特征。

---

① George Dickie, "The Myth of the Aesthetic Attitude", in John W. Bender and H. Gene Blocker eds., *Contemporary Philosophy of Art: Readings in Analytic Aesthetics*, p. 374.

② 根据上下文,将这里的"无利害的"(disinterested)译为"无偏颇的"。

③ George Dickie, "The Myth of the Aesthetic Attitude", in John W. Bender and H. Gene Blocker eds., *Contemporary Philosophy of Art: Readings in Analytic Aesthetics*, p. 378.

④ George Dickie, "Beardsley's Phantom Aesthetic Experience", *Journal of Philosophy* Vol. 62 (1965), p. 130.

在迪基看来,不仅诸如连贯性、完成性、统一性之类的术语是用于审美对象的术语,而且具有诸如此类特征的审美对象不会引起具有相应特征的审美经验。比如,迪基指出,“一件不连贯的艺术作品可能会引起我们的困惑(bewilderment),但我们不能说困惑是一种不连贯(incoherence)。我们必须连贯才能对混乱的艺术作品感到困惑。”①依据同样的思路,迪基对归结到审美经验上的其他特征也展开了批评。总之,迪基通过分析试图让我们确信,比尔兹利用来描述审美经验的一系列术语,如连贯、完成、平衡、统一等等,只适用于描述引起审美经验的审美对象即艺术作品。“我们很容易知道对统一性的经验,但很难弄明白经验的统一性。”②审美经验的因果理论认为具有统一性、完成性、平衡性、连贯性的艺术作品一定引起具有同样特征的审美经验,迪基认为这是这种理论给美学造成的最大幻觉。美学要摆脱这种幻觉的困扰,就不要再去研究审美经验,而应该研究艺术作品。迪基对审美经验理论的批判是划时代性的,他推动了英美美学由关注审美经验的实用主义美学向关注艺术作品的分析美学的转向。

迪基对审美经验理论的批评引起了比尔兹利的反批评,比尔兹利依据流行的心理学理论,宣称要“收复审美经验”③。

比尔兹利认为迪基对审美经验的因果理论的批评是有问题的。迪基的主要依据是用来描述对象的词汇如连贯、完成、平衡、统一等等不能用来描述经验,但比尔兹利认为我们的心理活动完全可以具有诸如此类的特征。为了证明经验可以具有这些特征,比尔兹利印用了当时很有影响力的心理学家马斯洛(A. H. Maslow, 1908—1970)的说法:

> 处于高峰经验(peak-experience)中的人,比其他时候感到更加整合成一体(统一的、整体的、全部的一片)。
>
> 他现在感到完全摆脱了阻碍、禁锢、拘谨、恐惧、疑虑、支配、限制、自我批评、紧急刹车……这既是一种主观现象又是一种客观现象,而且可以从这两个方面作进一步的描述。④

比尔兹利据此认为,就像在高峰经验中的情形一样,人在审美经验中也能感到一种高度的“整合成一体”(integration),这就是他所说的连贯性(coherence)。

---

① George Dickie, “Beardsley's Phantom Aesthetic Experience”, *Journal of Philosophy* Vol. 62 (1965), p. 133.

② 同上书,第136页。

③ Monroe C. Beardsley, “Aesthetic Experience Regained”, *The Journal of Aesthetics and Art Criticism*, Vol. 28 (1969), pp. 3-11.

④ Abraham H. Maslow, *Toward a Psychology of Being*, Princeton, New Jersey: Van Nostrand, 1962, p. 98.

尽管对这种现象不太容易做清楚的描述，但人们可以拥有这种经验却是毋庸置疑的事实。在这种经验中，我们的各种感受紧密相关，好像它们是相互归属的一样[①]。对于审美经验的其他特征，比尔兹利也依据心理学做出了同样有说服力的论证。总之，在比尔兹利看来，根据格式塔心理学和马斯洛心理学，我们完全可以将诸如连贯、完成、统一、平衡等术语运用到我们的经验本身上去。

对于迪基对审美经验的态度理论的批评，比尔兹利从现象学的角度给出了有力的回应。在比尔兹利看来，我们在日常生活中会采取不同的观点或眼光来看待事物，而且用不同眼光来看同一个事物会得到不同的知觉，这是无需证明的事实。比如，就建筑来说，比尔兹利引用沃顿(Sir Henry Wotton, 1568—1639)的说法，“好的建筑具有三个条件：有用、坚固、令人愉快。”[②]这里的有用跟实践有关，坚固跟工程有关，令人愉快跟审美有关。当我们说某个建筑令人愉快的时候，我们就是在用“审美观点”(the aesthetic point of view)看待这座建筑。所谓审美观点在很大程度上类似于审美态度。对于审美观点，比尔兹利给出了一个公式化的定义：“采取审美观点看待 X 就是对 X 具有的无论怎样的审美价值感兴趣。”[③]要理解这个定义，就需要知道什么是审美价值(aesthetic value)。对于审美价值，比尔兹利给出了一个这样的公式化的定义：“一个对象的审美价值就是这个对象具有的能够提供审美满意的价值。”[④]其实这里的“审美满意”(aesthetic gratification)就是“审美经验”(aesthetic experience)。比尔兹利承认，这里用审美满意来取代审美经验，是为了避免迪基等人的批判。但是，事实上审美满意也并不是一个完全明了的概念，它本身也需要进一步的定义。于是，比尔兹利对审美满意也给出了一个公式化的定义：“当满意主要是由对一个复合整体的形式统一和/或区域特性的关注而获得的时候，当它的量度是形式统一的程度和/或区域特性的强度的函数的时候，这种满意就是审美的。”[⑤]

我们可以将比尔兹利这一系列公式化的表达联系起来看，从中领会他对审美经验的全面的理论表述。我们会采取审美观点观看事物，这一点对于比尔兹利来说是事实，是无需论证的。所有的审美经验的态度理论，都将这一点视为事实。在这种意义上，我们说比尔兹利的审美经验理论与布洛等人的审美态度理

---

① Monroe C. Beardsley, “Aesthetic Experience Regained”, *The Journal of Aesthetics and Art Criticism*, Vol. 28 (1969), p. 7.

② 转引自 Monroe C. Beardsley, “The Aesthetic Point of View”, in John W. Bender and H. Gene Blocker eds., *Contemporary Philosophy of Art: Readings in Analytic Aesthetics*, p. 385。

③ 同上书，第 386 页。

④ 同上书，第 387 页。

⑤ 同上书，第 388 页。

论没有本质上的区别。正是这个审美经验理论当作事实来接受的前提,遭到了迪基的批判。迪基认为,根本就不存在这种审美态度或审美观点,无论人们采取所谓的审美态度或审美观点还是非审美态度或非审美观点来观看事物,所得到的结果一样。在迪基看来,审美态度理论当作非审美关注的东西,其实不是非审美关注,而是非关注。在迪基等人的批判的推动下,比尔兹利将传统的审美经验理论向前推进了一步,即强调审美关注是对审美价值的关注,同时强调审美满意是通过对形式特性的关注而获得的。这样,比尔兹利的审美经验理论就从心理学和现象学的立场向认识论的立场转变了。如果审美经验就是对对象的某些形式特征的关注或认识的话,欣赏者究竟处于怎样的经验状态其实并不重要,就像我们做数学演算一样,我们的心理状态对演算进程和结果不产生什么影响。这种转向,实际上就在宣布审美经验理论让位给了艺术特性理论。主体的审美经验不再成为美学的研究主题,美学研究的主题成为审美特性(aesthetic properties)、艺术特性(artistic properties)以及其他与审美对象和艺术作品有关的特征。

四、分离式的审美经验和介入式的审美经验

尽管迪基等人对审美经验理论做出了有力的批判,当代美学也在回避对审美经验的心理学研究,但"审美经验"这个概念并没有像迪基等人所设想的那样要被取消,审美经验的事实也依然存在。比如,尽管古德曼和丹托不同意比尔兹利关于审美经验的认识,但他们并没有像迪基那样取消审美经验。在古德曼和丹托看来,我们不能取消审美经验,否则就无法将艺术作品与非艺术作品区别开来。但是,审美经验不像态度理论所主张的那样,是一种有距离的、无利害的经验,也不像因果理论所主张的那样,是一种连贯、平衡、统一的经验,而是一种特殊的认识经验。对于古德曼来说,审美经验就是将某物视为例示(exemplification)的经验。对于丹托来说,审美经验就是识别艺术作品在"艺术界"(artworld)中的位置的经验。无论是丹托还是古德曼,都不同于比尔兹利的审美经验理论。比尔兹利所说的审美经验是对艺术作品的形式特征的直观感知,古德曼和丹托所说的审美经验不是一种感知而是一种智力活动,丹托更喜欢用"审美响应"(aesthetic response)一词。在古德曼那里,审美经验成了对艺术符号的解码。在丹托那里,审美经验成了在艺术界中确定艺术作品的位置,也就是将艺术作品放到艺术理论、艺术批评和艺术史组成的"理论氛围"(atmosphere of theory)中去认识,"审美响应"不是感知艺术作品的形式特征,而是解读艺术作品所关涉的无法用感观识别的理论内容(aboutness)。这种关于审美经验的

看法,与心理学和现象学将审美经验视为某种神秘的直觉非常不同。

事实上,美学史上一直就存在关于审美经验的不同认识,美学家们对审美经验的看法向来没有统一过,其中最大的分歧在于:审美经验究竟是一种"超然的"或"分离的"(detached)经验,还是"参与的"或"介入的"(engaged)经验。一般说来,分离式的经验强调审美经验源于欣赏者对审美对象的有距离的静观,介入式的经验则强调审美经验源于欣赏者积极参与到审美对象之中所获得的具体感受。这是关于审美经验的两种相互矛盾的看法。

在对美感经验的分析中,朱光潜也注意到两种相互矛盾的欣赏经验,它们之间的差异大致相当于分离式的与介入式的审美经验之间的差异。朱光潜采用德国美学家弗莱因斐尔斯(Mueller Freienfels)的说法,将审美者分成两类,一为"分享者"(participant),一为"旁观者"(contemplator)。"'分享者'观赏事物,必起移情作用,把我放在物里,设身处地,分享它的活动和生命。'旁观者'则不起移情作用,虽分明觉察物是物,我是我,却仍能静观其形象而觉其美。"①表面看来,朱光潜把这两种审美者看得同等重要,但实际上他是重视"旁观者"的。朱光潜引用罗斯金(John Ruskin, 1819—1900)和狄德罗(Denis Diderot, 1713—1784)等人的观点,说明"旁观者"要比"分享者"高一个层次。分享者"这一班人看戏最起劲,所得的快感也最大。但是这种快感往往不是美感,因为他们不能把艺术当作艺术看,艺术和他们的实际人生之中简直没有距离,他们的态度还是实用的或伦理的。真正能欣赏戏的人大半是冷静的旁观者,看一部戏和看一幅画一样,能总观全局,细察各部,衡量各部的关联,分析人物的情理"②。

当代环境美学家也卷入了分离式的审美经验与介入式的审美经验之间的争论。分离式的审美经验,大致相当于"外在者"(outsider)的经验与"内在者"(insider)的经验之间的区别。所谓外在者,就是旅游观光客。所谓内在者,就是当地居民③。某些环境美学家倡导介入式的审美经验,因为在他们看来,我们有充分理由优先考虑人类的居住而不是观光。

另外一些环境美学家主张,事实上我们不可能对环境有分离式的审美经验,因为我们无法从环境中将自己分离出来,我们始终处在我们欣赏的对象里面。如果我们环顾四周,就会发现环境无处不在,环境整个地将我们包围着④。我们

---

① 朱光潜:《文艺心理学》,第 52 页。

② 同上书,第 53 页。

③ 关于内在者和外在者经验的区分,参见 Steven Bourassa, *The Aesthetics of Landscape*, London and New York: Belhaven Press, 1991, p. 27。

④ Allen Carlson, *Aesthetics and the Environment: The Appreciation of Nature, Art and Architecture*, London and New York: Routledge, 2000, pp. xvii - xviii.

无法像面对艺术作品那样去面对环境。我们可以在艺术作品之外，但不可以在环境之外。我们可以超然地对待相对稳定的艺术作品，但对于瞬息万变的自然环境来说，我们只能介入其中。

还有一些环境美学家走得更远，他们从对环境的介入式的审美经验出发，进而主张包括对艺术欣赏在内的所有审美经验都是介入式的；如果说对环境的审美经验是实际上的介入话，那么对艺术的审美经验至少可以说是想象中的介入①。如果这种主张果真成立，它对西方美学传统上占主导地位的分离式的审美经验就会构成强有力的挑战。

不过，在我看来，当代环境美学家对于分离式的审美经验与介入式的审美经验之间的区别，与心理学美学家对于它们的区别有所不同。在心理学美学家看来，介入式的审美经验常见于一般欣赏者，分离式的审美经验常见于专业鉴赏家。一般欣赏者容易进入故事情节，产生移情作用，从而介入艺术作品之中。专业鉴赏家总能保持相对客观的分析态度，调动各种知识来认识或鉴定审美对象。然而，在环境美学家看来，只有专家或当地居民才有真正的介入式的审美经验。环境专家具有相关的科学知识，能够从生物学、生态学、地理学、地质学等科学的角度介入环境之中。当地居民对当地环境有一种生存论上的理解，环境与他们的生命有一种内在的联系，他们能够从生命体验的角度介入环境之中。不能真正介入环境之中的是旅游观光客，他们以“到此一游”的消费主义态度匆匆而过，既不能从科学研究的角度介入环境，也不能从生命体验的角度介入环境。

经过上述简单比较之后，我们就能够清楚地看见心理学美学家与环境美学家在这个问题上的差别：(1) 在心理学美学家眼里，介入式的审美经验无需知识；在环境美学家看来，介入式的审美经验刚好需要知识。(2) 在心理学家眼里，分离式的审美经验往往表现为一种超然静观的态度，一种类似于科学研究的态度；在环境美学家看来，这种态度刚好是介入式的审美经验所需要的。这里的混乱显而易见。究其原因，除了不同的美学分支领域对同一个术语有不同的理解之外，关键在于审美经验本身就具有矛盾的特征。审美经验既是介入的又是分离的，就像布洛所说的那样，要保持恰当的心理距离，既不能太远，也不能太近，审美经验是一种若即若离或不即不离的经验，既有介入也有分离。一种好的审美经验是介入和分离的“叠加”或“切换”。“叠加”说的是介入和分离同时发生，用介入来抵制分离，用分离来抵制介入。“切换”说的是介入和分离相继发生，用介入来替代分离，用分离来替代介入。对于这个问题，我们将在接下来关

---

① Arnold Berleant, “The Aesthetics of Art and Nature”, in S. Kemal and I. Gaskell eds., *Landscape, Natural Beauty and the Arts*, Cambridge: Cambridge University Press, 1993, pp. 228 - 243.

于审美情感的讨论中做详细的分析。

五、审美经验作为人生在世的原初经验

前面使用的“叠加”和“切换”这样的用语会让人产生误解，认为在“叠加”和“切换”之前业已存在“分离”和“介入”两种全然不同的经验。事实上，审美经验中出现的这种“叠加”和“切换”现象，就是人类经验的原初形式。分析起来可以发现其中既有“分离”又有“介入”，但事实上“分离”和“介入”是一起被给予的，是浑然一体的。无论是主张“分离”的理论还是主张“介入”的理论，都不能对审美经验做出全面的解释，都在凸显某种特征的同时又遮蔽了另一种特征，原因正在于它们最初是一道被给予的，在于人生经验在根本上具有纠葛、交织等特性，它们是不可以用分析来穷究的，只能兀自在场，兀自呈现。审美经验就是这样一种包蕴万象的、最初被给予的经验，一种起奠基作用的经验，在它之前不再有其他经验，而其他经验都是在它的基础上生长起来的。正是在这种意义上，杜夫海纳说：“在其最纯粹的瞬间，审美经验完成了现象学还原。”[①]“真正抓住我的东西正是现象学还原所希望得到的现象，它也就是在呈现中被立即给予和还原为感性的审美对象。”[②]

对于审美经验的这种原初性特征，威尔什也有清楚的认识。在威尔什看来，在今天这个后现代时代，“解释”(interpretation)已经取代“事实”(fact)，或者说“事实”是由“解释”构成的。在所有的解释中，审美经验又处于基础的位置。这种构想，最早在尼采那里得到了清楚的表达。根据尼采，“我们对现实的描绘不仅包含了根本的审美因素，而且整个就是从审美上定制出来的：它们是以制作的方式产生的，用虚构的手段进行结构，在其整个存在模式中具有某种悬浮的和脆弱的特性，人们在传统上用这种特性来证明审美现象，并且认为只有审美现象才可能有这种特性。由于尼采，现实和真理总体上变成了审美的。”[③]

后现代由于取消了事实的基础地位，从而陷入一种无可无不可的无基础的相对主义之中。但威尔什指出，在这个无基础的时代仍然可以找到基础，这个新

① Mikel Dufrenne, *In the Presence of the Sensuous: Essays in Aesthetics*, edited and translated by Mark S. Roberts and Dennis Gallagher, Atlantic Highlands, New Jersey: Humanities Press International, Inc., 1987, p. 5.

② 同上。

③ Wolfgang Welsch, *Undoing Aesthetics*, trans. Andrew Inkpin, London: SAGE Publications, 1997, p. 42.

的基础不是存在、上帝、理念、意识、物质、语言，而是审美经验。不仅现实是审美地构成的，真理是审美地构成的，就是作为排斥审美的"合理性"(rationality)本身，也是审美地构成的。"'合理性'——对真理另一种必不可少的成分——只是在基于审美的基础之上的、随后的进程中是决定性的。与前提一致，与过程一致的合理性，将一系列由审美方面决定的原则付诸实施。但理性既不能确定这些基础，也不能证明这些基础。因此，审美并没有覆盖真理的全部范围，合理性也是必不可少的。但审美涉及最基础的层面，而理性只是涉及随后的结构。这正好是——审美的原初特征正好是——传统思想没有抓住或不想认可的。而现代思想的发展让我们持久地认可了这一点。"①换句话说，真理是由两方面的因素构成的，一方面是审美，一方面是合理性。审美是原初的，合理性是后起的。正是基于这样的认识，威尔什提出了所谓的"美学转向"(aesthetic turn)，认为审美可以成为无基础时代的基础②。

对于审美经验的原初性、不可分析性，中国古典美学也有深刻的认识。在上一章关于审美对象的论述中，我们已经涉及这方面的内容。在中国古典美学看来，审美对象体现的是"事物"的"前真实"的样态，与此相应，审美经验体现的就是"自我"的"前真实"的样态。在这种共同的"前真实"样态中，自我与事物、主体与客体达成了高度的统一。杜夫海纳用"前真实"(pre-real)甚至"前前真实"(pre-pre-real)之词，目的是为了说明这种真实状态的原本性。审美对象和审美经验体现的这种合一性，不是建立在一分为二现象世界的基础上，而是建立在浑然未分的本体世界的基础上。如果我们用"真实"来描述现象世界的话，那么对于本体世界就只能用"比真实还真实"来描述了，也许正是在这种意义上，杜夫海纳用"前真实"甚至"前前真实"来称呼审美经验和审美对象。与此相应，中国古典美学所说的情景交融，就不是业已一分为二的情与景的简单相加，而是原本浑然未分的情景的交织统一。对此，王夫之有许多精彩的论述，比如：

情景名为二，而实不可离。神于诗者，妙合无垠。巧者则有情中景，景中情者……③

夫景以情合，情以景生，初不相离，维意所适。截分两橛，则情不足兴，而景非其景。④

---

① Wolfgang Welsch, *Undoing Aesthetics*, trans. Andrew Inkpin, p. 47.

② 同上书，第47—48页。也见第一章的引文。

③ 王夫之：《夕堂永日绪论内编》一四，见《船山全书》第十五册，岳麓书社，1998年，第824页。

④ 王夫之：《夕堂永日绪论内编》一七，见《船山全书》第十五册，第826页。

景中生情,情中含景,故曰,景者情之景,情者景之情也。[1]

从王夫之这些说法中可以看到,他不仅强调情景合一,即所谓"景者情之景,情者景之情",而且看到了情、景的区分只是名义上的区分,它们原本是不可分离的,即所谓"景以情合,情以景生,初不相离,维意所适";"情景名为二,而实不可离"。也就是说,情、景之间有一种内在的、有机的统一性,情景合一不是情和景外在的、简单的或机械的相加。关于这一点,叶朗在他主编的《现代美学体系》中有一个非常清晰的说明。他说:"'意象'是'情'、'景'的统一,不是'情'、'景'的相加。'意象'是既不同于'情'也不同于'景'的一个新的质。'意象'不能还原为单纯的'情',也不能还原为单纯的'景'。所以,'意象说'既不同于'再现说'(再现外在景物),也不同于'表现说'(表现内在情意)。"[2]这段话把意象中的情景有机统一性说得非常清楚,但它忽略了一点,即情景统一的先验性[3]。用王夫之的话来说,就是情景"初不相离"。"初"表明情景统一是一种本然的、原初的现象,并不是诗人后来刻意的创作。

对于这种原本交融合一的情景,我们不能用一般的道理去分析,而只能用切身的体会去体验。对此,叶燮(1627—1703)有许多非常精彩的说明。比如,在谈到杜甫《玄元皇帝庙》中的"碧瓦初寒外"时,叶燮说:

言乎外,与内为界也,初寒何物,可以内外界乎?将碧瓦之外,无初寒乎?寒者,天地之气也。是气也,尽宇宙之内,无处不充塞,而碧瓦独居其外,寒气独盘踞于碧瓦之内乎?寒而曰初,将严寒或不如是乎?初寒无象无形,碧瓦有物有质,合虚实而分内外,吾不知其写碧瓦乎?写初寒乎?写近乎?写远乎?使必以理而实诸事以解之,虽稷下谈天之辨,恐至此亦穷矣。然设身而处当时之呈于象,感于目,会于心。意中之言,而口不能言;口能言之,而意又不可解。划然示我以默会相像之表,竟若有内有外,有寒有初寒,特借碧瓦一实相发之。有中间,有边际,虚实相成,有无互立,取之当前而自得,其理昭然,其事的然也。[4]

这里叶燮以诗歌为例,分析了审美对象与一般现象之间的区别。一般现象

---

① 王夫之:《唐诗评选》卷四"岑参《首春渭西郊行呈蓝田张二主簿》评语",见《船山全书》第十四册,第1083页。

② 叶朗主编:《现代美学体系》(第一版),北京大学出版社,1998年,第116页。

③ 这里主要在杜夫海纳的情感先验(affective *a priori*)的意义上来使用"先验"一词。杜夫海纳说:"这种先验(指情感先验)与康德所说的感性先验和知性先验意义相同。康德的先验是一个对象被给予、被思考的条件。同样,情感先验是一个世界能被感觉的条件。"见 M. Dufrenne, *The Phenomenology of Aesthetic Experience*, trans. E. S. Casey, Evanston: Northwestern University Press, 1973, p.437。

④ 叶燮:《原诗·内篇下》,《中国历代美学文库》清代卷中,第58页。

体现的是一般的理、事、情，审美对象体现的是至理、至事、至情。叶燮在理事情与至理至事至情之间所做的区别，就相当于杜夫海纳在真实与前真实之间所做的区别。至理至事至情是不能用一般经验来印证、用一般的逻辑来分析的。然而在设身处地的体验中，它们却是直接在场，显现无疑的。

总之，审美经验的这种原初性、不可分析性，与我们上一章所揭示的审美对象的特点相类似。审美对象不是事物，也不是事物的任何外观或知识，而是事物在向外观或知识的显现途中，一句话是事物在无概念状态下的自然显现。与此相应，审美经验既不是对事物的经验（如克莱夫・贝尔所说的那样），也不是对关于事物的知识的认识（如古德曼和丹托所说的那样），而是自我的一种特殊状态。这里“自我”与“事物”类似。每个事物有不同的“面貌”，就像每个自我有不同的“身份”。美既不是事物，也不是事物的一种面貌或所有面貌，就像审美既不是自我，也不是自我的一种身份或所有身份。美是事物在无概念状态下的自然显现，审美是自我在无身份状态下的自由逗留。活泼显现的事物是事物的本来样子，自由逗留的自我是自我的本来样子。审美经验具有穿透一般现象世界的外壳进入事物本身领域的功能，正是在这种意义上，我们说审美经验是人生在世的原初经验。

思 考 题

1. 现代美学为什么会由美的理论转向审美经验理论？
2. 如何从态度的角度来描述审美经验？
3. 审美经验本身具有怎样的特征？
4. 分析美学是如何批判审美经验理论的？
5. 如何理解审美经验是人生在世的原初经验？

推 荐 书 目

Dabney Townsend, “From Shaftesbury to Kant: The Development of the Concept of Aesthetic Experience”, in Peter Kivy ed., *Eassys on the History of Aesthetics*, Rochester: University of Rochester Press, 1992.

Edward Bullough, “ ‘Psychical Distance’ as a Factor in Art and as an Aesthetic Principle”, *British Journal of Psychology*, Vol. 5, 1912.

George Dickie, "Beardsley's Phantom Aesthetic Experience", *Journal of Philosophy*, Vol. 62, 1965.

George Dickie, "The Myth of the Aesthetic Attitude", *The American Philosophical Quarterly*, 1, 1964.

Monroe C. Beardsley, *Aesthetics: Problems in the Philosophy of Criticism*, New York: Barcourt Brace, 1958.

Monroe C. Beardsley, "Aesthetic Experience Regained", *The Journal of Aesthetics and Art Criticism*, Vol. 28, 1969.

Immanuel Kant, *Critique of Judgment*, trans. Werner S. Pluhar, Hackett Publishing Company, 1987.

Jerome Stolnitz, *Aesthetics and Philosophy of Art Criticism*, Boston: Houghton Mifflin Co. , 1960.

Mikel Dufrenne, *In the Presence of the Sensuous: Essays in Aesthetics*, edited and translated by Mark S. Roberts and Dennis Gallagher, Atlantic Highlands, New Jersey: Humanities Press International, Inc. , 1987.

Wolfgang Welsch, *Undoing Aesthetics*, trans. Andrew Inkpin, London: SAGE Publications, 1997.

Gary Iseminger, "Aesthetic Experience", in Jerrold Levinson ed. , *The Oxford Handbook of Aesthetics*, Oxford and New York: Oxford University Press, 2003.

Noël Carroll, "Aesthetic Experience Revisted", *The British Journal of Aesthetics*, Vol. 42, 2002.

Richard Shusterman, *Performing Live: Aesthetic Alternatives for the Ends of Art*, Ithaca and London: Cornell University Press, 2000.

艾·阿·瑞恰慈:《文学批评原理》,杨自伍译,百花洲文艺出版社,1992年。

克莱夫·贝尔:《艺术》,周金环、马钟元译,中国文联出版社,1984年。

朱光潜:《文艺心理学》,安徽教育出版社,1996年。

第四章　审美情感

本章内容提要：审美情感是审美经验的核心内容。审美情感可以从不同的角度来描述，现代美学理论喜欢从内容上来描述审美情感，将审美情感视为一种特殊的快感；当代美学喜欢从形式方面来描述审美情感，将审美情感视为一种假装的情感。就审美经验是人生在世的原初经验来说，我们认为，审美情感是人生在世的原初情感。

在前面关于审美对象和审美经验的论述中我们已经知道，现代美学中所说的美大致等同于审美对象，它不是指某种特别的事物（如黄金），也不是指事物中某种特别的属性（如黄色），而是指事物在我们的某种特定态度和经验中所显现的特殊样态。正是在这种意义上，我们将审美对象概括为事物在向概念显现而尚未显现为任何确定的概念的途中，与此相应，审美经验被概括为自我在向身份显现而尚未显现为任何确定身份的途中。换句话说，美是事物在无概念状态下的自然显现，审美是自我在无身份状态下的自由逗留。那么，现在的问题是，我们如何判断事物是处于活泼显现状态还是处于概念遮蔽状态？我们如何判断自我是处于自由逗留之中还是处于身份禁锢之下？我们将这种意义上的审美经验视为人生在世的原初经验，将这种意义上的审美对象视为事物呈现的本然样子。这里，我们会遭遇到同样的问题，如何判断我们的经验是原初的经验还是蜕化的经验？如何判断事物的样子是本然的样子还是歪曲的样子？对于这些问题的回答，我们很难求助于客观的证据，我们只能求助于主观的内省。只要我们感觉到了某种情感，我们就能为这些问题找到答案。用康德的话来所，审美判断是凭借愉快或不愉快的情感对对象所下的判断。我们根据愉快判断对象为美，根据不愉快判断对象为丑[①]。在这里愉快或不愉快的情感是最初被给予的，是我们进

① 康德说："趣味就是一种凭借不带任何利害的愉快或不愉快对对象或对对象的表象方式下判断的能力。这种愉快的对象被称之为美的。"（Immanuel Kant，*Critique of Judgment*，trans. Werner S. Pluhar，Indianapolis：Hackett Publishing，1987，p. 53）

行美丑判断的依据。当然,这里的愉快不是一般的愉快,而是一种特殊的愉快,即审美愉快。

一、审美愉快

如上所述,愉快是我们判断对象美丑的标准。如果真是这样的话,美丑的问题就完全是个人的主观事务,不可能有任何客观标准,人们在美丑的问题上就不可能形成共同的意见,美学作为一门学科就缺乏存在的依据。因此,尽管康德强调我们对于美丑的判断依据主观的愉快或不愉快,但我们做出的判断却是普遍有效的,我们会要求别人赞同我们的判断,因为这里的愉快是一种特殊的愉快,它不涉及任何个人利害。

为此,康德区分了三种愉快:一种是感官刺激的愉快,一种是道德满足的愉快,一种是审美愉快。感观刺激的愉快受到生理条件的限制,比如美食会让我们感到愉快,这是美食刺激我们的味觉的结果。道德满足的愉快受到道德法则的限制,比如对于德高望重的人我们会感到愉快,这是道德法则要求我们的结果。这两种愉快都不是审美愉快,因为在这两种愉快中我们都感到某种外在的压力,它们不是我们自由游戏的结果。只有无利害的愉快,才是审美愉快。康德说:

在这三种形式的愉快中,只有对美的鉴赏是无利害的和自由的,因为我们在表达自己的赞许的时候,没有受到任何利害的驱使,无论是感官的利害还是理性的利害。因此,我们可以说,愉快这个术语,在上述提到的三种情形中,分别指的是嗜好(inclination)、喜爱(favor)、尊敬(respect)。只有喜爱是唯一自由的愉快。无论是嗜好的对象还是理性法则命令我们去欲求的对象,都没有留给我们自由,让我们自己去将某物变成愉快的对象。所有的利害不是以需要为前提,就是引起某种需要;而且,由于需要成了决定赞许的根据,因此它不会让我们关于对象的判断变得自由。①

感官的利害是以需要为前提的,美食引起我们的愉快,建立在我们消费美食的基础上。如果我们没有消费美食,仅凭美食的概念或图像是不会产生愉快的。理性的利害会引起需要,德高望重之人会引起我们变得德高望重,而且我们是想真正变得德高望重,而不只是照一幅貌似德高望重的照片。这两种利害或兴趣,都针对对象的存在。审美愉快是无利害性的,因此它对对象的存在与否毫不关

① Immanuel Kant, *Critique of Judgment*, trans. Werner S. Pluhar, p. 52.

心。一张以美食为题材的绘画作品引起了我的愉快，这种愉快源于我对绘画形式的静观，与画中的美食是否真的存在毫无关系。

正是因为审美愉快是无利害性的，因此尽管审美愉快是主观的，我们仍然会要求别人跟我分享同样的愉快。换句话说，无利害性的愉快就是一种无私的愉快，尽管这种愉快是主观的，但却没有任何主观内容或偏见，因此我们可以要求别人产生同样的愉快，如果别人也能做到无私无欲的话。正是在这里，康德找到了审美判断的普遍性的依据。总之，康德所说的审美愉快，就是由对象的形式引起的无利害的愉快。

事实上，康德这里只是说明了审美愉快与其他愉快之间在原因上的不同，即审美愉快是由对象的形式引起的，其他的愉快与对象的存在有关，康德并没有就愉快本身做出区别。在康德的基础上，克莱夫·贝尔有所修正，他不仅对形式进行了限定，而且对愉快进行了限定。在克莱夫·贝尔看来，形式不是一般的形式，而是有意味的形式。有意味的形式是对某种终极的实在的表现。"'有意味的形式'就是我们可以得到某种对'终极实在'之感受的形式。"[①]审美愉快也不是一般的愉快，而是一种极度的狂喜。"对纯形式的观赏使我们产生了一种如痴如狂的快感，并感到自己完全超脱了与生活有关的一切观念。"[②]审美愉快不仅在原因上与其他愉快有别，而且在强度上与其他愉快不同。按照克莱夫·贝尔的看法，审美愉快是所有愉快中最深沉、最热烈、最持久的愉快。

二、审美情感的多样性

以康德为代表的这种审美愉快理论引起了许多人的质疑，其中最切中要害的质疑来自实际的审美经验，我们的审美经验远非快乐一种情感形式，甚至快乐还不是其中主要的情感形式。比如，中国诗词引起的情感与其说是快乐，不如说是惆怅；同样，西方悲剧引起的情感主要也不是快乐，用亚里士多德的话来说，是怜悯和恐惧。因此，用愉快来概括所有的审美情感，是不符合我们的审美经验的实际的。

对于将审美情感等同于单纯的快感，已经有人做过中肯的批评。如叶朗指出："由于过去人们习惯于用'美感'这个词来表示审美愉悦，因此在很多人头脑中，审美愉悦就意味着单一的情感色调，即和谐感和喜悦感。这是极大的误解。

---

① 克莱夫·贝尔：《艺术》，周金环、马钟元译，中国文联出版社，1984 年，第 36 页。
② 同上书，第 47 页。

审美愉悦是指人的精神从总体上得到一种感发、兴发,它的情感色调决不是单一的。审美愉悦不仅仅是和谐感,也有不和谐感。审美愉悦不仅仅是快感,也有痛感。审美愉悦不仅仅是喜悦,也有悲愁。”[①]卡西尔(Ernst Cassirer,1874—1945)也一再强调:

我们在艺术中所感受到的不是哪种单纯的或单一的情感性质,而是生命本身的动态过程,是在相反的两极——快乐与悲伤、希望与恐惧、狂喜与绝望——之间的持续摆动过程。……在每一首伟大的诗篇中——在莎士比亚的戏剧,但丁的《神曲》,歌德的《浮士德》中——我们确实都一定要经历人类情感的全域。……我们所听到的是人类情感从最低的音调到最高的音调的全音阶;它是我们整个生命的运动和颤动。[②]

审美情感不仅不是一种单纯的快感,而且更多的是一些与快感相反的情感形式。辛弃疾(1140—1207)有一首《丑奴儿》可以为证:

少年不识愁滋味,
爱上层楼。
爱上层楼,
为赋新词强说愁。

而今识尽愁滋味,
欲说还休。
欲说还休,
却道新凉好个秋。

按照辛弃疾这里的看法,没有愁就不能写词,为了写词就必须制造出惆怅的情绪,对于一个未谙世事的少年来说,只能用一些特别的手段制造愁绪。古人登高而哀,因为登高容易激发宇宙无限人生短暂的意识。这种哀愁不是某人因欲望暂时无法满足而产生的哀愁,而是一种生存论上的哀愁,是任何人都得面临的哀愁,只要作为人活着,就具有这种有限性,并且在适当的时机就能够意识到这种有限性。

对哀愁之类的情感的追求,不限于诗词,其他门类的艺术也以哀愁为尚。钱锺书(1910—1998)曾经指出:“奏乐以生悲为善音,听乐以能悲为知音……吾国

---

① 叶朗主编:《现代美学体系》(第一版),北京大学出版社,1988年,第232页。
② 卡西尔:《人论》,甘阳译,上海译文出版社,1985年,第189—191页。

古人言音乐以悲哀为主。”[1]钱锺书还指出，这种现象还不仅局限于音乐，在读诗赏景中也大量存在，而且没有中西之分，古今之别。对此，钱锺书征引了大量材料，并引用心理学上的一个观点作为总结：“人感受美物，辄觉胸隐然痛，心怦然跃，背如冷水浇，眶有热泪滋等种种反应。”[2]

审美情感不仅包含各种各样的情感，远非愉快一种形式，而且覆盖感受的全部领域，既包含生理的感受，也包含心理的感受，还包含精神的感受，而远非康德所说的一种感受形式。在康德的审美情感理论中，来自生理刺激的愉快和来自道德满足的愉快都被排除在外，但在实际的审美经验中，似乎并不排斥这些形式的感受。事实上，美学史上有不少将审美情感直接等同于官能快感的看法。持这种看法的人中不乏声名显赫、学识渊博者。朱光潜在《谈美》中提到的那位罗斯金先生，是英国 19 世纪名重一时的文艺批评家，他就公然宣称：“我从来没有看见过一座希腊女神雕像，有一位血色鲜丽的英国姑娘的一半美。”[3]此外，在美学史上，还有两种重要的学说持美感等于快感的观点。一个是实验心理学美学，一个是精神分析美学。

19 世纪末 20 世纪初，受实验心理学的影响，西方盛行实验美学。实验美学家常常拿一些颜色、线形和音调让接受实验的人比较，让他们选出最喜欢和最不喜欢的，然后根据对实验结果的统计分析，得出最美的颜色、形状和声音等。如实验美学的创始人费希纳(G. T. Fechner, 1801—1887)通过实验得出的结论是：在客观对象如方形中最令人不快的图形是太长的长方形和整整齐齐的正方形，最令人喜欢的图形是比例接近于或正好是黄金分割的长方形[4]。显然，实验美学的设计者把美感完全等同于官能快感了，让接受实验的人仅仅根据自己的感官愉快或不愉快判定对象是否为美。

另一种有影响的学说是弗洛伊德开创的精神分析美学。弗洛伊德(Sigmund Freud, 1856—1939)将人的心理活动分为三个层次：意识、前意识和无意识(或译为潜意识)。无意识是人的精神生活中最真实的部分，所有的精神活动现象只有落实到无意识的层次上才能得到最终的解释。无意识只遵循快乐原则，一味追求快乐而不管现实是否允许其实现。由于无意识欲望的满足必然与现实发生冲突，因此遵循快乐原则的无意识常常受到遵循现实原则的意识的控制和压抑。由于在现实中不能得到直接的显现，无意识便乔装打扮，以伪装的

① 钱锺书：《管锥编》第三册，中华书局，1986 年，第 946、949 页。
② 同上书，第 949 页。
③ 朱光潜：《谈美》，安徽教育出版社，1997 年，第 44 页。
④ 关于实验心理学美学的观点，参见张法：《20 世纪西方美学史》，中国人民大学出版社，1990 年，第 25 页。

形式混过意识的检查而合法地显现出来。在弗洛伊德看来，梦是无意识伪装显现的典型形式，而艺术和审美就如同白日梦，也是无意识显现的伪装的形式。艺术和审美的目的，即是通过合法的伪装形式释放无意识的冲动，使本能的欲望得以升华，并由此获得如释重负般的快感。在弗洛伊德眼中，审美情感就是本能欲望满足时所产生的生理快感①。

审美情感不仅有源于感观刺激的感受，而且有源于道德满足的感受。古今中外有不少美学家强调道德内容在我们的审美经验中所占有的重要地位，其中著名文学家托尔斯泰(ЛевНиколаевич Толстой，1828—1910)的主张最为典型。在托尔斯泰看来，艺术和审美的主要功能，就是将尽可能多的人团结起来，形成全人类的大团结，让全人类不断趋向道德上的完善。托尔斯泰说：

> 人们相处在一起，他们之间若不是相互敌视，那么在心境和感情上也是格格不入的。突然之间，一个故事，或一场表演，或一幅绘画，甚至一座建筑物，往往是音乐，像闪电一般把所有这些人联合起来，于是所有这些人不再像以前那样各不相干，甚至互相敌视，他们感觉到大家的团结和相互的友爱。每个人都会为了别人跟他有同样的体验而感到高兴，为了他跟所有在场的人之间以及所有现在活着的、会得到同一印象的人们之间已经建立起一种交际关系而感到高兴。不仅如此，他还感到一种隐秘的快乐，因为他跟所有曾经体验过同一种情感的过去的人们以及将要体验这种情感的未来的人们之间能有一种死后的交际。传达人们对上帝以及对他人的爱的艺术和传达所有的人共有的最朴素的感情的俗世的艺术所产生的都是这样的效果。②

为了达到这个目的，托尔斯泰强调审美情感一方面要真挚，另一方面要高尚。在托尔斯泰看来，艺术的感染程度取决于所传达的情感的独特性、清晰性和真挚性。真挚性是其中最重要的因素。“因为如果艺术家很真挚，那么他就会把情感表达得像他体验到的那样。可是因为每个人都跟其他人不相似，所以他的这种感情对其他任何人说来都将是独特的。艺术家越是从心灵深处汲取感情，感情越是诚恳、真挚，那么它就越是独特。而这种真挚就能使艺术家为他所要传达的感情找到清晰的表达。”③

当然，不是所有真挚的情感都能达到感染观众的目的。感染观众的情感不

---

① 关于精神分析美学的观点，参见 Kathleen M. Higgins，“Psychoanalysis and Art”，in David E. Cooper ed.，*A Companion to Aesthetics*，Oxford：Blackwell，1997，pp. 347 - 352.

② 托尔斯泰：《什么是艺术?》，丰陈宝译，载《列夫・托尔斯泰文集》第十四卷，人民文学出版社，1992年，第283—284页。

③ 同上书，第274页。

仅要是真挚的，而且要是进步的。当然，这种进步的情感可以因时代的不同而不同。在托尔斯泰看来，他所处的时代的进步情感主要有两种："从对人与上帝之间的父子关系和人与人之间的兄弟关系的认识中产生的情感，以及日常生活中的、但必须是大家(没有一个人例外)都体会得到的那些最朴质的感情，例如欢乐之感、恻隐之心、朝气蓬勃的心情、宁静的感觉等。只有这两类感情构成就内容而言是当代优秀的艺术品。"①

从强调情感的真挚性和进步性方面来看，托尔斯泰更重视审美情感中所包含的道德内容。为了突出道德内容，托尔斯泰甚至贬低艺术技巧的重要性。为了达到情感交流和培养的目的，托尔斯泰尤其强调艺术不能去追求技巧的难度。他说："在未来的艺术中不但不要求有复杂的技术(这种技术使当代的艺术作品变得丑陋不堪，并须花费很多时间和紧张训练来获得)，相反的，要求清楚、简明、紧凑，这些条件并不是靠机械的练习能够获得的，而是要靠趣味的培养来获得。"②总之，在托尔斯泰看来，艺术和审美的目的主要是一种道德目的，即将全体人类团结起来，让人民不断完善自己的道德情操，凡是符合这种目的的艺术就容易激发我们的审美情感，否则就不容易激发我们的审美情感。

由于审美情感不但包含不同形式的情感，而且覆盖不同的感受领域，因此美学家们建议对审美情感进行分类。比如叶朗就主张审美情感可以分为对"意象"的感受和对"意境"的感受。对"意境"的感受中包含一种人生感、历史感、宇宙感。"意境的美感，实际上包含了一种人生感、历史感。正因为如此，它往往使人感到一种惆怅，忽忽若有所失，就像长久居留在外的旅客思念自己的家乡那样一种心境。"③这些不是所有对"意象"的感受中都具备的内容。

尽管李泽厚(1930—)将审美情感视为一种愉悦感，但他在审美愉悦之中进行了区分，分出了三种不同层次的愉悦，即悦耳悦目，悦心悦意，悦志悦神。悦耳悦目处于最底层次，即感觉层次；悦心悦意处于中间层次，即知觉层次；悦志悦神处于最高层次，即精神层次。李泽厚说："悦耳悦目一般是在生理基础上但又超出生理的一种社会性愉悦，它主要是培养人的感性能力。悦心悦意则一般是在认识的基础上培养人的审美观念和人生态度。悦志悦神则是在道德的基础上达到一种超道德的境界。"④我们可以不太严格地将这三种感受归结为生理感受、心理感受和精神感受。在康德看来，审美情感主要是一种心理感受，不涉及

---

① 托尔斯泰：《什么是艺术?》，丰陈宝译，载《列夫·托尔斯泰文集》第十四卷，第283页。
② 同上书，第308页。
③ 叶朗：《胸中之竹——走向现代之中国美学》，安徽教育出版社，1998年，第65页。
④ 《李泽厚哲学美学文选》，湖南人民出版社，1985年，第409—410页。

生理感受和精神感受的领域。康德用动物(animal)、人类(human being)和精灵(spirit)来加以说明。“我们将让我们满足(gratify)的东西称之为快适的(agreeable),将我们只是喜欢(like)的东西称之为美的(beautiful),将我们尊重(esteem)或认可(endorse)的东西,也就是我们赋予它一种客观价值的东西,称之为善的(good)。快适也适用于无理性的动物;美只适用于人类,即既有动物性又有理性的存在物,不过说他们是有理性的存在物(例如,精灵)是不够的,他们也必须是动物性的存在物;但是,善同样地适用于任何一个有理性的存在物。”① 根据康德的观点,审美情感既不能包含动物快感,也不能包含精神快感,而只能是一种介于动物快感与精神快感之间的快感,康德这里将它称为人的快感。如果我们将康德这里的三分法与李泽厚的三分法进行对比,可以不太严格地说,康德所说的审美快感大致相当于李泽厚所说的“悦心悦意”,或者我们所说的心理感受。与康德认为只有这种类型的感受才是审美情感不同,李泽厚主张审美情感可以开放到所有的感受领域。

三、情感的净化

如果审美情感不仅包含所有的情感内容,而且覆盖所有的感受领域,那么审美情感还有什么独特之处?审美情感与日常生活中的情感的区别在什么地方?卡西尔在指出审美情感不是某种单一的情感,而是覆盖人类情感的全域之后又说:“如果在现实生活中我们不得不承受索福克勒斯的《俄狄浦斯王》或莎士比亚的《李尔王》中的所有感情的话,那我们简直就难免于休克和因紧张过度而精神崩溃了。但是艺术把所有这些痛苦和凌辱、残忍与暴行都转化为一种自我解放的手段,从而给了我们一种用任何其他方式都不可能得到的内在自由。”②

根据卡西尔的主张,我们在审美经验中可以感受到各种各样的情感,但在审美经验中感受到的情感与在日常生活中感受到的情感有所不同。在日常生活中感受到的情感会给我们造成很大的束缚,会出现为情所困的现象;在审美经验中感受到的情感不会给我们造成很大的负担,相反会成为一种自我解放的手段。同样的情感,为什么会出现两种截然不同的结果?一般说来,这里的差别在于,对于日常生活中的情感,我们没有任意支配的自由,但对于审美经验中的情感,我们则拥有这种任意支配的自由。不过,要更好地理解卡西尔说的审美情感作

① Immanuel Kant, *Critique of Judgment*, trans. Werner S. Pluhar, p. 52.
② 卡西尔:《人论》,甘阳译,第190页。

为一种“自我解放的手段”，我们最好回顾一下在美学史上产生极大影响的“净化”理论。

净化(Katharsis)是亚里士多德美学的一个重要范畴，同时也是引起最多争议的范畴。Katharsis 本是古希腊常见的概念，有医疗上的“宣泄”，宗教上的“涤罪”等含义。亚里士多德用它来描述悲剧的效果，认为悲剧的作用是借引起怜悯和恐惧来使这种情感得到净化。自 16 世纪以来，西方学者对 Katharsis 有许多不同的注解和长久的争论：有的作伦理学的解释，有的作医学的解释，有的作宗教的解释。在我国也有两种著名的解释：一是著名希腊研究专家罗念生，他主张陶冶说。一是著名美学家朱光潜，他主张宣泄说，认为“净化的要义在于通过音乐或其他艺术，使某种过分强烈的情绪因宣泄而达到平静，因此恢复和保持住心理的健康”①。不管对 Katharsis 作怎样的注解，有一点是共同的：悲剧给人的痛感不是实际的痛感，而是“无害的痛感”，或者说只有形式而没有内容的痛感；悲剧的目的不在于让人沉浸在真正的痛苦和哀伤之中，相反是将人们从痛苦和哀伤中解放出来，使人的灵魂重新进入一种平静安宁状态，并在这种状态中体验着自由的喜悦。

四、虚构的悖论

亚里士多德的净化说充其量只是解释了审美情感中的某类情感如怜悯和恐惧是如何不同于日常生活中的同类情感的。审美情感中的怜悯和恐惧会导致这两种情感的释放，从而将欣赏者从这两种情感的困扰中解放出来，日常生活中的怜悯和恐惧则没有这种功能，因此日常生活中的情感不会成为一种自我解放的手段，而审美经验中的情感可以充当这种手段。换句话说，审美情感可以发生转化，比如由怜悯和恐惧转化为因为心理平衡而产生的快乐，而日常生活中的情感不会发生转化，怜悯和恐惧的结果不会导致快乐。

亚里士多德的这种解释不仅不够全面，而且不够确切。首先，它只是解释了否定性的情感如痛感在审美感受中与在日常生活中之间的不同，即在审美情感中，痛感最终会转化为快感，而在日常生活中不会发生这种转化，而没有解释肯定性的情感如快感在审美和非审美的领域是如何不同的，即没有将审美情感中的快感与日常生活中的快感区别开来。其次，根据亚里士多德的这种理论，审美

① 朱光潜：《西方美学史》上卷，人民文学出版社，1979 年，第 88 页。

情感与非审美情感的区别不是其自身的区别,而是体现在它们所引发的后续情感的区别上。亚里士多德并没有说在观看悲剧中感受到的怜悯和恐惧本身是如何区别于在日常经验中感受到的怜悯和恐惧的,只是说前者引起了这两种情感的宣泄而恢复心理平衡从而产生快感,后者则没有引起这种后续感受。由于这种后续感受并没有包含在怜悯和恐惧之中,因此我们可以有理由地认为,实际上在亚里士多德看来,在悲剧欣赏中所感受到的怜悯和恐惧与在日常生活中感受到的怜悯和恐惧没有什么质的不同。净化理论和与此类似的所有悲剧理论,都没有成功地将审美情感与非审美情感区别开来。下面我想结合当代美学关于人对虚构的文艺作品的情感反应的讨论来尝试在审美情感与非审美情感之间做出区别。

"虚构的悖论"(paradox of fiction)是 20 世纪引起广泛争论的一个美学问题。这个问题起源于拉德福德(Colin Radford, 1935—2001)1975 年发表的一篇文章,题为"我们如何为安娜·卡列尼娜的命运所感动?"在这篇文章中,拉德福德第一次明确地提出了我们如何能够对一个虚构的人物做出真实的情感反应的问题。拉德福德自己设想了六种解决方案,他得出的结论是:"我们以某些方式被艺术作品所感动,尽管这对我们来说是非常'自然的',因而是完全可以理解的,但还是让我们陷入了矛盾和混乱之中。"①因为拉德福德相信:"只有我相信在某人身上发生了某些可怕的事情,我才会被他所处的困境所打动。如果我不相信这一点,他没有痛苦或无论其他什么情况,我就不会悲痛或感动得落泪。"②现在的问题是,我们并不相信文艺作品中虚构的人物真的处于困境之中,我们也通常会被他们感动得流泪,这就是拉德福德所说的欣赏文艺作品给我们心理造成的矛盾和混乱。

在我们对虚构的文艺作品的自然反应中蕴含着矛盾和混乱,这是虚构的悖论的最早表述。在后来的争论中,虚构的悖论被精炼地表述为下面三个引起矛盾的命题:

1. 读者或观众对于某些他们明知是虚构的对象如虚构的人物产生诸如恐惧、怜悯、欲望、羡慕之类的情感经验。

2. 产生诸如恐惧、怜悯、欲望等等之类的情感经验的一个必要条件,是经验这些情感的人们要相信他们的情感对象是存在的。

---

① Calin Radford, "How Can We Be Moved by the Fate of Anna Karenina?" in Peter Lamarque and Stein H. Olson eds., *Aesthetics and the Philosophy of Art: The Analytic Tradition*, Oxford: Blackwell, 2004, p. 305.

② 同上书,第 300 页。

3. 读者和观众知道那些对象是虚构的，他们不相信那些对象是存在的。[①]

这三个命题中至少一定有一个命题是错的，但究竟是哪个命题错了却不那么容易确定，因为如果分别开来看，这三个命题都有可能是对的。正是在这里，不同的美学家提出了不同的看法，于是形成了著名的关于“虚构的悖论”的争论。这里，我先简要地描述这场争论中一些有代表性的观点，然后尝试提出自己的解决办法。

解决虚构的悖论的第一种方案是，否定命题三是真的，即读者和观众在对文艺作品的虚构人物做出相应的情感反应的时候，并不知道这些人物是虚构的，而是相信他们是真实存在的。

比如，在演出《白毛女》的时候，就有愤怒的战士朝扮演黄世仁的演员开枪；在演出《哈姆雷特》的时候，就有激动的英国老太太从座位上站起来，提醒扮演哈姆雷特的演员，对手的剑上有毒。这就是朱光潜所说的“分享者”(participant)。“这一班人看戏最起劲，所得的快感也最大。但是这种快感往往不是美感，因为他们不能把艺术当作艺术看，艺术和他们的实际人生之间简直没有距离，他们的态度还是实用的或伦理的。”[②]由于分享者“不能把艺术当作艺术看”，因此他们也就不能把艺术中虚构的人物当作虚构的人物来看，而是当作真实存在的人物来看，由此他们对文艺作品中的人物产生真实的情感反应就是不矛盾的了。

在欣赏虚构的文艺作品时，我们有时候的确分不清对象是虚构的还是真实的，我们至少是“部分地相信”(half-believe)虚构的人物和事件是真实的存在，或者借用科勒律治(S. T. Coleridge，1772—1834)的术语来说，我们悬置了对虚构对象的真实性的怀疑。“构成对诗歌忠诚(poetic faith)的东西，就是自愿地暂时悬置怀疑。”[③]

我们可以适当地将这种看法称为幻觉主义(illusionism)。幻觉主义者主张，虚构的文艺作品能够让欣赏者产生幻觉，将虚构的东西当作真实存在的东西。对虚构的文艺作品的欣赏经验，的确有幻觉经验的部分，但不全是幻觉经验，甚至最好应该避免幻觉经验，否则文学艺术跟魔术之类的幻术就没什么区别。尤其是自从现代美学将无利害的静观(disinterested contemplation)视为典型的审美方式之后，没有多少人再相信这种幻觉主义。人们更倾向于将审美经验视为“旁观者”的经验。因此，朱光潜说：“真正能欣赏戏的人大半是冷静的旁

---

① Peter Lamarque, “Fiction”, in Jerrold Levinson ed., *The Oxford Handbook of Aesthetics*, Oxford: Oxford University Press, 2003, p. 386.

② 朱光潜：《文艺心理学》，安徽教育出版社，1996年，第53页。

③ S. T. Coleridge, *Biographia Literaria*, ed. J. Shawcross, Oxford: The Clarendon Press, 1907, Vol. 1, p. 6.

观者，看一部戏和看一幅画一样，能总观全局，细察各部，衡量各部的关联，分析人物的情理。”①旁观者始终知道自己在看戏，知道舞台只是舞台而不是真实世界，知道演员只是演员而不是真实人物。尤其在欣赏悲剧的时候更是如此。如果我们以为舞台上的那些杀人犯和叛国贼都是真的，就根本不可能产生任何审美快感。幻觉主义的弱点是显而易见的。

还有一种比幻觉主义更精致的看法，也是通过否定命题三来解决虚构的悖论，这就是亚奈尔(Robert J. Yanal)所说的“事实主义”(factualism)②。根据事实主义者的主张，《白毛女》中的黄世仁是虚构的，但是黄世仁这个人物形象所意指的那一类人在现实生活中是真实存在的，我们在看《白毛女》时对黄世仁的憎恨，不是针对那个虚构的黄世仁，而是针对现实生活中许许多多真实存在的“黄世仁”。比如，持这种观点的麦考密克(Peter McCormick)就认为，虚构的作品在隐喻上意指一个语言之外的领域，这个领域“超出了语言上封闭的和由语言书写的文本世界”③。

同样是对第三个命题的否定，事实主义者与幻觉主义者不同，事实主义者并不像幻觉主义者那样，认为文学艺术作品中的虚构人物和事件是真的，而是认为虚构的人物和事件所隐含的意义是真的。我们在欣赏虚构的文学艺术作品时，与我们的情感反应相应的对象，表面上看起来是虚构的人物和事件，实际上是虚构的人物和事件所意指的真实的人物和事件，因此这里并没有什么矛盾和混乱。

但是，如同幻觉主义者的看法一样，事实主义者的看法也只是部分地符合我们的审美经验。的确，我们在观看《白毛女》的时候，会从黄世仁这个人物身上看到我们现实生活中的某个恶人，我们对黄世仁的愤怒实际上是对我们现实生活中的某个恶人的愤怒。但这种情况并不经常出现，而且我们应该避免出现诸如此类的情况，否则我们就离开了文艺作品而进入了自己的回忆之中，我们欣赏的就不是文艺作品，一句话，我们走神了。

另外还有一种情况是事实主义者很难处理的。文艺作品中一些虚构的人物和事件在现实生活中根本就不会有相应的真实存在，因此不可能有某种真实的存在与我们的情感反应相对应。比如，一些文学艺术中塑造了吸血鬼的形象，而一般人都不会认为真的存在吸血鬼。我们对文学艺术作品中虚构的吸血鬼的情

---

① 朱光潜：《文艺心理学》，第53页。

② 亚奈尔关于“虚构的悖论”的争论中的各种观点的概述，见 Robert J. Yanal, “The Paradox of Emotion and Fiction”, in James O. Young ed., *Aesthetics: Critical Concepts in Philosophy*, London: Routledge, 2005, Vol. 3, pp. 317 - 338.

③ Peter McCormick, “Real Fictions”, *The Journal of Aesthetics and Art Criticism*, 46 (1987), p. 263.

感反应，就是对虚构对象的情感反应。文学艺术中虚构的这种形象比比皆是，《西游记》中的绝大部分形象都属于这种类型。

如果说虚构对象可以引起我们真实的情感反应，那么命题三就是成立的，不成立的就有可能是命题一或命题二。在有关虚构的悖论的争论中发展起来的一个具有广泛影响的理论，就是瓦尔顿（Kendall Walton，1939— ）的假装(make-believe)理论。瓦尔顿明确反对命题一。在瓦尔顿看来，我们对文艺作品中的虚构对象的情感反应不是真实的，而是假装的。瓦尔顿以查尔斯(Charles)观看一部关于绿色黏怪(Green Slime)的恐怖影片为例，对此做了详细的说明。

> 查尔斯正在观看一部关于可怕的绿色黏怪的电影。当黏怪缓慢而无情地在地面蔓延、所经之地一切都被毁坏的时候，他吓得在座位上缩成一团。很快，一个油腻腻的头从一大块波动的黏状物中凸起，两只泡状眼珠紧盯着镜头。黏怪加快速度，开出一条新路笔直朝观众蔓延而来。查尔斯发出一声尖叫，拼命地抓住他的座椅。事后仍然浑身发抖，他承认他被黏怪“吓着”了。[①]

尽管查尔斯承认他被黏怪“吓着”了，但他真的害怕黏怪吗？瓦尔顿的回答是否定的，因为否则的话查尔斯就会迅速逃离现场，寻找一个安全的地方。尽管查尔斯吓得浑身发抖，但他并没有逃离现场，这表明他的害怕不是真的害怕，而是一种“类似的害怕”(quasi-fear)。与此相似，我们对安娜的同情也不是一种真正的同情，而是一种“类似的同情”(quasi-pity)。这种类似的情感反应与真实的情感反应在现象上具有许多相似性，但它们是两种性质不同的情感反应。类似的情感反应是假装的情感反应。查尔斯“经验到一种类似的害怕，这是他认识到黏怪只是虚拟地对他造成威胁的结果。这就使得这一点成为虚构的：查尔斯的类似害怕是由黏怪具有威胁这个信念引起的，因而他害怕黏怪”[②]。

亚奈尔将瓦尔顿的这种看法称为虚构主义(fictionalism)。根据这种虚构主义的看法，我们在欣赏文艺作品时，不仅知道那些人物和事件是虚构的，而且知道我们自己的情感也是虚构的或假装的。我们假装对虚构的对象产生情感反应，因此我们产生的只是类似的情感反应而不是真实的情感反应。瓦尔顿认为，任何真实的情感反应都必须建立在相信对象存在的基础上，并且会伴随采取相应的行动，比如因恐惧而逃跑。类似的情感反应就无需这种信仰，同时不会伴随采取相应的行动。但是，如果仅从现象上来讲，真实的情感反应与类似的情感反

---

① Kendall L. Walton, *Mimesis as Make-Believe*, Cambridge: Harvard University Press, 1990, p. 196.

② 同上书，第245页。

应之间并没有多大的差别，有差别的只是之前的原因(相信对象真实存在)和之后的结果(采取相应的行动)。尽管瓦尔顿的这种理论似乎赢得了大多数人的赞同，但它也有一个致命的弱点，那就是对这种类似的情感反应的产生机制缺乏清楚的说明，进而无法从情感本身的角度将真实的情感反应与类似的情感反应区别开来。

对于瓦尔顿来说，有个问题是致命的。既然我们明知文学艺术作品中虚构的人物和事件是假的，我们产生的情感反应也不是真正的情感反应，那么它们二者之间就不应该有必然的因果关系。然而，事实上并非如此。我们对真正的恐怖事件产生真正的恐惧，对虚构的恐怖事件产生“类似的恐惧”。不管怎么说，这二者都是恐惧。如果虚构的事件与我们的情感反应之间没有必然的因果关系，为什么我们不对虚构的恐怖事件产生“类似的安全感”？事实上，瓦尔顿自己也意识到了这个问题，但他认为这个问题与他的假装理论并没有直接的关系①。但是，事实上这是一个至关紧要的问题。正如(H. O. Mounce)莫恩斯分析的那样，“如果真实生活中的 A 引起了 B 反应，那么，在正常情况下，作为 A 的再现的 A^1 也可以引起 B 反应，或者至少引起一种在许多方面与 B 难以分辨的反应。为什么会出现如此情况？这显然是因为 A^1 在许多方面就像 A。”②对于这个问题的重视，引发了对虚构的悖论的另一种解决途径，即所谓的现实主义(realism)③或“思想理论”(Thought Theory)。

总起来说，“思想理论”反对命题二，认为我们的情感反应并不需要建立在相信对象的真实存在的基础上，一种生动的想象也可以引发相应的情感反应。正如莫利尔(John Morreall，1947—)所说：“对于我们对某个境遇的情感反应来说，重要的不是我们是否相信这种境遇的存在，而是这种境遇如何生动地、有吸引力地呈现给我们的意识，无论是在知觉、记忆之中，还是在想象之中。”④也就是说，我们的情感反应的关键，在于对象是如何呈现给我们的意识，而不在于对象本身是否真实存在。想象一种恐怖情景也会感到害怕，如果这种情景被想象得惟妙惟肖。噩梦醒来之后仍然心有余悸，这是因为恐怖情景还留在我们的记忆中，而不是因为我们真的相信梦中的情景是真的。

---

① Kendall L. Walton, *Mimesis as Make-Believe*, p. 245, fn. 2.

② H. O. Mounce, “Art and Real Life”, *Philosophy*, 55 (1980), p. 188.

③ Robert J. Yanal, “The Paradox of Emotion and Fiction”, in James O. Young ed., *Aesthetics: Critical Concepts in Philosophy*, Vol. 3, pp. 332 - 336.

④ John Morreall, “Enjoying Negative Emotions in Fiction”, *Philosophy and Literature*, 9 (1965), p. 100.

“思想理论”仔细区分了由某物引起的恐惧(by)和对某物的恐惧(of)①。我们想象吸血鬼产生的恐惧,是由我们的想象和思想引起的,并不是对我们的想象和思想的恐惧。我们的想象和思想本身并不恐惧,经由想象和思想引起的恐惧还是对吸血鬼的恐惧。对某物的恐惧指的是恐惧内容上的区别,比如对吸血鬼的恐惧不同于对黑蜘蛛的恐惧。由于恐惧是经由思想引起的,因此无需相信对象的真实存在;由于恐惧不是对思想的恐惧而是对某物的恐惧,因此无需宣称经由思想引起的恐惧与真实事物引起的恐惧之间存在什么不同。

“思想理论”得到了许多美学家的支持,但是我不认为它对虚构的悖论的解决是成功的。如果对经由思想引起的恐惧与真实事物引起的恐惧之间没有差异,那么就会碰到一个更加棘手的问题:人们为什么愿意去看悲剧?为什么能够承受悲剧中的苦难而无法承受生活中的苦难。还是让我们采用莫恩斯的那个公式化的表达:真实生活中的A引起了B反应,那么,在正常情况下,作为A的再现的A^1不可能引起B反应,因为A^1毕竟不就是A。作为A的再现的A^1只能引起一种与B类似的反应B^1。这样我们就回到了瓦尔顿的假装理论。我认为瓦尔顿的理论是正确的,只不过他没有对虚构的对象如何引起类似的情感反应做出有效的说明。

这里,我试图用博兰尼(Michael Polanyi, 1891—1976)的身心关系理论来替瓦尔顿说明虚构的对象是如何引起类似的情感反应的。博兰尼区分了两种意识,即集中意识(focal awareness)和辅助意识(subsidiary awareness)。比如,用博兰尼自己的例子来说,当我将手指指向墙壁并喊道:“看这!”所有眼睛都从我的手指移开,转向墙壁。你清楚地注意到我指着的手指,但只是为了看别的东西;也就是说,看我的手指将你的注意力指过去的那一点。这里我们有两种意识事物的方式。一种方式是对墙壁的意识,一种方式是对手指的意识。其中对手指的意识方式非常特殊,指着的手指似乎并没有被看着,但这不是说那指着的手指正试图使人忽视它的存在。它想要被看见,但是被看见仅仅是为了被跟从而不是为了被检验。这里,对墙壁的意识就是集中意识,对指着的手指的意识就是辅助意识。由辅助意识到集中意识之间的过渡是默识地进行的。

博兰尼进一步指出,集中意识是由心灵执行的,辅助意识是由身体执行的。由心灵发出的集中意识是“对”(to)对象的意识,由身体发出的辅助意识是“从”(from)对象和身体的意识。因为在后一种情况下,对象已经变成了身体的一部分,从对象的意识实际上就是从身体的意识,也可以称为“寓居”(indwelling)或“内化”(interiorization)的意识。这种辅助意识所得到的是事物的存在性意义

① Peter Lamarque, “Fiction”, in Jerrold Levinson ed., *The Oxford Handbook of Aesthetics*, p. 388.

(existential meaning),是非名言知识(inarticulate knowledge);与之相对,集中意识所得到的是指示性或表象性意义(denotative, representative meaning),是名言知识(articulate knowledge)。博兰尼所说的默识知识或默识认识就建立在这种辅助意识的基础上①。

博兰尼的这种默识理论跟虚构的悖论有何关系?在将默识理论运用于虚构的悖论的解决之前,让我们先看看博兰尼自己的一个相关运用。博兰尼曾经用他的理论对波佐(Andrea Pozzo, 1642—1709)在罗马圣依纳爵(St. Ignazio)大教堂的拱顶上画的那幅神奇的天顶画做出了令人信服的解释(图 6)。这幅绘画要求观察者必须站在耳堂(aisle)中间才能看见正常的画面。如果观察者从中间位置哪怕移开数码距离,画面上的圆柱看上去就弯曲了,且斜着倒向教堂的建筑物。如果观察者绕着耳堂中心走,画面上的圆柱也绕着移动,总是从他所处的位置向外倒下去。

表面看来,这里似乎没有什么引起争议的问题,因为波佐绘画所展示的正是人们熟知的西方绘画中的神奇透视效果,波佐本人也正是这样来解释他的作品。但问题似乎并不是这么简单。因为当我们偏离透视轴来看一幅正常的绘画时,并没有产生这种神奇的效果。我们在博物馆里经常从很大的角度斜着看一幅画,但画面并没有被严重扭曲。因此,波佐绘画所显示的透视秘密似乎并不适合一般的西方绘画。现在的问题是:尽管一般的西方绘画也运用了透视技法,但为什么偏离透视轴来观看时不会产生被严重扭曲的效果?一般的西方绘画同波佐这幅天顶画之间究竟有什么区别?

博兰尼的解释是:一般采用透视法绘制的绘画之所以在偏离透视轴观看时不会产生严重扭曲的效果,原因在于欣赏者在观看绘画时始终附带地意识到画布平面的存在,透视的深度效果得到了画布平面效果的综合,从而避免了在斜看时产生被严重扭曲的效果。波佐这幅天顶画之所以在斜看时会产生被严重扭曲的效果,原因在于画中的立柱产生了欺骗性作用,使观看者不能附带地意识到画布平面的存在,从而不能抵制偏离透视轴观看时所产生的扭曲。

根据博兰尼的说法,我们至少有三种观看绘画的方式:(1) 集中意识到图像而没有附带意识到画布上的色块和笔迹;(2) 集中意识到画布上的色块和笔迹而没有集中意识到图像;(3) 集中意识到图像并附带地意识到画布上的色块和笔迹。在第一种观看中我们只看见自然对象,因此不妨称之为自然观看;在第二

① Michael Polanyi, "The Body-Mind Relation", in *Science, Economics and Philosophy: Selected Papers of Michael Polanyi*, Edited with an introduction by R. T. Allen, New Brunswick and London: Transaction Publishers, 1997, pp. 313 - 328.

种观看中我们只看见人工痕迹，因此不妨称之为人工观看；只有在第三种观看中，我们才真正看见界于自然图像与人工痕迹之间的真正的绘画，因此不妨称之为艺术观看。博兰尼的结论是：绘画乃至所有的艺术形式，都是在创造自然与人工之间的、既不同于自然世界也不同于人工世界的艺术世界①。

我们对博兰尼的默识理论及其在美学领域中的运用有了大致了解之后，就可以用它来解决虚构的悖论了。如同看见正常的画面需要集中意识和辅助意识的合作一样，解决虚构的悖论也需要两种意识的合作。虚构的对象引起类似的情感反应的关键在于，我们在用集中意识意识到它是真的同时，始终能够用附带意识意识到它是假的，从而产生一种半真半假的效果，产生一种"类似情感"。半真半假的吸血鬼既不会产生真正的恐惧，也不会不产生恐惧，而是产生一种类似恐惧。这样我们就成功地解决了瓦尔顿假装理论中一个难题："类似情感"的产生机制问题，进而比较彻底地解决了虚构的悖论问题。

最后，让我们再做一点一般性的推广工作。根据上面的阐述，作为虚构的文艺作品既不能太真，也不能太假。太真就容易产生幻觉，无法让辅助意识意识到它是虚构的故事；太假就不容易入戏，无法让集中意识意识到它是故事而不是其他别的东西。因此，许多中国艺术家都强调，艺术贵在似与不似之间。但是，对于我们为什么需要虚构，为什么需要似与不似之间的艺术，至今没有人能够从根本上予以解释。如果参照博兰尼的身心关系理论，我们可以说艺术的目的就在于维持集中意识与辅助意识之间的和谐合作，进而维持身心之间的动态平衡。

审美情感不是某种特殊内容的情感如快乐，而是"人类情感的全域"；同时，审美情感不属于某种特定形式的感受如心理感受，而是覆盖所有的感受领域。审美情感与非审美情感的区别不在于情感内容和感受形式上，而在于审美情感归根结底是一种"类似情感"。作为审美情感的痛苦不同于日常生活中的痛苦，同样，作为审美情感的快乐也不同于日常生活中的快乐。审美情感仿佛是一种经过了过滤的情感，仿佛消解了日常生活中的情感的黏滞性，而成为一种轻盈的情感，一种让人解放而不是奴役的情感。消解日常生活中的情感的黏滞性的方法，就是增强身心之间的自由切换、叠加与和谐合作，让人获得一种身心的平衡，因此审美情感既不是某种特定类型的感受如生理感受、心理感受、精神感受，而是所有这些感受的切换、叠加与和谐合作。从解放而不是奴役的角度来说，就身心协调、平衡、灵便的角度来说，审美情感的确是一种快感。但它不是与痛感相

---

① Michael Polanyi, "What is a Painting?" in *Science, Economics and Philosophy: Selected Papers of Michael Polanyi*, pp. 351 - 358.

对的快感，而是处于痛感和快感乃至所有的情感之下的快感。由于有了这种快感作为基础，审美情感得以与日常情感区别开来，而仿佛变成了一种“类似情感”。不过，如果从审美经验是人生在世的原初经验的角度来看，作为“类似情感”的审美情感就是人生在世的本然情感，一种本己的快乐。对于这种本己的快乐的获得，惆怅可能比一般的快乐更为有效。这就是为什么人们会喜欢悲剧的原因。尽管不同的美学家对悲剧快感的根源的解释众说纷纭，但有一点是他们共同认定的，那就是悲剧给人的怜悯、恐惧、悲伤和忧愁之类的痛感只是一种表面现象，在痛感之后隐藏着一种更深层次的快感，这种更深层次的快感在一般状态下是不会激发出来的，文学艺术中的“悲”的意义在很大程度上就在于它能激发出这种深层次的本己的快乐。由此我们将美感分为三个层次：(1) 一般意义上的快感；(2) 痛感；(3) 深层的快感。美感同其他情感的区别，既不在第一层次上，也不在第二层次上，而在第三层次上。人们在日常生活中既可以体验到快感，也可以体验到痛感，但不能或者说很少体验到深层的快感。审美体验既可以体验到日常意义上的快感，也可以体验到日常意义上的痛感，除此之外还能体验到一种深层的快感，而且这种深层快感的体验，反过来还会改变日常意义上的快感和痛感的性质。这正是审美体验区别于其他体验的地方。过去美学界对美感究竟是快感还是痛感的争论，只是停留在第一和第二两个层次上，如果我们能深入到第三个层次，不但不会出现这种争论，而且会彻底改变我们对美感中的快感和痛感的意义的理解。

思考题

1. 什么是审美愉快？
2. 如何理解悲剧的情感净化功能？
3. 什么是“虚构的悖论”？如何处理“虚构的悖论”？
4. 如何理解审美情感是一种“类似情感”？

推荐书目

Immanuel Kant, *Critique of Judgment*, trans. Werner S. Pluhar, Indianapolis: Hackett Publishing, 1987.

Calin Radford, “How Can We Be Moved by the Fate of Anna Karenina?”

in Peter Lamarque and Stein H. Olson eds., *Aesthetics and the Philosophy of Art: The Analytic Tradition*, Oxford: Blackwell, 2004.

Peter Lamarque, "Fiction", in Jerrold Levinson ed., *The Oxford Handbook of Aesthetics*, Oxford: Oxford University Press, 2003.

Robert J. Yanal, "The Paradox of Emotion and Fiction", in James O. Young ed., *Aesthetics: Critical Concepts in Philosophy*, Vol. 3, London: Routledge, 2005.

Kendall L. Walton, *Mimesis as Make-Believe*, Cambridge: Harvard University Press, 1990.

Michael Polanyi, "The Body-Mind Relation", in *Science, Economics and Philosophy: Selected Papers of Michael Polanyi*, Edited with an introduction by R. T. Allen, New Brunswick and London: Transaction Publishers, 1997.

Michael Polanyi, "What is a Painting?" in *Science, Economics and Philosophy: Selected Papers of Michael Polanyi*, Edited with an introduction by R. T. Allen, New Brunswick and London: Transaction Publishers, 1997.

克莱夫·贝尔:《艺术》,周金环、马钟元译,中国文联出版社,1984年。

卡西尔:《人论》,甘阳译,上海译文出版社,1985年。

托尔斯泰:《什么是艺术?》,丰陈宝译,载《列夫·托尔斯泰文集》第十四卷,人民文学出版社,1992年。

科林伍德:《艺术原理》,王至元、陈华中译,中国社会科学出版社,1985年。

朱光潜:《文艺心理学》,安徽教育出版社,1996年。

第五章 审美创造

本章内容提要：创造是审美活动的重要特征。无论是艺术创作还是欣赏，都与创造有关。在美学史上，美学家们常常将创造与灵感、天才、实验等联系起来。创造是一种具有内在控制力的活动。标新立异不等于创造，因为创造还应该具有正面价值。创造的结果不是稀奇古怪的事物，而是生动之物和生动之人。

艺术和审美活动的基本特征就是创造。科林伍德就明确地说过，对于我们非常熟悉的艺术活动来说，“我们通常给它取的名字就是‘创造’”①。因为艺术和审美的领域是一个相对柔软的领域，创造活动受到来自理性、工具和材料等方面的阻碍相对较少，是我们驰骋创造力的最好场所。不过，创造也是一把双刃剑，既有积极的建构，也有消极的破坏。由于创造不断颠覆传统，因此艺术和审美是很难界定的。就像韦兹指出的那样，“正是艺术那扩张的、富有冒险精神的特征，它那永远存在的变化和新异的创造，使得确保任何一套定义特性都是不可能的。”②因为创造使得艺术成为一个在本质上开放和易变的概念，一个以它的原创、新奇和革新而自豪的领域。即使我们能够发现一套涵盖所有艺术作品的定义的条件，也不能保证未来艺术将服从这种限制；事实上完全有理由认为，艺术将尽自己的最大努力去亵渎这种限制。那么，究竟什么是创造？如何培养我们的创造力？如何在发扬创造的积极建设性的同时避免它的消极破坏性？这些都是美学家们思考的重要问题。

一、创造的观念

今天我们可以很自然地将艺术和审美的特征归结为创造。不过，需要注意

---

① 科林伍德：《艺术原理》，王至元、陈华中译，中国社会科学出版社，1985年，第131页。

② Morris Weitz, “The Role of Theory in Aesthetics”, in Morris Weitz ed., *Problems in Aesthetics*, second edition, New York: Macmillan Publishing Co., 1970, p. 176.

的是，美学史上，很长时间并没有将创造视为艺术的基本特征。比如，古希腊人根本就没有可以与“创造”或“创造者”相对应的术语，“制作”一词就足可以让艺术家们心满意足了，因为他们的工作往往被认为是连“制作”都够不上的“模仿”。在柏拉图看来，我们可以称木匠为床的制作者，但不能这样来称呼画家，画家只是模仿者，模仿神和木匠所制造的床①。

对于更早的埃及艺术家来说，创造甚至是不可设想的。“埃及风格是由一套很严格的法则构成的，每个艺术家都必须从很小的时候就开始学习。……但是，他一旦掌握了全部规则，也就结束了学徒生涯。谁也不要求什么与众不同的东西，谁也不要他‘创新’(be ‘original’)。相反，要是他制作的雕像最接近人们所倍加赞赏的往日名作，他大概就被看作至高无上的艺术家了。于是，在三千多年里，埃及艺术几乎没有什么变化。”②

在西方古典美学看来，艺术不能算作创造的一个重要的原因是，创造隐含有活动自由的意义，而埃及和希腊的艺术概念则主要指对规则和规律的服从。艺术被规定为“按规则制作事物”，艺术家要受规则的支配而不能为所欲为。

从某种意义上说，艺术创造的观念很可能起源于上帝创造的观念。在西方文化中，直到基督教的兴起才有真正的创造观念。为了说明真正的创造观念的内涵，我们可以将它与古希腊的造物主观念进行对照。

柏拉图在其后期的对话《蒂迈欧篇》(*Timaeus*)中阐述了一种造物主观念。柏拉图将德米奥格(demiurgos)视为宇宙的灵魂和创造者，他赋予混沌的物质以形式，将永恒不变的理念与永恒运动的物质结合起来创造世界万物。柏拉图的这种创造观念与中世纪教父哲学家们所阐述的上帝创造观念非常不同。首先，柏拉图的造物主创造世界不是“无中生有”，而基督教的上帝创造世界是“无中生有”。其次，柏拉图的造物主的创造不是自由意志的体现，因为由于造物主的创造是赋予物质以形式，因此他就要考虑所赋予的形式是否与物质相符合的问题；即使造物主在赋予物质以形式时是完全自由的，但一旦他将形式赋予给物质之后，就变成了无法更改的自然规律，这就使得造物主的自由意志受到了很大的限制。上帝创造世界不是赋予物质以形式而是“无中生有”，这种创造是上帝自由意志的体现，这不仅体现在上帝可以任意创造事物，而且体现在他可以任意改变已经创造出来的事物。因此，上帝创造世界是一种不可思议的“神迹”(miracle)。如果上帝创世是一种真正的创造(creation)的话，那么造物主创世就

① 见柏拉图：《文艺对话集》，朱光潜译，人民文学出版社，1963年，第71页。
② 贡布里希：《艺术发展史》，范景中译，林夕校，天津美术出版社，1991年，第34页。

只是一种制作(making)①。

艺术创造究竟是哪种意义上的创造?是造物主的制作,还是上帝的创造?如果按照克罗齐和科林伍德的理论,艺术家的创造是将一种混沌的情感状态表现为某种清晰可见的情感,或者赋予混沌感觉以直觉形式,那么艺术创造就是柏拉图造物主意义上的制作而不是基督教上帝的创造。正如科林伍德所说,"实际被归属于上帝的那种创造的独特性在于,在他行动的场合,不仅是没有一种可以被改造的物质形态的先决条件,而且也没有无论什么种类的前提条件,这就不能适合于……创作一件艺术作品的场合了。……为了创造一件艺术品,一个有可能成为艺术家的人……在他身上就必须具有某些未加表现的情感,还必须具有表现它们的必要的资力。在这些情况下,创造是由有限的存在来完成的,很明显,这些存在因为是有限的,首先就必须处于使他们能够创造的环境之中。由于上帝被设想为一个无限的存在,被归属于他的创造也就被设想为不需要任何这样的条件了。因此,当我把艺术家对其艺术作品的关系说成是创造者与创造物之间的关系时,我并没有给那些智力欠缺的人们(不管他们是赞成还是反对我的观点)提供任何借口,让他们说我是在把艺术的职能抬高到某种圣物的水平,或者我使艺术家变成了某种类似上帝的人物。"②

不过,许多美学家认为艺术创造就类似于上帝创造,而不是造物主的制作。甚至是由于有了基督教的上帝创世观念,才有艺术创造的观念。克里斯特勒(Paul Kristeller, 1905—1999)区分了三种意义上的创造,即神学的创造、艺术的创造和广义的人的创造。"对于绝大部分西方思想史来说,创造的能力被独占地或主要地归之于上帝,只是在严格限制的或隐喻的意义上被归之于人类制作者或艺术家。只有在18世纪后期以后,也就是伴随着浪漫主义运动的最初鼓动,诗人和艺术家开始被认为是出类拔萃的创造者,这种观念强势地贯穿了整个19世纪直至20世纪。一个进一步的变化发生在本世纪,当创造的能力不再局限于艺术家或作家而是扩展到更广大也许是全部人类的活动和努力的领域这一点变成普遍信仰时,我们说科学家、政治家以及许多其他的人是有创造性的。"③

克里斯特勒这里所说的三种意义上的创造,其含义并没有什么不同,只是适用的领域发生了变化:创造从作为上帝所独享的特权,扩展成为艺术家的一种

① 关于上帝创世和造物主创世之间的区别,参见 Milton C. Nahm, "The Theological Background of the Theory of the Artist as Creator", in Peter Kivy ed., *Eassys on the History of Aesthetics*, Rochester: University of Rochester Press, 1992, pp. 77 - 82。

② 科林伍德:《艺术原理》,王至元、陈华中译,第132—133页。

③ Paul O. Kristeller, "'Creativity' and 'Tradition'", in Peter Kivy ed., *Eassys on the History of Aesthetics*, p. 67.

独特的才能，再进一步扩展到广大的人类活动领域。创造适用范围的这种变化的关键，是突破上帝的独占性。根据克里斯特勒的考察，这种转变发生在18世纪。也就是在这个世纪，美学取得了独立的地位。克里斯特勒说：

在西方思想中，关于我们今天称之为“创造性”(creativity)的东西的真正转折点发生在18世纪。诗歌、音乐和视觉艺术首次被归在一起被称作美的艺术(fine arts)，它们成为美学或艺术哲学这个新分离的学科的对象，而浪漫主义运动将艺术家抬高到所有其他人类之上。“创造的”(creative)这个词语第一次不仅应用于上帝，而且应用于人类艺术家。一个全新的词汇发展起来描述艺术家及其行为的特征，尽管在古代和文艺复兴思想中可以发现某些部分的或零散的先例。艺术家不再受理性或规则而是受情感和情绪、直觉和想象的指导；他生产新奇和原创的东西，在接近其最高成就上，他是天才。在19世纪，这种态度变得普遍起来，我们会惊讶地发现，这个很难相信上帝从虚无中创造出世界的时代，却显然不难相信人类艺术家从虚无中创造出他的作品。①

显然，在克里斯特勒看来，艺术创造的观念就是上帝创造的观念，它们都是“无中生有”。克里斯特勒还暗示，刚好是因为上帝创造观念的衰落，才有艺术创造观念的兴起。

科林伍德由于担心人们抗议将艺术家与上帝等同起来，而强调艺术创造只是柏拉图造物主意义上的创造，强调艺术创造与上帝创造之间没有任何关系；克里斯特勒则不加任何区别地将艺术创造等同于上帝创造，无视它们之间的明显差别，这两种观点都有较大的片面性。纳姆(Milton Nahm)在考察了艺术家作为创造者的神学背景之后，强调对艺术创造的理解，应该将上帝创造和造物主创造这两种观念结合起来：

我提议，关于艺术生产的另一种可选择的可靠理论，将通过调和涉及它的典型性和必然性的希腊制作理论与涉及它的个体性和自由性的希伯来-基督教创造学说来说明新异性的产生。艺术中对这两个传统的调和是一项极难均衡的工作，不可能建立在那种简单地将两种被讨论的理论等同起来的基础之上。……纯粹创造、独一无二的个体以及绝对自由的观念，对于艺术家和审美感知者来说，是一些有限制力的概念。以这种方式来使用这些观念，一个人就可以既根据完美来衡量他当前的成就，又给他自己一个可界定的、不可达到的但可以日益无限接近的价值目标。依据那些有限制力的概念，艺术家使艺术那无穷可变的和

① Paul O. Kristeller, "'Creativity' and 'Tradition'", in Peter Kivy ed., *Eassys on the History of Aesthetics*, p. 68.

灵活的手段适合于艺术结构和审美目的。①

艺术创造究竟是一种怎样的创造？是基督教上帝的创造、古希腊造物主的创造，还是二者的结合？要回答这个问题，我们还需要看看一些与艺术创造相关的理论。

二、创造与灵感

在西方美学史上，经常把艺术家的创造跟灵感联系起来，将灵感视为艺术创造的源泉。在所有的艺术中，尤其以诗的创作最强调灵感的作用。艾布拉姆斯(M. H. Abrams，1912—)将诗人受灵感鼓舞的创作总结为这样四个特征："A. 诗是不期而至的，也不用煞费苦思。诗篇或诗段常常是一气呵成，无需诗人预先设计，也没有平常那种在计划和目的的达成之间常有的权衡、排斥和选择过程。B. 作诗是自发的和自动的；诗想来就来，想去就去，诗人的意志无可奈何。C. 在作诗过程中，诗人感受到强烈的激情，这种激情通常被描述为欢欣或狂喜状态。但偶尔又有人说，作诗的开头阶段是折磨人的，令人痛苦的，虽然接下来会感到痛苦解除后的宁静。D. 对于完成的作品，诗人感到很陌生，并觉得惊讶，仿佛是别人写的一般。"②这四项特征大致适合于所有有灵感的艺术创造。

根据奥斯伯那(Harold Osborne，1905—1987)的考证，西方思想史上，最先使用灵感一词的是古希腊思想家德谟克利特，他将灵感视为一种狂热的精神状态，认为这是诗人获得成功的秘诀。在随后的柏拉图对话录《伊安篇》中，我们可以看到关于诗人灵感的详细描述。善于传诵荷马的诗人伊安，在苏格拉底的追问下最终不得不承认：他之所以能出神入化地诵诗，完全是因为神灵的凭附，自己并没有什么特别的技艺。在柏拉图看来，诗不是诗人的创造，而是"神的诏语"；诗人只不过是神的代言人，在陷入迷狂时替神说话而已③。奥斯伯那将这种灵感说概括为神赐论的灵感观。

这种神赐论的灵感观在西方美学史上产生了深远的影响，直到18世纪的浪漫主义运动，这种神赐论灵感观念得到了一定程度的修正。浪漫主义者不相信灵感是外在神灵的启示，而相信它是主体内在地拥有的一种天赋能力，将它与浪

① Milton C. Nahm, "The Theological Background of the Theory of the Artist as Creator", in Peter Kivy ed., *Eassys on the History of Aesthetics*, pp. 83 - 84.

② 艾布拉姆斯：《镜与灯：浪漫主义文论及批评传统》，郦稚牛等译，北京大学出版社，1989年，第298—299页。

③ 柏拉图：《文艺对话集》，朱光潜译，第8—9页。

漫主义美学的核心观念联系起来,出现了天赋论的灵感观。这种天赋论的灵感观念,主张灵感是天才自然而然的、不受任何约束的显露。比如,浪漫主义诗人雪莱虽然非常赞同柏拉图在《伊安篇》中关于灵感的论述,但他自己对灵感的理解还是有了重要的发展。正如艾布拉姆斯指出的那样,“尽管雪莱是从柏拉图所说的事实入手的,但他最后却得出了一个柏拉图所没有的理论。在灵感把握下创作的一首诗篇或一幅图画是突如其来,一挥而就的,并且是完整无缺的,这并不是因为它是一件外来的礼物,而是因为它是从自身之中,从心灵中的一个既意识不到、也控制不了的地方长成的。”①由此可见古老的神赐论灵感观念与浪漫主义的天赋论灵感观的区别。

由于受到弗洛伊德学说的影响,20 世纪出现了本能论的灵感观。这种本能论的灵感观念,主张灵感是个人潜意识的表现。奥斯伯那在对这种本能论的灵感观念做了一定程度的修正后,得出了自己关于灵感的说明。他强调灵感是“导向观念”(guiding idea)加上“直觉本领”(element of intuition)以及无意识的协助作用,它能够很好地说明个别艺术作品的创造情形。奥斯伯那的这种理论尤其适合于文学作品的创作,因为在文学创作中,导向观念明显地“内在于总体的格式塔之中,内在于熟悉事物的新景象之中,内在于以一种新的方式聚集起来的具有启示意义的可见事物之中,这种新的方式处于隐喻的核心”。奥斯伯那接着说:“这种‘观念’的来临通常伴随着激情澎湃、活力涌动,以及一种差不多是强制性的工作需要。正是这种结合最适合被称之为‘灵感’。”②

奥斯本那不仅给我们清晰地描述了灵感观念的历史演变,而且提出了关于灵感的一种较合理的看法,即将灵感视为导向观念、直觉本领与无意识状态的结合,它伴随着激情、活力与立即展开工作的强制性,这种灵感观念尤其适宜于解释个别杰出艺术作品的创造。不过,斯泰因克劳斯(W. E. Steinkraus)发现,奥斯本那的这种灵感学说并不能涵盖所有的灵感种类,或者说它只是一种灵感,还有一种或多种与之不同的灵感。比如,当一个艺术家在创作一件需要长时间才能完成的作品时,如米开朗琪罗创作西斯廷教堂的天顶画,他就不是靠奥斯本那所说的那种瞬间的灵感启示来完成他的作品,而是需要一种持续时间更长的灵感状态。当然,奥斯本那也注意到了这种情形,对此,他做了这样的解释:“创造性的直觉或灵感可以发生在创造过程的开始,可以作为导向或无意识把握的目标。在全部过程中,或者更经常地,后续的和另外的直觉可以发生在修改和丰富

---

① 艾布拉姆斯:《镜与灯:浪漫主义文论及批评传统》,郦稚牛等译,第 303 页。

② Harold Osborne, “Inspiration”, *British Journal of Aesthetics*, Vol. 17, No. 3 (Summer 1977), p. 252.

最初的艺术冲动的成熟和建构时期。"[1]按照奥斯本那的这种解释,在需要长时间完成的创作过程中,可以有多次灵感,后续的灵感可以作为最初的灵感的修正和丰富。但是,如果灵感是一种无意识状态,如何确保后续的灵感是对最初的灵感的修正和丰富而不是颠覆和瓦解,就是一个很难解答的问题。为此,斯泰因克劳斯提出了另一种灵感,一种持续的而不是奥斯本那所构想的那种瞬间激情爆发式的灵感。斯泰因克劳斯将这种持续灵感称为"普遍灵感"(general inspiration),将奥斯本那构想的那种瞬间灵感称为"特殊灵感"(specific inspiration)。特殊灵感适合于只要较短时间的单个作品的创作,普遍灵感则适合于需要长时间完成的作品的创作,甚至指一种持久的灵感状态。关于普遍灵感,斯泰因克劳斯举了画家马蒂斯(Henri Matisse, 1869—1954)的例子。马蒂斯于1899年购得塞尚(Paul Cézanne, 1839—1906)的作品《三个浴女》(*Three Women Bathers*),在保存了三十七年之久后捐献给了小宫殿博物馆(the Museum Petit Palais)。在附给该博物馆主管的一封信中,马蒂斯承认这幅画是他绘画生涯的精神支柱,他从中获得他的信念和恩惠。换句话说,塞尚的《三个浴女》在长达三十七年的时间里一直给马蒂斯以绘画灵感。这就是斯泰因克劳斯所说的普遍灵感[2]。斯泰因克劳斯还发现,在巴赫(J. S. Bach, 1685—1750)和莫扎特(W. A. Mozart, 1756—1791)的音乐生涯中,也可以找到这种持续的普遍灵感。

除了这种一般灵感之外,斯泰因克劳斯还发现一种"集体灵感"(collective inspiration),与此相对,奥斯本那所说的那种灵感则是"个体灵感"(particular inspiration)。在中世纪的大教堂建设中就可以发现这种集体灵感。在一段相当长的时间了,一种灵感弥漫在不同的设计者之间。斯泰因克劳斯还在位于印度马德拉斯(Madras)南部的马哈巴利普南(Mahabalipuram)的伟大雕塑作品中发现了这种集体灵感。"虽然我们对于巴拉伐时期(Pallava Period)从坚硬的岩石上开凿出系列的雕刻作品的工匠们一无所知,但我们能够看到一种集体的宗教灵感在多年之间影响许多艺术家的结果。某个统领全局的人具有一种对于组织和创始整个作品来说必须的更为复杂的个体灵感,这种情况也许是可能的,但它不能单独充分地说明那完成的杰作。"[3]

斯泰因克劳斯之所以提出"普遍灵感"和"集体灵感"作为奥斯本那的"特殊灵感"和"个体灵感"的补充,原因在于他想赋予不可言说灵感以规则,以便克服奥斯本那的灵感说中潜在的矛盾。在奥斯本那看来,灵感是没有任何规则可言

---

① Harold Osborne, "Inspiration", *British Journal of Aesthetics*, Vol. 17, No. 3 (Summer 1977), p. 251.

② W. E. Steinkraus, "Two Kinds of Inspiration-or More?" *British Journal of Aesthetics*, Vol. 19, No. 1 (Winter 1979), p. 38.

③ 同上书,第40页。

的,仅仅遵循规则不可能创造出具有审美特质的艺术作品。我们不可能"事先预见或规划一件体现所期望的审美特征的人工制品。不存在非审美的要素通过逻辑的和知性的规划组合起来所依据的原理和规则"①。但是,如果灵感没有任何原理和规则,为什么还存在关于灵感的理论呢?如果根本就不可能有关于灵感的理论,奥斯本那的灵感说不就成了无稽之谈?这就是奥斯本那的灵感说中所潜在的矛盾。在斯泰因克劳斯看来,如果采取普遍灵感的观念,这种矛盾是可以克服的。"如果一个创造性的艺术家具有一种普遍灵感,这就相对容易预测如果他按照严格的规则工作,其结果也将毫无疑问具有突生的审美性质。"②比如,巴赫的赋格曲是严格按照规则写出来的,这在音乐分析家眼里是非常清楚的,但巴赫的赋格曲也是灵感的产物。在巴赫这里,严格的规则似乎并不影响作品受灵感激发的审美性质。这就是"一般灵感"在起作用。这正是巴赫赋格曲比缺乏灵感而只按照规则作曲的音乐学院学生的赋格曲更有魅力的原因所在。在斯泰因克劳斯看来,如果灵感并不排斥规则,这就表明灵感是可以诉诸理性分析的,因而关于灵感的理论就是可能的。

不过,尽管斯泰因克劳斯的这种时间跨度长的"一般灵感"似乎可以缓和灵感与规则的矛盾,但它并没有解决奥斯本那的"特殊灵感"中所潜伏的矛盾,因为正如斯泰因克劳斯清醒地认识到的那样,"一般灵感"只是一种灵感,它并不能代替"特殊灵感",因此"特殊灵感"中所潜伏的矛盾依然存在,这种矛盾使得灵感说在解释艺术创造时显得非常无力,因为除了说有无灵感之外,我们再也说不出任何别的东西了。

三、创造与天才

相比起来,在解释艺术创造方面,天才比灵感更具有解释力。根据马松(J. H. Mason)的研究,在 18 世纪的欧洲,有两种不同的天才概念,即以休谟、狄德罗为代表的英法式的天才观,以及以康德为代表的德国式的天才观。马松的研究,对于我们全面了解天才概念的含义,以及天才概念诞生的社会背景,无疑是非常有意义的③。

---

① Harold Osborne, "Inspiration", *British Journal of Aesthetics*, Vol. 17, No. 3 (Summer 1977), p. 251.

② W. E. Steinkraus, "Two Kinds of Inspiration-or More?" *British Journal of Aesthetics*, Vol. 19, No. 1 (Winter 1979), p. 42.

③ John Hope Mason, "Genius in the Eighteenth Century", in Paul Mattick ed., *Eighteenth-Century Aesthetics and the Reconstruction of Art*, Cambridge: Cambridge University Press, 1993, pp. 210 - 239.

西方美学史上关于天才的论述以康德最有影响，以至于关于这个主题的讨论主要集中在新康德主义及其追随者那里。卡西尔就是其中的代表。在《启蒙哲学》的最后一章，卡西尔非常清晰地梳理了与美学有关的基本问题，其中的关键问题就是天才问题。18 世纪美学是在古典主义强调规则的普遍性和经验主义强调趣味的主观性的对峙中发展起来的，而突破或超越这种对立的就是一种崭新的天才观念。我们可以在莎夫茨伯利那里看到这种天才观念的雏形①。

在莎夫茨伯利看来，美的世界是一个超越的世界，我们既不能通过感性也不能通过理性而只能通过创造性的直观才能洞见那个超越的美的世界。具有这种创造性直观能力的就是天才。由此，莎夫茨伯利赋予了天才一种全新的含义。在莎夫茨伯利之前，流行两种天才观念：一种是将天才理解为崇高的理性，一种将天才理解为灵敏的感觉。“莎夫茨伯利与这两种天才观相去同样的远，因为，他有意识地把天才概念提高到超出了纯感觉和评价的领域，使之高踞于得体、情感、敏感(justeise，sentiment，dèlicatesse)之上，使之完全成为生产的、形成的、创造的力量。这样，莎夫茨伯利第一个为天才问题的未来发展创立了一个稳固的哲学核心。他赋予这个问题以确定的基本方向，从此以后，系统美学的真正创立者便锲而不舍地沿着这个方向去探索……就有了一条捷径直通 18 世纪德国思想史的基本问题，直通莱辛的《汉堡剧评》和康德的《判断力批判》。”②

在莎夫茨伯利看来，那个超越的世界既不属于理性的领域，也不属于经验的领域，而是作为理性和经验之基础的领域。从它所具有的这种基础性来说，它是真的，也是自然的。在这里，天才的艺术与沉默的自然并不矛盾。“艺术家的作品并不只是其主观想象的产物，也不是空洞的幻象；它是事物的真正本质，亦即事物的内在必然性和规律的表现。天才不是从外部而是从其自身内部得出自己的规律；它产生出这种规律的原始形式。由此可见，这种形式虽然不是源于自然，却与自然处于完全的和谐，它与自然的基本形式并不矛盾，相反，它发现并进一步证实了自然的基本形式。……天才不必去探寻自然或真，天才自身中就具有自然和真，它确知如果它始终忠于自己，那它就一定会一次接一次地遇见自然和真。”③

由于在那个超越的领域中，自然与创造一致，艺术创造似乎走向了它的反面，或者用黑格尔的哲学术语来说在更高的领域综合或扬弃了它的对立面。艺术创造一方面是艺术家自由意志的体现，另一方面又是自然的必然规律的体现。

---

① 卡西尔：《启蒙哲学》，顾伟铭等译，山东人民出版社，1996 年，第 310 页。
② 同上书，第 313—314 页。
③ 同上书，第 322 页。

在这个超越的领域里，自然与人为处于完全和谐统一的状态。这种超越的形而上学的领域，就是莎夫茨伯利的美学尤其是其天才理论的基础。

显然，莎夫茨伯利的这种美学构想与康德在《判断力批判》中表达的思想基本一致。正如卡西尔所指出的那样，"当康德在其《判断力批判》一书中把天才定义为给艺术订立规则的才能（自然天赋）时，他遵循着自己的路线，亦即对这一命题作了先验的解释；但仅就内容而言，康德的定义同莎夫茨伯利的思想，即与他的'直觉美学'的原则和前提是完全一致的。"①这种一致性不仅表现在康德为美学发现了一个超越的领域，而且在这个美的领域中自然与自由、真与善达到了高度的和谐。

众所周知，康德的哲学旨在调和理性主义和经验主义的矛盾，这种调和最终在他的《判断力批判》中得以完成。康德的《判断力批判》有一个重要的目的，那就是要将互不相干的前两大批判联系起来，将自然与自由、知性与理性联系起来。康德主要从自然美和天才艺术两个方面发现了这种联系。

事实上，康德所谓的美只是自然美，这不仅因为他的讨论常常只提及自然，而且只有自然美才符合他关于美的分析的结论。康德通过严密的分析得出，美的事物是无利害的、无概念的、无目的的。在所有事物中，只有自然物才符合这些条件。甚至可以说，康德为美所确立的那些规定，完全是以人工制品作为对立面的。自然的形式的合目的性原则也是为了确保无利害、无概念、无目的的自然却可以引起普遍可传达的愉快而设立的，这条原则不可能运用到人工制品之上。如果从艺术也是人工制品的角度来说，艺术就不会有美的品格。但康德区分了一般的艺术与美的艺术或天才的艺术，后者虽然也是人工制品，但它是人的自然部分起作用的结果，从这种意义上可以说它也是自然的产物。对于天才，康德是这样界定的：

> 天才是给艺术提供规则的才能（自然禀赋）。由于这种才能是艺术家天生的创造性能力而且就其作为天生的创造性能力而言本身是属于自然的，因此我们也可以这样来表达：天才就是天生的内心素质（ingenium），通过它自然给艺术提供规则。②

从这里可以看出，天才的艺术创造与对自然的科学认识完全不同：对自然的科学认识是人替自然立法，知性给自然颁布规则；但天才的艺术创造则是自然

① 卡西尔：《启蒙哲学》，顾伟铭等译，第322—323页。
② Immanuel Kant, *Critique of Judgment*, trans. Werner S. Pluhar, Indianapolis: Hackett Publishing Company, 1987, p. 174.

替艺术立法，自然给人的活动颁布规则。关于天才，康德还从四个方面进行了较详细的界定：

(1) 天才是一种产生出不能为之提供任何确定规则的那种东西的才能，而不是一种由对于那可以通过遵循某种规则来学习的东西的技巧所构成的素质；因此，天才的首要特性一定是独创性。(2) 由于胡闹也可能是独创的，因此天才的作品也必须是典范，即它们必须具有示范作用；因而尽管它们本身不是产生于模仿，但却必须供别人来模仿，即作为判断所依据的标准或规则。(3) 天才自己不能描述或科学地指明它是如何创作出自己的作品，相反，它作为自然提供规则。因此，如果一个作者将作品归功于他的天才，他自己就不知道他是如何依据那些理念而得到它的；他也不能随心所欲地或通过按照计划来设计那种作品，不能用规则将[他的创作过程]传达给别人以便他们能够创作出同样的作品。(实际上，这大概就是为什么天才这个词派生于[拉丁语]genius(守护神)的原因，[这个拉丁词意思是]每个人与生俱来所独有的守护和指引精神，那些独创性的理念就是由它的灵感引起的。)(4) 自然通过天才不是为科学、而是为艺术颁布规则，而且这也是就这种艺术是美的艺术而言的。①

康德关于天才的这几点概括性的描述，代表了西方美学关于天才理论的经典论述。前两项是强调自由和自然的统一，这种统一所依据的先天根据与自然美的先天根据一样，都是自然的形式合目的性原理。天才艺术家单凭自己身上的自然部分起作用，也可以是符合目的的，这就是他的作品不是模仿却可以被模仿的原因所在。第三点进一步强调天才创造的领域是一种超验的领域，包括天才本身在内都不可能有对这个领域的任何知识，天才只是创造但并不知道是如何创造的。最后一点限定了天才的适用领域，即天才只存在于艺术领域而不存在于科学领域。

康德的这种天才理论得到了新康德主义者的发展。事实上，卡西尔正是根据康德的天才观来整理和理解 18 世纪出现的各种天才学说的。同样的情况也体现在艾布拉姆斯对浪漫主义天才观的叙述中，天才的创造被等同于一种自然生长过程，人与自然在一个不可知的超越的领域又重新达成了和谐②。

以康德为代表的这种天才观念采取了一个形而上学的假定，即在一个超越的领域中，宇宙间的一切都是和谐有序的，真善美是合而为一的。但是，如果说这种形而上学的信仰在 18 世纪的德国还非常普遍的话，它在当时的英国和法国

① Immanuel Kant, *Critique of Judgment*, trans. Werner S. Pluhar, pp. 175－176.

② 艾布拉姆斯关于天才的论述，见《镜与灯：浪漫主义文论及批评传统》，郦稚牛等译，第 292—334 页。

却遭到了有力的怀疑和攻击。没有这种形而上学的信仰做担保,以康德为代表的那种德国式的天才观就难以成立,因此在当时的英法等国盛行另外一种天才观,一种标举冲突而不是和谐的天才观。只不过“因为关于这个主题的绝大多数论述是由新康德主义者或他们的追随者写出来的,问题的这个方面就常常被遮蔽起来了。然而,莱布尼兹或莎夫茨伯利不同于洛克,康德不同于休谟,他们用不同的方式辩护人类以某种方式参与其中的超验秩序的存在与一致性,他们对天才观念所作的贡献受到这种事实的影响。另一方面,对于曼德维尔(Bernard Mandeville, 1670—1733)、休谟和狄德罗而言,没有任何合理的理由去保持对任何超验实在、先验真理、或内在道德秩序的信仰。……新的现实要求一种新的思考方式”①。由此,我们便不难理解,马松为什么要将英法的天才观与德国的天才观对立起来,尽管这种对立既不清楚也不严格②,因为只有通过这种对立,才能显示那种被新康德主义者遮蔽了的天才观。

这种新世界是以商业贸易为主体的世界,在这种新世界中一切都处于快速的变化之中,没有什么是不可改变的先验原则。洛克的白板说和休谟的怀疑论为这个新世界提供了新的哲学解释。洛克的哲学告诉我们,人生来如同一张白纸,上面没有任何先天的印记;休谟的哲学告诉我们,这个世界上没有任何确定的东西,一切都是可以怀疑的。与这种新世界相应的天才观就不是主张和谐,而是主张冲突。天才意味着新异和原创,甚至意味着争斗和狂暴,天才的行为不仅无须符合自然规律和道德准则,而且常常是标新立异和反道德的③。

马松不仅指出了英法天才观与德国天才观的区别,而且分析了造成这种区别的原因。18 世纪的德国在政治、经济、宗教和一般的社会关系方面都不如英法那么开放和自由。“在德国,自由是与权威联系在一起的;个人权利被视为得到专制国家的保证,经济自由要受到官僚机构的指导,而自由思想要与宗教信仰相匹配。那里几乎没有城市化,且很少有任何那种存在于伦敦格鲁布大街(Grub Street)的小巷或法国的地下书市的标新立异的文化。”④这种不同的社会

---

① John Hope Mason, “Genius in the Eighteenth Century”, in Paul Mattick ed., *Eighteenth-Century Aesthetics and the Reconstruction of Art*, p. 235.

② 德国式的天才观和英法式的天才观的区别,采用的是马松的说法。不过,诚如马松自己所说,这种区别并不是非常严格的:“根据这里勾勒的英法观点和德国观点之间的对照对 18 世纪关于天才的讨论的描述,是在做一种选择性的阅读。这种对照既不像这里的说明所显示的那样是清楚明确的,也不是严格限定的。”(John Hope Mason, “Genius in the Eighteenth Century”, in Paul Mattick ed., *Eighteenth-Century Aesthetics and the Reconstruction of Art*, p. 233.)比如,歌德是德国人,他关于天才的主张却更接近英法的观点;莎夫茨伯利是英国人,他关于天才的主张又更接近德国的观点。

③ 关于英、法天才观的详细说明,见 John Hope Mason, “Genius in the Eighteenth Century”, in Paul Mattick ed., *Eighteenth-Century Aesthetics and the Reconstruction of Art*, pp. 216 - 225。

④ 同上书,第 236 页。

状况，是造成德国的保守天才观与英法的激进天才观之间的区别的根源。

德国新康德主义者关于天才的学说，掩盖了英法式的激进天才观。马松似乎想表明，这种掩盖，使我们忽视了那种似乎更加合理的天才观。因为在马松看来，那种看上去非常新式的英法天才观事实上在西方思想史上有更早的传统。"然而，我们当作新的东西，并不像它看起来那样新异，因为自从古典时期以来，就存在一种在根本上与康德和莎夫茨伯利的观点相对立的关于人类创造的看法。当曼德维尔说'最美的上层建筑可能产生于腐臭而卑劣的基础'、当休谟赞扬冲突所具有的价值、或者当狄德罗强调性欲的时候，他们都在重复那些具有像犹太-基督教传统一样古老的血统的观念，但自从古代终结以来它们就被后者的优势遮蔽了。在希腊的普罗米修斯(Prometheus)和代达罗斯(Daedalus)神话中，在索福克勒斯、柏拉图和伊壁鸠鲁的著述中，人类创新的能力不是与统一、秩序、和谐、永恒和精神性联系在一起，而是与多样、无序、冲突、变化和肉体性联系在一起。在文艺复兴时代，这种观点在马基雅维利(Machiavelli)的《君主论》(*The Prince*)中得到了强有力的表达，但这部作品结果被视为令人反感的反常，而不是那个漫长传统的一部分。"①

如果说18—19世纪的浪漫艺术更多的体现的是德国式的天才创造观念的话，那么19世纪后期以来的现代主义和前卫艺术则更多的体现的是英法式的天才创造观念，因为它们只是一味地追求新异性，而不管所追求的新异性究竟具有怎样的价值。

四、创造与实验

马松所重新发现的那个英法式的天才观念，在20世纪的现代艺术中得到了明显的体现。现代艺术家所理解的创造，就是单纯的创新，不管它是否具有统一、秩序、和谐、永恒和精神性等价值。艺术创造被等同于永远求新的实验。

追求新异性，是现代艺术的一个重要的特征。正如贡布里希(Ernst Gombrich, 1909—2001)所说，"在谈'现代艺术'时，人们通常的想象是，那种艺术类型已经跟过去的传统彻底决裂，而且在试图从事以前的艺术家未曾梦想过的事情。"②现代艺术的这种特征，使得它好像从艺术发展的历史中游离出来了，

① John Hope Mason, "Genius in the Eighteenth Century," in Paul Mattick ed., *Eighteenth-Century Aesthetics and the Reconstruction of Art*, pp. 235 - 236.

② 贡布里希：《艺术发展史》，范景中译，林夕校，第310页。

如果说我们可以比较清楚地看到历史上各种艺术现象之间的前后影响关系因而说它们构成了一部艺术史的话，我们在现代艺术中则看不到这种影响关系，各种新异的现象好像是平行展开的，它们是同时向我们展现的纷繁的群星，星座与星座之间没有历时关系。因此，贡布里希感叹，尽管将一部艺术史一直写到当前是非常有诱惑力的，但对于20世纪的艺术史来说是尤其困难的，因为“如果确实有什么东西标志着二十世纪的特征，那就是实验各种各样想法和材料的自由”①。

由于将创新视为艺术的最重要甚至是唯一的标志，20世纪的艺术家有一种前人从未有过的影响的焦虑。一个艺术家仿佛只有标明自身的独创性，才能获得艺术家的身份。“美学领域里每一次重大的觉醒似乎意味着越来越善于否认曾经受到过前人的影响；与此同时，一代一代的追逐声名者不断地将别人踩翻在地。”②为了标明这里的艺术是独创性的，艺术家们开始清洗自己身上的传统印记。如美国诗人史蒂文斯在写给另一位诗人理查德·埃伯哈特的信中说：

我非常同情你对我这方面的任何影响之否认。提起这类事总会使我感到刺耳。因为，就我本人而言，我从来没有感到曾经受到过任何人的影响；何况我总是有意识地不去阅读被人们拱若泰斗者如艾略特和庞德的作品——目的就是不想从他们的作品里吸收任何东西，哪怕是无意中的吸收。可是，总是有那么一些批评家，闲了没事干就千方百计地把读到的作品进行解剖分析，一定要找到其中对他人作品的呼应、模仿和受他人影响的地方。似乎世界上就找不到一个独立存在的人，似乎每一个人都是别的许多人的化合物。③

在这些现代诗人和艺术家看来，他们的作品完全是独创的，即使在某些方面与过去的传统不谋而合，那也决不能说是传统影响了自己，最好解释为通过自己的独创发现了被人遗忘的传统。还是那位极具个性的史蒂文斯非常坦率地说：

当然，我并不否认我也来自“过去”；但是，这个“过去”是属于我自己的过去，上面并没有打上诸如柯勒律治和华兹华斯等人的标记。我不知道有什么人对于我具有特别的重要意义。我的“现实-想象复合体”完全属于我自己，虽然我在别人身上也看到过它。④

在史蒂文斯看来，在别人身上发现的那些与自己相似的特征，并不能证明自己受到了别人的影响，因为这可能只是一种偶然的相似。

① 贡布里希：《艺术发展史》，范景中译，林夕校，第336页。
② 布鲁姆：《影响的焦虑》，徐文博译，三联书店，1989年，第4页。
③ 同上书，第5页。
④ 同上。

对于现代艺术对创造和新异性的追求，阿多诺的美学给予了很好的理论总结；不过，阿多诺对于新异性的理解是非常独特的。对此，比格尔(Peter Bürger，1936)做了很好的分析。比格尔列举了历史上出现过的三种不同的新异性概念，即宫廷诗人、法国悲喜剧作者以及俄国形式主义者所追求的新异性。宫廷诗人只是在同样的主题和现成的基调的基础上追求有限的变异，法国悲喜剧者只是在追求一种令公众惊奇的效果，俄国形式主义者只是在追求新异的技巧。“在这三种情况下，新异性的意义与阿多诺在使用这个概念来表示现代主义时的意义有着根本的不同。在现代主义中，我们所拥有的既不是一种体裁(‘新’歌)的狭窄的限制中的变异，也不是保证惊异效果(悲喜剧)的图式，更不是在一个特定体裁的作品中文学技巧的更新。我们不是在发展，而是在打破传统。使现代主义的新异的范畴与过去的、完全合理地运用同样范畴相区别的是，与此前流行的一切彻底决裂的性质。这里所否定的不再是在此以前流行的艺术技巧或风格原理，而是整个艺术传统。”①由此可以看出，阿多诺所理解的现代艺术的创造，与美学史上出现的任何创造概念都不相同。现代艺术对新异性的追求与其说是一种创造，毋宁说是一种革命。由此，我们便不难理解阿多诺为什么对传统美学的灵感、天才和独创性观念持批判态度，因为这些传统的与创造相关的观念都是指艺术传统之中的创新，至少没有达到对整个艺术传统进行彻底否定的程度。

阿多诺的这种思想与他的否定辩证法有关。与黑格尔将辩证法理解为对立双方的和解不同，阿多诺的否定辩证法中没有和解，只有不断的否定。在阿多诺看来，最能体现这种否定辩证法精神的就是现代艺术。现代社会的工具理性使得整个社会现实都服从同一性(identity)原则，进而造成了现代社会的不公正性和虚假性。以通俗艺术为主体的文化产业不仅是工具理性的同一性思维的产物，而且麻痹人们对非同一性(nonidentity)存在的敏感，让人们对工具理性的统治逆来顺受。现代主义艺术的革命性就体现在对非同一性存在的拯救。现代艺术不仅颠覆以往的所有艺术传统，而且还不断否定自身，体现了阿多诺的否定辩证法不断指向差异性的特征，因此阿多诺将人类解放的希望寄托在不断创新的、不断展示非同一性思维的现代家身上。利奥塔正是在这种意义上来理解现代艺术的。现代艺术精神就是一种不断的自我否定精神。“所有接受到的东西都必须被怀疑，即便它只有一天的历史……塞尚挑战的是什么样的空间？印象主义者的空间(图7，图8)。毕加索和布拉克(Braque)挑战的是什么样的物体？塞尚的物体(图9)。杜尚在1912年与何种预先假定决裂？与人们必须制作一幅

---

① 彼得・比格尔：《先锋派理论》，高建平译，商务印书馆，2002年，第133—134页。

画——即便是立体主义的画——的想法(图 10)。而布伦(Buren)又检验了他认为在杜尚的作品中安然无损的另一预先假定:作品的展示地点(图 11)。'一代一代'以令人吃惊的速度闪过。"①

阿多诺这里所说的现代艺术和利奥塔所说的后现代艺术,也就是所谓的前卫艺术。不过,前卫艺术在不断实验中的自我否定会造成一种悖论,那就是最终没有任何艺术可以称得上前卫艺术。霍罗威茨(Gregg Horowitz)指出:"所有对前卫艺术的当代状况的负责任的探究,都必须认可那种艺术可能并不存在。这种非存在性对于许多人来说将是一个令人沮丧的消息,因为尽管前卫艺术这个概念可能什么也没有涉及,但许多作家和艺术家仍然继续投入其中,好像它照亮当代艺术和审美实践的能力是一种理所当然的事情。"②霍罗威茨进一步分析说:

如果前卫主义确实是一种艺术界现象,那么为什么"前卫艺术"不具备有意义的概念内容就变得非常清楚了;更确切地,就像它的名字所显示的那样,它对一种趋势的前锋的选择,将威胁着要破坏其领域的完整性,"前卫"意味着艺术世界机构以一种致力于隐藏在历史哲学的外表之下的目的的方式重新配置其状态(一种像艺术市场一样古老的现象)的发动机。遵照这种用法,就会产生这种古怪的结果:一个人可以很有理由地不再称呼当代抽象表现主义绘画为当代艺术的前卫,因为它现在被装置和影像艺术所统治。③

显然,今天最具前卫精神的装置和影像艺术在不久的将来又会被新的艺术形式所否定,由此,我们可以说有一种前卫精神,而很难说有一种前卫艺术。

事实上现代艺术对新异性的追求很难称得上是一种创造,因为创造一词不仅意味着标新立异,而且意味着具有正面的价值。根据阿尔佩松的总结,一般的美学家都会承认,艺术中的创造性至少有三个相互关联的方面:"第一,艺术中的创造通常被认为是某种具有正面价值的东西。'创造的'(creative)一词无论是用于艺术家还是作品,都差不多总是一种荣誉性的术语,一种在适当的文化语境中具有肯定性评价的术语。尤其是艺术中的创造性被认为是艺术的完美性的一种重要性质或维度。第二,'真正的'创造是一种十分稀罕的成就。……艺术中的创造性似乎要求一种或一组将艺术家与一般类型的人类区别开来的特别才能。第三,我们通常将创造性与独创性(originality)联系起来,与生产某种在某

① 利奥塔:《后现代性与公正游戏》,谈瀛洲译,上海人民出版社,1997 年,第 138 页。

② Gregg Horowitz, "Aesthetics of the Avant-Garde", in Jerrold Levinson ed., *The Oxford Handbook of Aesthetics*, Oxford: Oxford University Press, 2003, p. 748.

③ 同上书,第 749 页。

种重要意义上是新的或唯独的东西联系起来。"①

现代艺术对新异性的追求符合阿尔佩松所总结的创造的第三个方面的含义,但很难说符合第一方面和第二方面的含义。当然,如果要从根本上批判现代艺术的创造观念,我们需要一种关于创造的成熟的哲学理论,并以此为依据来界定创造的实质。

五、创造的实质

关于创造的实质,比尔兹利为我们提供了一种可以信赖的理论。比尔兹利认为,创造过程是发生在起始和终结之间的一段心理和物理活动②。对此,艺术家自身的说明以及心理学家和哲学家的研究,都有助于我们理解创造过程的实质。鉴于艺术家自身的说明通常比较主观随意,我们这里就不予罗列。

从心理学的角度对创造的研究,主要表现在对创作过程的阶段划分上。比较成熟的理论通常将创造过程区分为四个阶段:准备、酝酿、灵感、制作。在准备阶段,创造者朦胧地意识到要解决的问题,并开始胡乱努力去试图解决问题;在酝酿阶段,开始对问题有了有意识的注意;在灵感阶段,创造者获得洞见、发现或启迪;在制作阶段,创造性的观念得到清晰的表达③。这种心理学研究事实上并没有澄清创造的实质,因为创造的高潮阶段即灵感阶段仍然是不可解释的。

对我们理解创造的实质能够提供较大帮助的,是一些哲学家的研究,比如比尔兹利的研究。比尔兹利反对将创造等同于一种灵感或无意识的冲动,尽管创造不是由因果关系能够解释清楚的,但他还是主张创造过程"至少是部分地受控制的。因此,对于美学家来说,问题就是:什么是这种控制的实质?"④

对于这个问题,美学史上主要有来自两个方面的答案,比尔兹利将它们概括为"推进理论"(Propulsive Theory)和"目的理论"(Finalistic Theory)。比尔兹利认为这两种理论都不能很好地解释创造的本质,他说:"根据我将称之为推进理论的理论,起控制作用的东西是某种在创造过程之前就已经存在了的东西,它

① Philip Alperson, "Creativity in Art", in Jerrold Levinson ed., *The Oxford Handbook of Aesthetics*, pp. 245-246.

② Monroe C. Beardsley, "On the Creation of Art", in Morris Weitz ed., *Problems in Aesthetics*, p. 386.

③ Philip Alperson, "Creativity in Art", in Jerrold Levinson ed., *The Oxford Handbook of Aesthetics*, p. 247.

④ Monroe C. Beardsley, "On the Creation of Art", in Morris Weitz ed., *Problems in Aesthetics*, p. 390.

自始至终统治着创造过程。根据我将称之为目的理论的理论，起控制作用的东西是创作过程瞄准的最终目标。毫无疑问，在某些哲学家的心目中，这两种理论是相互交叉的，也许我们不必硬将它们彻底区别开来，但是即使它们不是两种理论，它们至少是两种错误，这正是我主要想指出的。"①

推进理论的典型代表是主张艺术即表现的科林伍德，因为他主张艺术创造是将某种事先已经存在的但不能明言的情感表现出来，艺术创造是受那种业已存在的情感的驱使，整个创造过程都要受到那种情感的控制。对于这种推进理论，比尔兹利提出了两方面的批评。首先，既然在表现之前我们无法确知驱动我们表现的那种情感是什么，我们怎么能够知道我们的创造过程一直受那种情感的驱使？甚至我们怎么知道表达出来的就是那种驱动我们去表现的情感？对此，科林伍德不能从理论上给予很好的解释。其次，科林伍德将表现理解为混沌情感的澄清（clarifying）的观点也是有问题的，至少是不清楚的，因为许多艺术家通过作品将情感表现出来之后，情感似乎并没有得到澄清，我们（甚至包括艺术家本人在内）仍然很难确定他究竟表现的是怎样的情感。

比尔兹利将艾克（David Ecker）当作目的理论的代表。艾克将创造过程理解为由一系列的问题和解决构成，它可以用手段和目的这对范畴来进行分析。艺术家要解决的问题比如说要画一幅画或写一首诗，这是他将要达到的目标，对这个问题的各种各样的解决方案是达到这个目标的手段。艺术家的解决方案即手段都要受到他的问题即目标的控制。只要稍做比较，就可以看出艾克与科林伍德之间的明显差异。在科林伍德看来，艺术家在成功地表现自己的情感之前并不知道自己是要绘画还是要写诗，情感表现为画就是画，表现为诗就是诗。在艾克看来，艺术家必须有明确的绘画或做诗的目标，艺术创作过程必须受到这个目的的控制，为了实现自己的目标，艺术家可以选择唤起或不唤起某种相应的情感。比尔兹利对艾克的理论从细节上做了许多批评。不过，这种理论的最大问题还是在于，它并没有显示创造活动的实质，因为任何人类活动都可以根据手段和目的这对范畴来解释。

比尔兹利意识到创造过程中的控制问题是非常复杂的，控制不是源于某种过去的东西，也不是源于某种未来的东西。过去的情感、未来的目的都是创造过程之外的东西，真正的控制内在于创造过程之中。"艺术家对创造过程的控制的真正本质，是任何寻找单个导向因素的人都理解不了的，无论这种因素是需要还是目的。控制内在于过程自身。……每一发生在艺术作品中的单个创造过程都

---

① Monroe C. Beardsley, "On the Creation of Art", in Morris Weitz ed., *Problems in Aesthetics*, p. 391.

产生自己的方向和动力,因为每一时刻的批判性控制力都是未完成的作品自身的某个阶段或情形,是作品呈现的可能性,以及作品所允许的发展。"[①]也就是说,创造过程的控制力既不是来源于过去的某种东西,也不是来源于未来的某种东西,而就处在现在的创造过程之中,是作品自身在起控制作用,而不是作品之外的原因或结果在起控制作用。任何作品之外的因素起控制作用的行为,都不是真正的创造性行为。根据比尔兹利的创造观念,与其说是艺术家在创造,还不如说是艺术作品自身在创造。比尔兹利这样说:

这种看待艺术创造性的方式也许将艺术家贬低了,因为它不是把艺术家而是把作品本身当作创造性的东西。但我不这样认为。我没有忘记,人差不多是所有我们拥有或者将很可能拥有的伟大作品的制作者。不过,艺术作品的最精美的性质不能直接地和依据规则地附加给它;艺术家最终只能操作媒介因素,以便媒介让那些性质显现出来。艺术家只能通过发现一列具有庄严性质的音符来创造一段庄严的旋律。最终推动他创作的力量,不是他自己的,而是自然的。他所制造的奇迹,是内在于自然自身中的展示创造性潜力的奇迹。然而,当艺术家以这种方式一再向我们显明自然潜力的极大丰富性的时候,他也向我们展示了一种人类希望控制自然的模式,以及一种人类希望控制自己的模式。艺术创造只不过是一个自我创作对象的生产。我们显示我们居住在大地上的统治力和价值,是我们按照宇宙的规律和人类的心理倾向有智慧地利用了那些被给予的对我们起作用的东西。在这种宽泛的意义上,我们都是被选中为或者也许是被宣判为艺术家。在最困难的时候让我们继续坚持下去的东西,是这样一种暗示:不是所有应该在适当的时候显现的形式、性质、意义都已经真相大白,我们不知道宇宙能够提供的或者宇宙凭其材料可以达到的东西的限度。[②]

比尔兹利从对创造过程的清晰分析出发,得出了具有相当浓厚的神秘色彩的结论,这是不足为怪的,因为如果人们能够从理论上弄清楚究竟什么是创造,那也就不需要真正的创造行为了,不需要体现创造行为的艺术了。根据比尔兹利的这种创造理论,现代艺术对新异性的追求很难算得上是一种真正的创造,因为现代艺术家除了相信自我的创造力之外,不再倾听任何东西,更没有耐心去倾听自然的教诲。

---

① Monroe C. Beardsley, "On the Creation of Art", in Morris Weitz ed., *Problems in Aesthetics*, pp. 395 - 396.

② 同上书,第 460 页。

六、创造的结果

如果说创造的结果不必然是新奇，那么会是什么呢？从前面引证的阿尔佩松的观点可以看出，创造的结果不仅要新奇，而且要有正面价值，获得肯定性评价。新奇既可以体现正面价值，也可以体现负面价值，因此不是所有的新奇都可以被认为是创造的结果。在我看来，鉴于创造活动不是人的单方面行为，而是人与自然和谐相融的结果，是某种深潜于人与物之中的力量的显现，那么创造的结果就有可能是两方面的：一方面是生动之物，一方面是生动之人。

关于生动之物，我想借用稻田龟男所讲的一个故事来说明。故事是这样的：

十九世纪七十年代，为了表示友好，清朝政府派出了一队工程师和木匠，前往剑桥大学修建一座拱形木桥。这座木桥在较短的时间内就被造好，并吸引了来自全英国的访问者。原因在于它的新奇的结构：这是一座不用钉子、螺母和螺栓，完全榫合的木头桥！对这件事最好奇的人是剑桥大学的一批科学家。他们非常仔细地研究这座桥的结构，分析每一块榫接件的应力，但还是无法了解它的支撑力的基础和部件的结合方式。过了一段时间，有人想出了一个好主意：干脆把这座桥一块一块地拆开，在此过程中将每一部件拍下照片并详加分析。因此，这些科学家向有关当局提出了拆桥的申请，理由只是为了通过研究它推动科学技术的进步。这个申请得到了批准。这批科学家以极大的兴趣和百分之百的信心来投入这项工作，坚信这个所谓“榫接木桥的秘密”将很快地被公布于世。拆桥的工程进展得非常平稳有序；每一块部件都被照相、编号并详细记下有关的一切信息。整个工作都是以最小心和最精细的方式完成的。现在终于到了该重新组装这座桥的时候了。可是，当这些科学家开始组装较大的部件时，他们陷入了完全的困境。这些部件无法凭借自身而相互支撑起来，尤其是当有重量压在上面时就更是这样。他们从不同的角度、用不同的方式尝试了无数次，但毫无结果。要重新组装这座跨度大约为50 英尺的桥的努力就这样以失败而告终。科学家们也只得承认这个对他们而言是灾难性的事实。在一筹莫展的情况下，他们最终决定还是用螺母和螺栓这些属于科学时代的东西把所有部件组合起来。这就是关于女王学院的桥的故事。它今天还站在那里，很不自然地绷紧着自己，将学生们载过剑河的狭窄的拐弯处。令人深思的是，曾产生过像牛顿和罗素这样光辉人物的剑桥大学的智力居然无法解开这个特殊的中国之谜。[①]

之所以会出现这种灾难性的结局，在稻田龟男看来，是因为剑桥的科学家们忽视了道的地位和功能。稻田龟男说："这道通过它的动源（dynamics）而表露于天、地、人的和谐的三相关系之中。这个动源实际上就是'非存在之中的存在'（无中之有）的独特功能。我将这种功能称为'东方的动源'（Oriental dynamics）。东方的动源的新异性在于它并不否定也不限制任何东西，而是让所有的存在者在一个综合的构架中进入它们的角色。正如已故的方东美表达中国的生命方式时所说的，它代表了一种'广大的和谐'。"[②]在我们看来，这种"东方的动源"就是中国哲学中作为宇宙本体的"生"。循"生"而动，就会创造出自然的、生动的作品，这种作品仿佛有生命一样，具有一种内在的、有机的统一性；逆"生"而动，就只能制作非自然的、无生命的、不具备有机统一性的东西。现代科学技术所制作的大多是后一种不生动的东西。

由于依本然的"生"而进行的创造行为，实际上是人本然的生命行为，人在这种生命行为中能获得一种最大限度的和谐（即所谓"广大的和谐"），因此，这种生命行为的最终结果是造就一个生动的人。这里所说的生动，并不是单指身体上充满活力或单指思想、气质上的敏捷与活跃，而是指人的心、身乃至身外之物能为一气所贯通，表现为人对周围世界的敏感与灵通。所以我们所说的创生并不像西方思想那样表现为人对自然的征服与改造，而是表现为对一种和谐的生命体和生存环境的营造。

人们的日常生活总是充满着各种因果关系，至少受到日常时空关系的限制，因此从过去到未来，从这里到那里，无不为因果关系所制约。但审美活动可以中断日常的时间流程，天才的艺术创作可以中断整个历史的流程。审美活动可以使我们从日常生活中超越出来，但这种超越既不是向一种时间上在先的东西的超越，也不是向一种在时间之先的东西的超越[③]，而是向一种本然的生存状态的超越。在这种本然的生存状态中，人与宇宙完全融为一体，人的活动也就是宇宙的脉动，这种脉动正是我们苦苦追求的艺术创作的创造性"动源"。

---

① 稻田龟男：《道、佛关于经验的形而上学及其挑战》，张祥龙译，载陈鼓应主编：《道家文化研究》第六辑，上海古籍出版社，1995年，第393—394页。

② 同上书，第395页。

③ 关于时间上在先、逻辑上在先、在时间之先的区分，参见张世英：《天人之间——中西哲学的困惑与选择》，人民出版社，1995年，第242—256页。

思 考 题

1. 什么是创造?
2. 什么是灵感?
3. 什么是天才?
4. 为什么说现代艺术对新异性的追求不完全是创造行为?
5. 如何理解创造的结果?

推 荐 书 目

Milton C. Nahm, "The Theological Background of the Theory of the Artist as Creator", in Peter Kivy ed. , *Eassys on the History of Aesthetics*, Rochester: University of Rochester Press, 1992.

Morris Weitz, "The Role of Theory in Aesthetics", in Morris Weitz ed. , *Problems in Aesthetics*, second edition, New York: Macmillan Publishing Co. , 1970.

Paul O. Kristeller, "'Creativity' and 'Tradition'", in Peter Kivy ed. , *Eassys on the History of Aesthetics*, Rochester: University of Rochester Press, 1992.

Harold Osborne, "Inspiration", *British Journal of Aesthetics*, Vol. 17, No. 3, Summer 1977.

W. E. Steinkraus, "Two Kinds of Inspiration-or More?", *British Journal of Aesthetics*, Vol. 19, No. 1, Winter 1979.

John Hope Mason, "Genius in the Eighteenth Century", in Paul Mattick ed. , *Eighteenth-Century Aesthetics and the Reconstruction of Art*, Cambridge: Cambridge University Press, 1993.

Philip Alperson, "Creativity in Art", in Jerrold Levinson ed. , *The Oxford Handbook of Aesthetics*, Oxford: Oxford University Press, 2003.

Monroe C. Beardsley, "On the Creation of Art", in Morris Weitz ed. , *Problems in Aesthetics* in Morris Weitz ed. , *Problems in Aesthetics*, second edition, New York: Macmillan Publishing Co. , 1970.

艾布拉姆斯：《镜与灯：浪漫主义文论及批评传统》，郦稚牛等译，北京大学出版社，1989年。

科林伍德：《艺术原理》，王至元、陈华中译，中国社会科学出版社，1985年。

卡西尔：《启蒙哲学》，顾伟铭等译，山东人民出版社，1996年。

第六章　审美解释

本章内容提要：对艺术作品的欣赏，不仅需要直觉，而且需要解释。没有解释，我们就很难理解作品的意义。甚至有人认为，作品的意义就存在于读者的解释之中。我们根据什么来解释艺术作品？是根据艺术家的意图，还是根据作品本身？本章围绕当代美学关于“意图主义”和“反意图主义”的争论，展示解释在审美活动中的复杂性。

对艺术作品的欣赏，关键要理解艺术作品传达的意义。好的艺术批评，不仅要对艺术作品的地位给予客观评价，而且要帮助读者发现作品中不容易为人发现的意义，将作品中的“微言大义”解释出来。如何来解释作品的意义？作品的意义是由作者的意图决定的吗？换句话说，艺术家的意图在艺术作品的解释中究竟扮演了怎样的作用？这是当代美学中引起广泛争论的一个议题。从20世纪40年代比尔兹利和威姆塞特（W. K. Wimsatt, 1907—1975）提出著名的“意图谬误”（intentional fallacy）之后，美学界就没有停止过关于意图的争论。

在我们的日常谈话中，说话者的意图决定着他的话语的意义，或者说说话者的意图就是他的话语所表达的真理，这本来是一件非常平常的事情。但是，如果说艺术家的意图决定艺术作品的意义，就会引起很大的争议。以比尔兹利为代表的美学家，主张艺术家的意图与我们对艺术作品的意义的解释毫无关系，从而形成了所谓的反意图主义（anti-intentionism）的阵营。以赫什（E. D. Hirsch, 1928—　）为代表的美学家，主张艺术作品的意义与艺术家的意图密切相关，从而形成了所谓的意图主义（intentionism）的阵营。概略地说，在差不多长达六十年的论争当中，反意图主义阵营在前三十年取得了压倒性的优势，意图主义阵营则在后三十年有逐渐走强的趋势。当然，随着论争的发展，意图主义和反意图主义之间的边界在逐渐模糊，最后蜕化成为实际的意图主义(actual intentionalism)和假设的意图主义(hypothetical intentionalism)之间的论争。

一、浪漫主义文艺批评中的意图主义倾向

在19世纪和20世纪初的美学领域中,占主导地位的是唯心主义美学和与之相关的浪漫主义文艺批评,艺术表现理论是这种唯心主义美学和浪漫主义文艺批评的典型代表。表现论对于模仿说或再现论的胜利,意味着浪漫主义美学最终战胜了古典主义美学。

表现论和再现论不仅是两种截然不同的艺术创作理论,而且引发了两种非常不同的艺术欣赏和批评理论。简要地说,根据再现论,艺术作品是对现实生活的再现,因此艺术作品的意义就在于它所忠实地反映的现实生活,艺术作品的意义是由它所再现的现实生活决定的;根据表现论,艺术作品是艺术家主观情意的表现,因此艺术作品的意义就在于它所成功地表现和传达的艺术家的主观情意,艺术作品的意义是由它的作者的主观情意或内在意图所决定的。由于艺术家的意图决定了作品的意义,因此发掘和澄清艺术家的意图就成了艺术批评的主要目的,于是传记批评(biographical criticism)成为浪漫主义文艺批评中的一种主要形式。比如,罗兹(J. L. Lowes, 1867—1945)于1927年出版的《通往赞纳都之路》(*The Road to Xanadu: A Study in the Ways of the Imagination*)就是关于诗人科勒律治的传记批评的经典之作。

由于表现论有各种不同的版本,它们所影响的意图主义批评也有一些细微的差别。我们可以简要地将表现论分为两类:一类是以克罗齐(B. Croce, 1866—1952)和科林伍德为代表的直觉-表现(intuition-expression),一类是以托尔斯泰和杜威为代表的交流-表现(communication-expression)。这两种表现论的根本区别是:直觉-表现论在表现之前不知道要表现的确切内容,交流-表现论在表现之前就知道要表现的确切内容。

直觉-表现论强调艺术家在表现之前并不知道自己要表现什么,只有通过成功的表现才知道或直觉到自己的表现内容,这样的表现本身就是艺术家的一种自我认识和自我探测活动。正如科林伍德说:"当说起某人要表现情感时,所说的话无非是这个意思:首先,他意识到有某种情感,但是却没有意识到这种情感是什么;他所意识到的一切是一种烦躁不安或兴奋激动,他感到它在内心进行着,但是对于它的性质一无所知,处于这种状态的时候,关于他的情感他只能说:

'我感到……我不知道我感到的是什么。'"①如果艺术家事先确切知道自己的情感,在科林伍德看来他所接下来的具体化活动就不是真正的表现而是对已知情感的再现。

与直觉-表现论不同,交流-表现论认为艺术家在表现之前就已经知道自己的情感,艺术家进行表现的目的不是自我认识,而是与观众进行交流。托尔斯泰说:"在自己心里唤起曾经一度体验过的情感,在唤起这种感情之后,用动作、线条、色彩、音响和语言所表达的形象来传达出这种感情,使别人也体验到这同样的感情,这就是艺术活动。艺术是这样的一项人类的活动:一个人用某些外在的符号有意识地把自己体验过的感情传达给别人,而别人为这些感情所感染,也体验到这些感情。"②艺术的目的在于将艺术家体验到的情感传达给别人,让别人也体验到同样的情感。

由此可见,尽管同为表现论,托尔斯泰的交流-表现论与科林伍德直觉-表现论之间存在很大的不同。由于这两种表现论之间存在明显的差异,与之相关的艺术欣赏和批评也有一些细微的差异。对于托尔斯泰的那种交流-表现论来说,由于艺术作品所表现的内容是艺术家事先体验到的,批评家的任务就是尽可能从其他材料中发现艺术家对于所表现的情感内容的直接说明。艺术家关于自己所表现的内容的说明具有绝对权威的地位,任何关于艺术作品的解释都不得违背艺术家自己的说明。以艺术家关于自己表现内容或意图的说明作为解释的依据,这就是所谓的意图主义。

但是,这种情况似乎不太适合于科林伍德为代表的那种直觉-表现论。按照直觉-表现论,由于艺术家对于自己想表现的内容并没有明确的意识,因此除了作品之外他就不可能对自己的创作意图有任何另外的清楚说明,批评家也就无法找到艺术家关于自己意图的直接说明作为解释的标准。当然,批评家可以通过详细考察艺术家的生活情形来猜测艺术家的意图,但是批评家与其通过艺术家的各种传记材料来猜测艺术家的创作意图,还不如通过作品本身来领会作者的意图。由此,以克罗齐和科林伍德为代表的那种直觉-表现论在支持一种宽泛的传记批评之外,也可能支持一种回到作品本身的批评方式,即 20 世纪四五十年代盛行的新批评(new criticism)所推崇的反意图主义的批评方式。

---

① 科林伍德:《艺术原理》,王至元、陈华中译,中国社会科学出版社,1985 年,第 112—113 页。

② 托尔斯泰:《什么是艺术?》,丰陈宝译,载《列夫·托尔斯泰文集》第十四卷,人民文学出版社,1992 年,第 174 页。

二、反意图主义的盛行

作为对浪漫主义传记批评的反动，新批评强调对艺术作品的文本做客观的分析，将批评的对象严格限制在艺术家公开发表的文本上，不涉及文本之外的任何东西。作为新批评的主要思想家，比尔兹利和威姆塞特“意图谬误”是对新批评的特征的最好概括，同时将矛头直接对准此前盛行的浪漫主义的传记批评。

“意图谬误”的主张最早于1943年由比尔兹利和威姆塞特在替《世界文学词典》(*Dictionary of World Literature*)撰写的词条“意图”(intention)中提出。1946年比尔兹利和威姆塞特在《斯旺尼评论》(*Swanee Review*)上联合发表《意图谬误》一文，从而展开了意图主义和反意图主义之争的序幕。在这篇文章中，他们明确主张“对于作为判断文艺作品是否成功的标准来说，作者的设计或意图既不可用也不合意”[①]。尽管从分析美学的角度来说，这篇文章要表达的意思不够清晰和集中，也缺乏必要的论证，但通过仔细阅读我们还是可以总结出作者们几个方面的主要意思：(1) 否认艺术家的意图与文学作品的解释具有任何关系；(2) 认为诗歌中的真正说话者是一种“戏剧性的说话者”(dramatic speaker)而不是作者自身；(3) 主张可以将关于作者传记和心理的“个人研究”(personal studies)与关于文本的“诗学研究”(poetic studies)区别开来，认为批评家的任务是进行“诗学研究”而不是“个人研究”[②]。

由于“意图谬误”的主张力图从根本上颠覆此前盛行的意图主义文艺批评，因此它也招致了意图主义文艺批评的激烈批评。为了回应批评者的批评，比尔兹利和威姆塞特随后都对“意图谬误”的主张进行了更加严密的论证。这些论证概括起来有这样三个方面。

首先，比尔兹利明确提出了“两个对象的论证”，认为艺术作品与艺术家在本体论上是全然无关的两种东西：艺术作品是物，艺术家是人。意图是艺术家中的私人事务，作品是艺术界的公共事务，二者不能混为一谈。批评家的任务是研究艺术作品，而不是研究艺术家。如果批评家去关注艺术家的心理和个人经验，就明显离开了批评家应该关注的对象[③]。

---

① W. K. Wimsatt and M. C. Beardsley, “The Intentional Fallacy”, in James O. Young ed., *Aesthetics: Critical Concepts in Philosophy*, London: Routledge, 2005, Vol. 2, p. 194.

② 同上书，第194—208页。

③ M. C. Beardsley, *Aesthetics*, 2nd ed., New York: Hackett, 1981, p. 25.

其次，比尔兹利进一步阐发了在《意图谬误》中提出的“戏剧性说话者的论证”，认为在所有文学作品中我们都能找到一种特别的说话者，也就是戏剧性说话者。文学作品中的这种说话者不是作者，或者说只是作者假装的样子，不能将戏剧性说话者及其意图与作者及其意图等同起来①。

再次，比尔兹利提出了一种许多反意图主义者都共有的“意义论证”，认为文学作品的意义不是由作者的私人意图决定的，而是由字典中的词语意义和语法决定的。从作者的意图角度来说，作者可以通过特殊的规定而使任何一个词语具有任何一种意思，比如用“红”这个词语来表达“绿色”的意思，但读者并不会根据作者的意图将“红”这个词语的意义理解为“绿色”，而是根据字典将“红”的意义理解为“红色”。由此，我们只能根据字典、语法等大家共有的东西来理解作品的意义，而不能根据作者的私人意图来理解作品的意义②。

经过比尔兹利和威姆塞特的论证，“意图谬误”由最初的稍嫌武断和任意的主张变成了一项公认的新批评的纲领，成为美学和文艺批评领域中一项占主导地位的原则。更重要的是，反意图主义并没有随着新批评的衰落而衰落，因为它继续在结构主义、后结构主义和马克思主义文艺批评中获得了更强大的生命力。

显然，比尔兹利的“意义论证”很容易在结构主义那里找到强有力的支持。根据结构主义语言学，任何词语的意义都是由与语言系统中的其他词语的关系决定的。离开跟其他词语的关系，任何词语的意义都将无法得到确认。这是结构主义语言学发现或确立的一项基本原则。文学作品也是由语言构成的，也得服从这项原则，因此文学作品的意义不是由作者的意图决定的，而是由语词与语词之间的关系决定的。语词与语词之间的关系与其说是由作者确定的，不如说是由读者在阅读活动中建立起来的，由此我们就不难理解为什么结构主义美学家巴特(R. Barthes, 1915—1980)宣称“作者死了”(death of the author)，要求正当的阅读是一种“作者式的”(writerly)阅读。正是由于认识到作品的意义不是由作者的意图预先决定的，而是在读者的“作者式的”阅读中建构起来的，因此巴特宣称“文学作品的目的是不再让读者成为文本的消费者，而是要成为文本的生产者”③。

为了突出文本(text)，巴特要求驱逐作者(author)。“一旦事实不再依据直接作用于现实的观点来叙述，而是非及物地叙述，也就是说，最终除了符号自身的那种运行功能之外，其他所有功能都与之无关，一旦这种断裂发生，声音失去

---

① M. C. Beardsley, *Aesthetics*, 2nd ed., New York: Hackett, 1981, pp. 238 - 242.
② 同上书，第 26 页。
③ R. Barthes, *S/Z*, trans. R. Miller, New York: Hill and Wang, 1974, p. 4.

它的源头，作者自己步入他的死亡，写作就开始了。”[①]但如果没有作者，怎么可以有文本呢？巴特以其独特的历史眼光发现，“作者”只是一个现代概念，是崇尚个人主义的资本主义意识形态的产物。古代很长时间在没有作者或作者不明的情况下，也生产了很多优秀的文学文本。尽管作者在今天依然占据统治地位，但一些现代主义作品已经体现了去除作者的趋势。巴特从结构主义角度指出，事实上我们只有进行抄写的“抄写员”（scriptor），而没有进行创造的“作者”，因为构成文本的所有语言事先都已经存在了，只需抄写员将它们汇集起来而已，换句话说，抄写员所做的工作只是引用而不是创造。“我们现在知道文本不是一行释放单一‘神学’意义（来自作者-上帝的‘信息’）的词语，而是一个多维度的空间，在其中各种书写相互混合、抵触，没有任何书写是原创的。文本是一系列引自无数文化中心的引述组成的。”[②]文本留下的空间不是让作者来书写，而是让读者来书写，去除作者可以让读者的书写更自由。“一旦去除作者，译解文本的要求就变得毫无意义。给文本一个作者，就是给这个文本加上一种限制，给它装备一个最终的所指，终结书写。”[③]没有了作者的限制，读者的书写可以无拘无束且无穷无尽。由于是读者而不是作者在书写，因此作者的意图与文本的意义毫不相关。但是，既然是读者在书写，人们自然会产生这样的想法：根据读者的意图来解读文本的意义。这种想法也被巴特打消了，因为“读者是这样一种场所，所有构成写作的引述都铭记于其中，没有任何遗漏；文本的统一整体不存在于它的源头，而存在于它的目的地。然而，这种目的地不再可能是个人：读者没有历史、传记和心理状态；他只不过是某人而已，将构成书写文本的所有踪迹聚集在一个单一的领域之中”[④]。在巴特看来，读者是没有人格的，因而不可能具有意图、情感等属于个人内心世界的东西。读者只是文本意义得以展现的空间，读者的“作者式的”阅读，实际上就是文本自身的书写。显然，在去除作者的问题上，结构主义比新批评要更加彻底和极端。

反意图主义既没有随着新批评的衰落而衰落，也没有随着结构主义的衰落而衰落，因为紧接着结构主义兴起的后结构主义（poststructuralism）或后现代主义（psotmodernism），是一种更极端的反意图主义。

当巴特强调读者对于文本的书写可以各种各样和无穷无尽的时候，他所表达的思想已经超出了结构主义的范围而进入了后结构主义领域。结构主义和后

① R. Barthes, “The Death of the Author”, in T. Wartenberg ed., *The Nature of Art: An Anthology*, Belmont, California: Wadsworth Pub. Co., 2001, p. 249.
② 同上书，第 251 页。
③ 同上。
④ 同上书，第 252 页。

结构主义在许多方面分有相似的特征，它们之间的显著不同在于：结构主义承认有一个最终的、封闭的整体，其中每个部分都可以通过在跟整体的其他部分的关系中获得确定的意义；后结构主义不承认有这种整体，任何整体都可能是更大的整体的部分，至少任何整体都处在向未来的开放之中，由此整体中的任何部分的意义都是不确定的。这种后结构主义或者后现代主义思想在德里达(J. Derrida, 1930—2004)那里得到了最集中的表现。如果还是采用巴特的术语，将读者的阅读视为一种"作者式的"阅读或书写，那么在德里达这里，这种书写就具有更加积极的意义，我们不仅可以而且必须用自己的阅读来书写文本的新的意义。正是在这种意义上，我们可以说德里达的解构不仅是消极的破坏，而且是积极的建构。为了给读者更加自由的解释空间，德里达也主张要取消作者，为此德里达突出了语言(speech)与文字(writing)的区别。文字的典型特征就是我们可以在作者不在场的情况下与之遭遇，即使我们对一段文字的作者乃至所处的语境没有任何知识，这段文字对我们来说也是可以理解的。因此，德里达得出结论说，理解与对作者的意图和其他心理状态的了解没有任何关系①。

20 世纪 40—50 年代盛行的新批评，60—70 年代盛行的结构主义，80 年代以后盛行的后结构主义，尽管它们之间存在很大的不同，但在反意图主义这一点上是没有什么分歧的。20 世纪崛起的马克思主义美学虽然在许多方面与新批评、结构主义和后结构主义相对立，但在反意图主义这一点上它们也不谋而合。马克思主义哲学强调人是社会关系的综合，经济基础决定上层建筑，因此任何个人的意图最终都是社会条件的产物。文艺批评的最终目的，是揭示作品背后所隐含的经济基础和社会条件。尽管与新批评、结构主义和后结构主义强调文本不同，马克思主义文艺批评强调某种处于文本之外的东西，但这种外在于文本的东西并不是作者的意图，而是构成作者意图的经济基础和社会条件，因此从一个完全不同的角度，马克思主义美学也支持了反意图主义，从而使得反意图主义在 20 世纪下半期始终处于美学和文艺批评的主流地位②，以至于一些美学家发出这样的感叹："奇怪的是，出于各种各样的原因，除了少数抵制之外，反意图主义继续在具体的文学研究和一般的人文研究中处于支配地位。"③

---

① J. Derrida, *Margins of Philosophy*, trans. Alan Bass, Chicago: University of Chicago Press, 1982, pp. 307 - 330.

② 关于意图主义的一般说明，见 P. Taylor, "Intention: An Overview", in Michael Kelly ed., *Encyclopedia of Aesthetics*, Oxford: Oxford University Press, 1998, Vol. 2, pp. 512 - 515。

③ N. Carroll, *Beyond Aesthetics: Philosophical Essays*, Cambridge: Cambridge University, 2001, p. 182.

三、意图主义的复兴

尽管反意图主义在长时间内占有支配地位，但对它的挑战和抵制从来就没有停止过，而且随着争论的深入，反意图主义的支配地位已经变得岌岌可危。

在反意图主义盛行的20世纪60年代，赫什就对它提出了直接的挑战。赫什从具有悠久历史的解释学（Hermeneutics）那里找到了有力的支持，认为解释与作者的意图密切相关。与结构主义和解构主义强调根据语法和字典来理解文本不同，解释学强调只有根据包括作者意图在内的更大的文化背景才能理解文本，从而形成了著名的解释学循环：部分需要根据整体来理解，整体又需要根据部分来理解。在施莱尔马赫（F. Schleiermacher，1768—1834）看来，文本表达的就是作者的思想，思想和思想的表达在本质上完全是一回事。由此，理解文本的意义就等于理解作者的思想。但另一方面施莱尔马赫又强调，作者的思想要大于文本表达的意义，只有发掘出作者的思想才能正确理解文本的意义。有很多因素可以导致作者的文辞没有很好地表达作者的思想，比如笔误、口误或者词语误用。要充分理解一段文辞，我们通常需要超越这段文辞的字面意义去追问作者的真实意图：作者是在严肃地表达某种思想还是在开玩笑？作者是深思熟虑地说出的还是不假思索地说出的？作者是在客观地描述还是在暗中批评？如果一个词语有多种含义的话，作者用的是它的这种意义还是那种意义？对于诸如此类问题的不同回答会导致我们对这段文辞做出不同的理解。由于任何语言表达既是作者的产物又是语言的一部分，因此它既要受作者意图的控制又要受语言一般规则的限制。为此施莱尔马赫从方法上将解释区分为四个步骤：遵循语法规则的解释、心理学上的解释、比较的解释和预测的解释。遵循语法规则的解释和比较的解释力图显示语言所表达的客观意义，心理学上的解释和预测的解释力图发掘作者的主观意图，只有将这两个方面很好地结合起来，才有可能对文本做出正确的解释①。

尽管解释学在后来的发展中有了很大的变化，但是就文本表达了作者的意图因而需要根据作者意图来理解文本这一点来说，不同的解释学家之间并没有多大的分歧，正是在这种意义上，解释学不同于结构主义和后结构主义。赫什正

① 关于施莱尔马赫的解释学的一般描述，见 M. Inwood，“Hermeneutics”，in E. Craig，ed.，*Routledge Encyclopedia of Philosophy*，London：Routledge，1999，Vol. 4，pp. 384 - 389；G. Meckenstock，“Schleiermacher”，in E. Craig，ed.，*Routledge Encyclopedia of Philosophy*，Vol. 8，pp. 532 - 538。

是利用解释学的这种资源来反抗反意图主义的。赫什认为:"一种确定的文辞表达的意义要求一个起决定作用的意志。仅仅依靠确定的语词序列所显示的东西无法让意义变得确定起来。显然,任何短的词语序列都可以意指相当不同的复合言辞意义,长的词语序列也是如此,尽管相对不那么明显。正因为如此,在关于文本的意义问题上,熟谙某种语言的人们可以意见分歧。但是,如果一串确定词语自身并不显示某种独特的、自我同一的、不变的意义复合体,那么文辞意义的确定性就必须由某种另外的识别力量来说明,这种识别力量使得意义是这种意义而不是那种意义或别的什么意义。这种识别力量一定会涉及一种意志活动,因为除非某种特别的复合意义是作者有意选择的(不管它是如何地'丰富'和'多样'),否则在作者用一串词语来意谓的东西与作者用这串词语可能意谓的东西之间就没有区别。言辞意义的确定要求一种意志行为。"[①]在赫什看来,由于文本的语言可以表达许多不同的意思,因此文本语言表达的那种确定的意思不能由文本本身确定,只能由文本之外的作者的意图来确定。

对于赫什的意图主义思想,艾塞明格(G. Iseminger)做了这样的概括性叙述:(1) 对于正在讨论中的诗歌文本来说,每个矛盾的解释陈述都是符合的。(2) 严格说来,这两个相互矛盾的陈述中只有一个是真的。(3) 如果两个解释陈述中每个都符合文本,而且确切地说两个解释陈述中只有一个是真的,那么真的解释陈述就是那个适用于作者意欲表达的意义的陈述[②]。根据赫什和艾塞明格的这种意图主义构想,我们对于文本可以有各种各样的解释,但所有解释只有一种是正确的,正确的解释就是符合作者意图的解释,因此文艺批评的一个主要目的就是努力发掘作者的意图。

与赫什从解释学角度来支持意图主义不同,更多的美学家试图从维特根斯坦后期的语言游戏理论和奥斯丁(J. L. Austin, 1911—1960)等人的言语行为理论(speech act theory)中发掘支持意图主义的根据。维特根斯坦在《哲学研究》中明确表达了语言的意义在于语言的用法的思想,如果不了解语言的游戏规则和说话者的意图我们就无法理解语言的意义。维特根斯坦还用疑问的语气说:"我能否用'嘟嘟嘟'来意指'天如果不下雨,我就去散步'?"[③]这让人想起刘易斯·卡罗尔(Lewis Carroll, 1832—1898)笔下的那个矮胖人(Humpty-Dumpty),他宣称可以用任何一个词语来表达任何一种意思,如用"光荣"

---

① E. D. Hirsch, *Validity in Interpretation*, New Haven: Yale University Press, 1967, pp. 46 - 47.

② G. Iseminger, "An Intentional Demonstration?" in G. Iseminger ed., *Intention and Interpretation*, Philadelphia: Temple University Press, 1992, p. 77.

③ 维特根斯坦:《哲学研究》,汤潮、范光棣译,三联书店,1992 年,第 28—29 页。

(glory)来表达一个“被彻底驳倒的论证”(nice knock-down argument)[1]。如果果真是这样的话,语言的意义就完全是由说话者的意图决定的了。当然,事实上并不可能发生矮胖人所说的那种情况,因为语言除了传达说话者的意图之外,还有许多大家认可的公共的特性,如果一个人按照自己的意志随意使用语言,他的语言就会失去公共的特性,进而也就会失去传达他的意图的效力。

与维特根斯坦未加区分地将语言的意义与语言的用法等同起来不同,奥斯丁明确意识到两者的差别,他将被说出的语言的意义与说话者运用这种语言所执行的言语行为区别开来,或者更简单地说将语言的意义(meaning)与效力(force)区别开来,说话者可以用同样的语言来执行不同的言语行为从而使同样的语言发挥不同的效力。比如,当某人说“这是一个猪窝”的时候,他可以是在字面意义上直接描述农民养猪的地方,也可以是在非字面意义上说一个脏乱不堪的房间,进而间接地要求赶紧打扫房间。为此,奥斯丁区分了三种言语行为:言内行为(locutionary act)、言外行为(illocutionary act)和言后行为(perlocutionary act)[2]。所谓言内行为指的是某人说某个东西的行为,言外行为指的是某人在说某个东西时所做的事情,言后行为指的是某人通过说某个东西所做的事情。比如,一个酒吧的掌柜说:“五分钟后关酒吧。”他在说这句话时所实施的言内行为就是说他所掌管的这个酒吧将在五分钟后关闭(从他说话的时间起开始计算)。不过,需要注意的是,酒吧掌柜说这句话的言内行为的意义并不是完全由他所使用的词语决定的,因为这些词语并没有指明是哪家酒吧(即没有指明是酒吧掌柜所掌管的那家酒吧),也没有指明说话时的准确时间。在说这句话时,酒吧掌柜所实施的言外行为是告诉顾客这家酒吧即将关闭,同时也许包含着催促他们赶紧要最后一杯酒。鉴于这些言外行为的结果建立在听众一方的理解的基础上,因此言后行为是由引起一种进一步的效果的意图来实施的。酒吧掌柜在有意图地实施这种言后行为:让顾客相信这家酒吧很快就要关闭以及大家赶紧来买最后一杯酒。这里言外行为和言后行为之间的区别是:言外行为是酒吧掌柜在说这些词语时在听众那里所产生的效果,言后行为是酒吧掌柜有意通过说这些词语引起在听众那里产生如此这般的效果。当酒吧掌柜说出这些词语时,他同时实施了三个层次的言语行为。言内行为表达的是这些词语的意义,言外行为和言后行为体现的是这些词语的效力。如果说词语的意义是由字典和语法等公共的语言工具决定的话,词语的效力则是由说话者的意图决定的。

---

① 参见C. Lyas, “Intention”, in David E. Cooper ed., *A Companion to Aesthetics*, Oxford: Blackwell, 1997, p. 229。

② 另有一种译法将“locutionary act”译为“非语内表现行为”、“illocutionary act”译为“语内表现行为”、“perlocutionary act”译为“言语表达效果行为”。

要准确理解一个说话者的行为,就必须同时理解这三个层次的言语行为,理解言语的意义和效力。因此了解说话者的意图,对于理解他所说的话就不是毫不相干的,而是密切相关的①。

正是根据这些言语行为理论,纳普(S. Knapp)和迈克尔斯(W. B. Michaels)提出了一种极端的意图主义主张。纳普和迈克尔斯强调,"意义都是意图性的"②,由此反对新批评和结构主义的那种流行的看法,即语言的意义是由字典和语法决定的。通过强调语言的意义就是说话者的意图,纳普和迈克尔斯进一步主张:"一个文本意谓的东西和它的作者想要它意谓的东西是同一的。"解释的对象,甚至是所有阅读的对象,"总是历史上的作者的意图"③。按照纳普和迈克尔斯的这种主张,我们阅读文学作品的目的就是要弄清楚作者写作该作品时的真实意图。反过来说,只有弄清了作者写作时的真实意图,我们才真正读懂了作品。当然,纳普和迈克尔斯也注意到,人们对于文学作品的解释往往关注作品的意义而不是作者的意图。对于这种现象,纳普和迈克尔斯的回应是:如果不依据作者的意图来解释文学作品,与其说是在解释这部作品,不如说是在创造另一部作品。"用某些其他意图来取代作者的意图……根本[是]重写而不是解释。"④

显然,纳普和迈克尔斯这种极端的意图主义主张不符合文艺作品的解释的实际,它很难解释诸如此类的情况:鉴于某些鸿篇巨制的复杂性,作品可能并没有成功地表现作者的意图,或者说作品表达的并不是作者的真正意图,比如《安娜·卡列尼娜》可能表达的并不是托尔斯泰的真正意图。另外,历史上的许多作品我们并不能确定它们的作者,但这似乎并不妨碍我们对作品的解释和欣赏,比如《诗经》中的作品的作者都已不可考,我们无法了解作者写作那些诗歌时的意图,但这并不妨碍我们对《诗经》中的作品的解释和欣赏。即使我们知道作者的意图,也并不影响我们以不符合作者意图的方式来解读他的作品,比如,我们知道中国历史上许多表达男女爱情的诗歌实际上是诗人在表达对权力的爱慕,但这并不妨碍我们将这些诗歌当作爱情诗来欣赏。我们有充分的理由表明,在将这些诗歌当作爱情诗来欣赏的时候更能体现它们的审美魅力,同时我们也不会不自量力地宣称我们的解释是在创造新的爱情诗。

---

① K. Bach, "Speech Acts", in E. Craig, ed., *Routledge Encyclopedia of Philosophy*, Vol. 9, pp. 81-86.

② S. Knapp and W. B. Michaels, "Against Theory", in W. J. T. Mitchell ed., *Against Theory*, Chicago: University of Chicago Press, 1985, p. 24.

③ 同上书,第101—103页。

④ 同上书,第103页。

同样根据言语行为理论，赖阿斯(C. Lyas)所辩护的意图主义与纳普和迈克尔斯的意图主义有些不同。遵从言语行为理论，赖阿斯承认语言的意义不同于言语的效力，但他主张读者可以从说出的话语中推断出效力而无须询问作者的意图，也就是说，读者将从说话者说出的话语中推断出的效力归结为说话者的实际意图。赖阿斯说："真实的情况是：言辞是否具有清楚的效力不是通过询问说话者想要它具有哪种效力来决定的。尽管如此，效力有时候是通过在特定语境中说出的言辞来澄清的，但是当它被澄清的时候，被澄清的东西是说话者一方在说话时做某事的意图——例如，做出警告、威胁或者承诺，因此推断言辞的效力就是推断其说话者的意图，即使效力是什么的问题无须由询问说话者意图是什么来决定。"①

尽管都是将作品的语言的效力等同于作者的意图，但赖阿斯与纳普和迈克尔斯不同，前者是由读者从说出的话语中推断作者的意图，后者是从作者的意图中推断出话语的效力，前者无须从文本之外去探索作者的意图，后者必须从文本之外去探索作者的意图。换句话说，赖阿斯的意图是一种语义学的意图，纳普和迈克尔斯是一种心理学的意图。尽管赖阿斯与纳普和迈克尔斯之间存在很大的差别，但是赖阿斯要面临的困难一点也不比纳普和迈克尔斯小，读者从文本中推断出来的意图能够等同于作者的意图吗？这是一个赖阿斯必须面对但又无法解答的难题。尽管赖阿斯的意图主义已经比纳普和迈克尔斯的意图主义要温和得多，但就它将作品的意义完全等同于作者的意图(无论是读者从文本中推导出来的还是批评家从其他地方发现的)来说，它们都属于极端的意图主义范围之列。

由于将作品的意义与作者创作作品时的意图完全等同起来的极端意图主义会遭遇到各种各样的困难，因此许多美学家和文艺批评家事实上持相对温和的意图主义。巴克森德尔(M. Baxandall, 1933—2008)在《意图的模式》一书中就阐述了一种温和的但相当复杂的意图主义。同大多数批评家在讨论意图的时候以文学为例不同，巴克森德尔讨论的对象是绘画。"我有兴趣从某种程度上通过推论作画原因来讨论图画，一来因为这样做有趣；二来因为推论原因的意向似乎渗透于我们的思维和语言而难以被革除。但愿这样做至少不会有什么害处。由于图画是人造物，图画背后的原因域中的一个成分便是意志[volition]，这个成分与我们所谓的'意图'相交叠。"②但巴克森德所说的意图并不像纳普和迈克尔斯(也包括赫什在内)那样指的是艺术家的心理状态，而是指包括艺术类型和技巧在内的一系列广泛的艺术史的背景原因。对于这种原因，艺术家本人在创作

① C. Lyas, "Wittgensteinian Intentions", in G. Iseminger ed., *Intention and Interpretation*, p. 145.

② 巴克森德尔：《意图的模式》，曹意强等译，中国美术学院出版社，1997年，第49页。

作品时都有可能没有明确地意识到。因此,巴克森德尔主张扩展"意图"一词的范围,"让它把导致意向产生的行为或惯例理性包括进去:在创造某个物象时,这种理性在创作者头脑里可能并不活跃。甚至创作者本人对自己思想状况的描述——如贝克,尤其是毕加索后期对自己审美意图的描述——对于说明物象意图只能提供很有限的证据:这类描述符合物象及其环境之间的关系,如果与之不相符,就得修正或调整甚至去除。"[①]在这里,巴克森德尔明确表明几点不同于极端意图主义的构想:首先,意图并不是指艺术家的主观心理状态,而是指客观的惯例理性。其次,艺术家本人对这种意图有可能没有明确的意识,因此艺术家对于自己意图的说明只能为我们了解他的意图提供有限的证据,而不是唯一的证据。再次,如果艺术家对自己的意图的描述与图像的实际情况不相符合,就应该修正艺术家的描述。巴克森德尔还明确地说:"考虑意图的并不是对画家心理活动的叙述,而是关于他的目的与手段的分析性构想,因为我们是从对象与可辨认的环境的关系中推论出它们的。它和图画本身具有直证关系。"[②]"'意图'在此指涉图画,而不是画家。"[③]

沃尔海姆(R. Wollheim)也主张一种温和的意图主义,他认为艺术如同所有人类活动一样,都是一种意图性行为,从而反对将艺术研究完全建立在语言学的基础上,而主张从现象学和精神分析的角度进行艺术研究。沃尔海姆主张一种"回溯式"艺术批评,即强调艺术批评是对艺术创作过程的回溯式描绘。这种回溯式批评涉及艺术家的意图和意图的变迁,但不完全限于对艺术家意图的考证,也包括对艺术家所遭遇的机遇和所处的文化背景的说明,如"审美的标准,媒介的革新,行为得体的规则,意识形态的或科学的世界观……符号的系统,传统的情形"[④]。也就是说,批评家不仅要从精神分析的角度揭示艺术家的内在意图,还要从社会学、文化学和艺术史的角度显示艺术家所处的艺术传统的各种特征。沃尔海姆还允许批评家运用他自己时代的各种资源来解释作品,尽管这些新的资源是创造作品的艺术家从来没有见过的,但只要批评家的解释有助于读者非如此就无法体验到作品的新内容,批评家的解释就是合理的。沃尔海姆既不像反意图主义者那样完全抵制艺术家的意图,也不像极端的意图主义者那样完全遵从艺术家的意图,而是对意图采取了一种十分宽容的态度,我们可以用它来解释作品,但它不是唯一的解释根据。

---

① 巴克森德尔:《意图的模式》,曹意强等译,中国美术学院出版社,1997 年,第 50 页。

② 同上书,第 130 页。

③ 同上书,第 50 页。

④ R. Wollheim, *Art and Its Objects: An Introduction to Aesthetics*, Cambridge: Cambridge University Press, 1980, pp. 200 - 201.

四、实际的意图主义与假设的意图主义

实际上，巴克森德尔和沃尔海姆的这种温和的意图主义中的意图已经不是创作者的意图，巴克森德尔明确称之为“作品的意图”而不是“作者的意图”，或者用赖阿斯的话来说是“读者从言辞中推断出来的意图”而不是“通过询问作者而发现的意图”。如果我们不想象赖阿斯那样简单地将二者等同起来，那么“读者从言辞中推断出来的意图”究竟是一种怎样的意图呢？毕竟巴克森德尔的“作品的意图”是一种比喻性的说法，因为从本体论的角度来看，作品是物因而不可能有意图，只有人才有意图，如果说这里的人既不是作者也不是读者，那么他是谁呢？也许正是为了解决这里所面临的一系列的难题，列文森（J. Levinson）提出了假设的意图主义（hypothetical intentionalism）的构想，以区别于实际的意图主义（actual intentionalism）。假设的意图主义主张，意图不是实际的作者的意图，而是理想的读者假设出来的作者的意图。列文森认为，他的这种假设的意图主义既不是通常理解的那种意图主义也不是反意图主义，可以称得上是一种建构性的或推断性的意图主义①。

列文森首先区分了词语-序列意义、说话者的意义、文辞意义、游戏意义等四种意义，认为它们概括了文学文本具有意义的所有可能性。关于这四种意义，列文森做了这样的界定：

> 词语-序列意义（word-sequence meaning），大致等于“字典”意义——一种可以抽象地凭借语言有效的句法和语义（包括隐含意义的）规则而附着于一串词语序列的意义（或通常是诸多意义），这种语言是那些词语于其中出现的特定的、标明时代特征的语言。说话者的意义（utterer's meaning）是一种有意图的当事人（说者、作者）在头脑中拥有的或者通过运用一种特定语言工具来进行传达的意义。相反，文辞意义（utterance meaning）是这种语言工具在其说话语境中最终传达的意义——这种语境包括它被某某当事人言说的事实。最后，游戏意义（ludic meaning）包含任何可以凭借仅由最宽松的真实性、可理解性或者重要性的要求限制的解释游戏而归之于生糙文本（某种语言中的某条词语序列）的或作为文辞文本的意义。②

---

① J. Levinson, “Intention and Interpretation: A Last Look”, in James O. Young ed., *Aesthetics: Critical Concepts in Philosophy*, Vol. 2, p. 257.

② 同上书，第258—259页。

通过这种意义层次的区分，我们就能更清楚地看到意图主义与反意图主义之间的不同，以及实际的意图主义与假设的意图主义之间的不同。以新批评、结构主义和后结构主义为代表的反意图主义将文学作品的意义等同于词语序列意义，然而，文学作品并不是一种语词序列的简单汇集，而是一种有意图的、有技巧的有机设计，不了解作者的意图就无法理解这些词语序列作为文学而具有的意义。实际的意图主义将文学作品的意义等同于说话者的意义，将说话者的实际意图视为解释文学作品的唯一标准，这样显然就模糊了日常语言交流与文学之间的区别。日常语言交流的确是以传达说话者的意图为目的，但文学与之不同，文学文本具有更大的自律性，读者可以就文本本身来解释而无须琢磨作者的实际意图。至于游戏意义，如果不太严格地理解的话，有点类似于刘易斯·卡罗尔笔下的那个矮胖人所理解的意义，即可以根据一种不太严格的限制(在矮胖人那里是完全没有限制)赋予任何语词以任何意义，因此它相当于某些极端的意图主义者对文学作品的意义的理解，即文学作品的意义完全由作者的意图决定，与文本的语言无关。显然，文学作品的意义不能等同于这种游戏意义。最后只剩下文辞意义，在列文森看来只有文辞意义最适合于用来描述文学作品的意义。需要注意的是，文辞意义既不能等同于词语-序列意义也不能等同于说话者的意义，而是某种居于二者之间的意义，但在许多情况下人们不是将它等同于词语-序列的意义就是将它等同于说话者的意义，而在列文森看来，将文辞意义独立出来是理解文学作品的意义的关键。

列文森承认，他的这种构想受到了托娄斯特(W. Tolhurst)的启发。托娄斯特最早将文辞意义独立出来理解：

> 文辞意义最好被理解为：预期的观众中的一员，根据他凭借成为预期的观众中的一员而具有的知识和态度，最正当地归结为作者的那种意图。因此，文辞意义已经被解释为说话者的意义的假设，这种意义是根据某人作为预期的听者或预期的读者所具有的信仰和态度被证明是最正当的。[①]

根据列文森和托娄斯特的文辞意义的构想，文学作品是一个或多个有思想的作者有意图地组织起来的文本，但是作者的意图是读者构想出来的而不是作者实际具有的。如果不假设作者的意图，就不能解释文学作品中的活的、有机统一的语言与字典中的死的语言之间的区别，如果将读者假设出来的作者意图等同于作者的实际意图，就不能解释文学(通常以虚构的形式出现)与日常谈话之

---

① W. Tolhurst, "On What a Text Is and How It Means", *British Journal of Aesthetics*, 19 (1979), p. 11.

间的区别。因此,在将文学作品作为文学来阅读的时候,我们必须假设一个意图。"在理解一种文辞的时候,我们要构造一个关于意图的假设,这种文辞最好被视为这种意图的实现。"①

在列文森看来,这种假设的意图主义能够弥补反意图主义和实际的意图主义的缺陷,而同时吸收它们合理的地方。反意图主义最担心的是一旦诉诸作者的实际意图,就会妨碍读者的解释自由,从而妨碍对文本进行新的创造性的阐释,影响文本意义的丰富性。如果将作者的意图视为读者(尤其是理想的读者)合理地假设出来的,就可以消除这种担心。意图主义担心的是一旦撇开作者的意图,就无法正确地理解文本的意义,而且也缺乏判断读者的解释的依据。对于这种担心,读者可以通过合理地推断出一种意图来消除,而且可以用理想的读者所推断出来的意图来防止相对主义,不是任何人假设的任何意图都是合理的,从而可以说不是任何人做出的任何解释都是合理的,只有理想的读者(如训练有素的批评家)假设的意图才是合理的。尽管诉诸理想的读者假设的意图在一定程度上抑制了相对主义的解释,但它跟诉诸作者的实际意图不同。作者的实际意图是一种事实,它在解释的过程中享有至高无上的霸权,不会给解释的多样性留下任何余地;假设的意图是一种构想,可以随时修正和完善,因而给解释的多样性留有一定的余地。

列文森辩护假设的意图主义的另一个策略是区分了语义意图(semantic intention)和范畴意图(categorical intention)。所谓范畴意图是作者决定他的文本被怎样对待的意图,比如作者决定他的文本被视为小说。所谓语义意图是作者在他的文本中实际体现的意图,比如作者决定他的小说具有如此这般的意义。范畴意图影响我们对作品的解读,但范畴意图并不像语义意图那样内在于作品之中。"作者在文本中或通过文本意谓某种东西的意图(语义意图)是一回事,作者决定文本以某种特殊的或一般的方式被分类、对待、处理的意图(范畴意图)则完全是另一回事。范畴意图涉及制作者针对其设计的观众对其产品的结构和定位;它们涉及在一个非常基础的层面上制作者对于他已经生产的东西和他所生产的东西的目的的一般看法。这里引起关注的最一般的范畴意图是某物在根本上被视为文学(或艺术)的意图,这种意图显然要求某种特定的处理模式,而反对其他的处理模式。"②

我们可以对一个文学文本进行各种各样的解释(艺术作品同样如此),这些

① W. Tolhurst, "On What a Text Is and How It Means", *British Journal of Aesthetics*, 19 (1979), p. 13.

② J. Levinson, "Intention and Interpretation: A Last Look", in James O. Young ed., *Aesthetics: Critical Concepts in Philosophy*, Vol. 2, p. 267.

解释在总体上可以分成两类：一类是将它作为文学来解释，一类是将它作为非文学来解释。这一点不是由读者决定的，而是由作者的实际意图决定的。当然，即使是作为文学的解释之间仍然存在很大的差异，在这些解释之间读者究竟应该选择哪种解释，就不是作者的决定而是读者自己的决定了。列文森所说的假设意图只是指语义意图而不是指范畴意图，范畴意图可以是实际的，语义意图必须是假设的。

列文森的假设意图主义的确能够吸收意图主义和反意图主义两方面的优点，但如同任何折中调和的方案一样，也不可避免地受到处于两个极端的方案的攻击。假设的意图主义对于实际的意图主义的包容并没有获得实际的意图主义的认同，于是在实际的意图主义与假设的意图主义之间形成了新的争论。

鉴于极端的意图主义具有各种明显的缺陷，一些美学家主张在对它进行修正和限制的基础上提出一种“适度的实际意图主义”（modest actual intentionalism）[①]，而将那种极端的意图主义称为“作者主义”（authorism）[②]。比如，诺埃尔·卡罗尔（Noël Carroll，1947— ）就努力辩护一种适度的意图主义。“与极端的意图主义不同，适度的实际意图主义并不主张对一件艺术作品的正确解释完全由艺术家意欲的东西决定。相反，适度的实际意图主义只是宣称艺术家的实际意图与解释有关。具体说来，艺术家的实际意图限制了我们对艺术作品的解释。就文学文本来说，适度的实际意图主义者认为，对文本的正确解释是与作者实际意图相一致的文本意义。”[③]

适度的实际意图主义可以有效地回应“矮胖人的反对意见”（the Humpty-Dumpty Objection）[④]。列文森等人之所以主张假设的意图主义而反对实际的意图主义，原因在于任何实际的意图主义都会面临那个棘手的“矮胖人的反对意见”，即作者的意图可以赋予任何文本以任何意义。适度的实际意图主义对作者的意图做了适当的限制，在作者的众多意图中，只有那些经得起文本检验的意图才是真正与文本相关的，作者那些与文本无关的意图就被排除在外。在这个方面，适度的实际意图主义和假设的意图主义之间并没有多大的差异。假设的意图主义强调从文本出发，理想的读者将自己通过阅读文本所设想出来的意图当作作者的意图。适度的实际意图主义从文本和作者两个方面出发，将既符合文本也符合作者意图的东西视为作者的实际意图。这种不同导致在引用材料来确

---

① N. Carroll, *Beyond Aesthetics: Philosophical Essays*, p. 198.
② 同上书，第 188 页。
③ 同上书，第 198 页。
④ G. Iseminger, “Actual vs. Hypothetical Intentionalism”, in James O. Young ed., *Aesthetics: Critical Concepts in Philosophy*, Vol. 2, pp. 314 - 315.

定意图方面有所不同。假设的意图主义主张可以通过关注文本、关注作者的全部作品、关注文化背景、关注作者可以公开利用的传记等来构想作者的意图，但反对使用作者从未出版的文集和访谈，反对访问作者的朋友和熟人等等，因为这些材料和行为直接针对作者的实际意图，它们会对读者自由构想作者的意图构成威胁；而适度的实际意图主义没有这种禁止，主张可以利用所有非公开出版的材料以及对作者的朋友和熟人进行审慎的访问。在诺埃尔·卡罗尔看来，假设的意图主义在私人与公开之间所做的划分，既过于武断也不切实际。"一方面，对于假设的意图主义者来说，允许解释者使用那些只要出版了的关于作者的传记事实，而不允许使用那些在出版之前的同样的事实，这似乎是完全武断的。另一方面，对于假设的意图主义者来说，规定解释者只有知道出版的关于作者的传记信息是来自公开的资源而不是来自私人的资源才能使用它，这似乎不是切实可行的。"①

对于适度的实际意图主义来说，假设的意图主义提出的另一个反对意见即"自律的反对意见"(the Autonomy Objection)相对来说更加难以回应。列文森之所以提出假设的意图主义，一个很重要的原因在于他认识到文学作品与日常谈话之间存在区别，相对来说，文学作品是一种更加自律的文本。假设的意图主义"承认文学交流的实践或行为所具有的特别的兴趣和伴随的限制，根据这些兴趣和限制，作品——假若它们是用对与作者相应的特别语境的最大化关注来解释的，因而是真正作为如此这般的作品来解释的——最终就比创作它们的个人和这些个人的内在生活更为重要，也跟它们全然不同；因为文学作品归根到底保有某种独立于它们的创作者在创作过程中的心理状态的自律性，至少就涉及作为结果的意义来说是如此。实际的意图主义所忽略的而假设的意图主义所捍卫的，正是在当事人的意义与作品的意义之间存在的那种细微但却至关重要的区分维度——即使后者被大致理解为最理想的读者根据全部语境中的文本(text-in-full-context)对前者的最好构想"②。

无论是艾塞明格还是诺埃尔·卡罗尔，都没有很好地应对列文森的这种反对意见。诺埃尔·卡罗尔只是简单地将文学与日常对话等同起来。诺埃尔·卡罗尔认为，我们阅读文学作品和欣赏艺术作品的一个重要的理由不是审美，而是展开与作者的对话。"当我们阅读一个文学文本或者静观一幅绘画的时候，我们就进入与其创造者的一种联系之中，这种联系大致类似于一场对话。显然，它不

---

① N. Carroll, *Beyond Aesthetics: Philosophical Essays*, p. 212.

② J. Levinson, "Intention and Interpretation: A Last Look", in James O. Young ed., *Aesthetics: Critical Concepts in Philosophy*, Vol. 2, p. 271.

像日常对话那样是交互式的，因为我们并没有收到针对我们的响应做出的自动反馈。但是，正如日常对话会对理解我们的对话者予以关注一样，我们跟艺术作品的互动也会对理解我们的对话者予以关注。”[①]尽管诺埃尔·卡罗尔这里意识到文学阅读跟日常对话之间存在一些差异，但这种差异并不妨碍我们将文学阅读与艺术欣赏视为与创作者之间的交谈。在诺埃尔·卡罗尔看来也存在非交谈性的对话，但非交谈性的对话不是文学而是发火。文学与任何真正的交谈性对话一样，其主要目的就是把握说话者的实际意图。

艾塞明格对于实际的意图主义的辩护也建立在将文学阅读当作日常对话的基础上。他的证明是这样的：(1) 如果作者的语义意图部分地决定了作品的意义，那么作品就是标准的满足读者对话兴趣的对象。(2) 如果作者的语义意图部分地决定作品的意义，那么无论是作者的实际语义意图还是理想的读者合理地归之于作者的语义意图都可以做出这种决定。(3) 如果作品是标准的满足读者对话兴趣的对象，如果理想的读者合理地归之于作者的语义意图部分地决定作品的意义，那么发现作品的意义就不是必然满足读者对它的标准兴趣(即对话兴趣)。(4) 发现作品的意义必然要满足读者对它的标准兴趣。根据这四个前提，艾塞明格得出结论：如果作者的语义意图部分决定作品的意义，那么作者的实际的语义意图部分地决定作品的意义。也就是说，读者是通过作品与作者对话，如果只是构想一种假设的意图而不是发现作者的实际意图，就不能形成与作者之间的真正对话，从而就不能满足我们通过作品与读者对话的目的[②]。但是，如果阅读文学作品的目的并不就是与作者对话，那么诺埃尔·卡罗尔和艾塞明格对实际的意图主义的辩护的力量就会大打折扣。

关于意图在文学艺术的解释中的作用的论争仍在持续，现在还不是得出最终结论的时候。也许如同其他众多的美学问题一样，这个问题也永远不会有最终的结论。但是，通过上述关于这个问题的争论的主要观点的简单叙述，我们可以看出一些发展趋势。我们可以套用黑格尔的辩证逻辑来总结这种发展趋势：浪漫主义批评中的朴素的意图主义是“正”，新批评和结构主义等宣扬的反意图主义是“反”，新兴的意图主义(无论是假设的意图主义还是实际的意图主义)是“合”。“合”是对“正”与“反”的扬弃而不是简单的抛弃。新兴的意图主义通过将朴素的意图主义和反意图主义对立起来而吸收了它们的优点，扬弃了它们的缺

① N. Carroll, *Beyond Aesthetics: Philosophical Essays*, p. 174.

② G. Iseminger, “Actual vs. Hypothetical Intentionalism”, in James O. Young ed., *Aesthetics: Critical Concepts in Philosophy*, Vol. 2, pp. 317 - 318.

点，因此新兴的意图主义提供了一种更加合理的解释。如果我们从另外一个角度来看，这段有关意图的争论的历史体现了常识与专业由对立走向和解。根据作者的意图来判断文学艺术的意义是一种常识，这种常识遭到了经过专业训练的美学家的反对。尤其是以批评为己任的分析美学家们，他们给自己确立的一个重要任务就是反对常识。专业美学家们对常识的破除，的确将美学的发展推向了一个新的高度。但是，与自然科学不同，在关于美和艺术的问题上，也许真理就蕴含在常识之中。因此，越来越多的专业美学家发现，他们在成功地破除常识之后却陷入了一个更为荒谬的境地。于是，在一个新的层次上回到常识，捍卫人们对于美和艺术的朴素理解成为一种新的趋势。但重新回归常识并不等于常识，就像"见山还是山"并不等于"见山是山"一样。

思 考 题

1. 什么是审美解释中的意图主义？
2. 什么是审美解释中的反意图主义？
3. 实际的意图主义与假设的意图主义之间有何不同？
4. 我们应该从哪些方面来解释文艺作品的意义？

推 荐 书 目

W. K. Wimsatt and M. C. Beardsley, "The Intentional Fallacy", in James O. Young ed., *Aesthetics: Critical Concepts in Philosophy*, Vol. 2, London: Routledge, 2005.

M. C. Beardsley, *Aesthetics*, 2nd ed, New York: Hackett, 1981.

R. Barthes, "The Death of the Author", in T. Wartenberg ed., *The Nature of Art: An Anthology*, Belmont, California: Wadsworth Pub. Co., 2001.

N. Carroll, *Beyond Aesthetics: Philosophical Essays*, Cambridge: Cambridge University, 2001.

P. Taylor, "Intention: An Overview", in Michael Kelly ed., *Encyclopedia of Aesthetics*, Vol. 2, Oxford: Oxford University Press, 1998.

E. D. Hirsch, *Validity in Interpretation*, New Haven: Yale University

Press, 1967.

G. Iseminger, "An Intentional Demonstration?", in G. Iseminger ed., *Intention and Interpretation*, Philadelphia: Temple University Press, 1992.

C. Lyas, "Intention", in David E. Cooper ed., *A Companion to Aesthetics*, Oxford: Blackwell, 1997.

S. Knapp and W. B. Michaels, "Against Theory", in W. J. T. Mitchell ed., *Against Theory*, Chicago: University of Chicago Press, 1985.

J. Levinson, "Intention and Interpretation: A Last Look", in James O. Young ed., *Aesthetics: Critical Concepts in Philosophy*, Vol. 2, London: Routledge, 2005.

G. Iseminger, "Actual vs. Hypothetical Intentionalism", in James O. Young ed., *Aesthetics: Critical Concepts in Philosophy*, Vol. 2, London: Routledge, 2005.

巴克森德尔:《意图的模式》,曹意强等译,中国美术学院出版社,1997 年。

第七章 审美趣味

本章内容提要：包括审美解释在内，任何关于艺术作品的谈论都内含评价。在影响审美评价的诸因素中，关键是欣赏者的审美趣味。如何提高欣赏者的审美趣味？审美趣味是否有高低之分？这都是近来美学讨论的重要话题。本章力图澄清审美趣味的实质，从自然与文化的关系方面来理解趣味，为健康的审美趣味的培养给出一种理论基础。

艺术欣赏就包含着评价，因此我们通常称之为鉴赏，其中就有鉴别优劣的意思。在美学领域中，我们通常用鉴赏来翻译“taste”，这个词语也可以翻译为品味、趣味。鉴于“taste”与舌头的味觉紧密相关，我们这里采用趣味的译法。为什么在对美的事物和艺术作品的赏析中需要用到趣味？为什么对其他领域中的事物的评判不太涉及趣味？原因在于美的事物或艺术作品跟日常生活中的一般事物不同，它们的妙处靠一般的感观是无法识别的。如同我们在讨论审美创造时已经指出的那样，天才的艺术创造是不遵循任何规则的，我们凭借规则的理解就无法欣赏这些艺术的妙处，要真正欣赏这些艺术就需要一种特别的感知和评判能力，这种感知和评判能力就是趣味(taste)。正如汤森德指出的那样，“审美感官的典范不像在古典世界中的通常情形那样是眼睛，而是舌头。**趣味**转变成了一个美学术语；这种转变的诸原因中的最重要的原因是，趣味为那种艺术和美产生的经验的多样性、私密性和即刻性提供了一种类似。当我品味某种东西时，我无须思考它就能经验那种味道。这是我的味觉，它在某种程度上是不能否定的。如果某种东西给我咸味，没有人能够使我相信它不给我咸味。不过，别人可以有不同的经验。一个人发现愉快的味道可能不能令另一个人感到愉快，而且我不能说或做任何事情来改变这种情况。对于许多早期现代哲学家和批评家来说，艺术和美的经验恰好就像这种味觉。”①但是，如果

① Dabney Townsend, *Aesthetics: Classic Readings from Western Tradition*, San Francisco: Wadsworth, 2002, p.84.

审美判断完全依据这种多样的、私人的、即刻的味觉经验，那么它们如何能够获得普遍的效力？如果人们在审美评判上没有普遍性可言，那么为什么人们对于伟大的艺术作品会有一致的赞同？如果人们在审美评判上存在普遍性，那么这种普遍性是如何形成的？根据是什么？诸如此类的问题，是现代美学讨论的重要问题。

一、趣味作为一种感觉判断力或内感官

趣味概念的历史最早可以追溯到亚里士多德的"共通感"(common sense)。在《形而上学》中，亚里士多德描述了知识的形成过程。我们首先拥有的是由各种外感官提供的零碎感觉，再通过内感官将五种外感官所获得的数据收集起来，加以组织整理，形成共通感觉。这种共通感，比如对大小、形状和运动等等的感觉，不是由某一单个的外感官完成的，而牵涉到不同感官之间的协同合作，这就需要一种似乎更高的感官来完成这种组织整理工作。这种更高的共通感仿佛是对感觉的意识，一种反思性的感觉，一种看见我们所看的能力。从这种意义上说，共通感也就是一种将感觉联系起来赋予它们以意义的能力。只有通过共通感，个别的感觉才能形成经验。根据亚里士多德，我们是"从感觉进入记忆和共通感，由此再进入经验，最后或许进入指导生产技艺的知识和智慧。理论和判断伴随技艺，而不是感官。在这个等级的进程中，经验起一种中介作用，而感官尽管在这个等级结构中位处更低，但它却提供了一个起点。共通感的引入，将个别感觉与经验联系起来了"①。

亚里士多德认为，在各种外感官中，视觉处于最高位置，直接与想象相连；不过，触觉有时也被认为是主要的感觉，"没有触觉就不可能有任何其他感觉；因为就像我们已经说过的那样，每个有灵魂的人都一定有触觉能力……毫无疑问，所有其他感官都必须通过接触来感知，但接触只是起中介作用：唯有触觉通过直接接触来感知……没有触觉就不可能有其他感觉"②。触觉又特别与味觉相连。味觉是一种附属于触觉的感觉，因为没有触觉就不可能有味觉。由于味觉与触觉的紧密关系，触觉又是最具分辨力的感官，因此味觉比其他感官如嗅觉具有更

① Dabney Townsend, *Hume's Aesthetic Theory: Taste and Sentiment*, London: Routledge, 2001, p. 48.

② Aristotle, *De Anima*, quoted by Dabney Townsend, *Hume's Aesthetic Theory: Taste and Sentiment*, p. 48.

精确的识别力；而识别力又是智力的一个重要的要素，由此“当味觉最终成为艺术判断的隐喻时，它作为有识别力的和‘灵敏’的感官所具有的那些能力是至关重要的”[①]。除此之外，味觉尤其适合作为一种判断形式，这也是后来的美学家用味觉作为艺术判断的原因。总之，当后来的美学家将趣味作为审美判断的时候，他们暗中将亚里士多德的共通感和味觉结合起来了，趣味由此成了一种直接的然而却又通向更高层次的认识的辨别力。

在趣味于17—18世纪的经验主义那里完全成为一个美学理论的术语之前，文艺复兴时期以来的艺术实践对个性的推崇，为趣味转变成一个美学概念提供了很好的理论和实践上的支持。“当艺术家的个性和表现成为中心的时候，趣味开始扮演艺术家的气质的指标，并成为将艺术家的感觉转变为一种表现形式的手段。”[②]尤其是17世纪的后期风格主义(mannerism)在将趣味转变成美学概念上起了重要的作用。“对于后期风格主义来说，风格(manner)或格调(style)起了亚里士多德的将个别感知要素统一为观念化的整体的共通感的作用。因此，一个具有风格的人可以将要素统一起来而超过模仿，就像一个具有共通感的人可以将五种感觉统一为一个感觉印象一样。这使得风格成了一种感觉。它起到了像共通感一样的结构作用。由于对古典作家来说趣味与风格最为类似，因此将具有趣味与具有风格主义的风格等同起来就是一种自然的过渡。”[③]对于风格主义者来说，在隐喻的意义上，趣味就是一种直接的判断和辨别形式。

趣味作为美学概念最终是在17—18世纪的英国经验主义美学家那里形成的，其中莎夫茨伯利起了开创性的作用。莎夫茨伯利尤其强调情感在道德和审美活动中的重要作用，在这一点上他与康德非常不同。“根据莎夫茨伯利，即使某人在尽自己的义务，他也不是在做一种有道德的行为，除非他的情感支持他的行为。康德当然会宣称，最高的美德就是根据义务行事，即使某人的情感与之相对。”[④]在莎夫茨伯利看来，我们的敏感(sentiment)本身就具有判断能力，“情感判断的直接形式就是趣味”[⑤]。这种情感判断或趣味是德行和美的基础，是形成有教养的性格的核心。趣味具有一些相互矛盾的特征：一方面趣味仿佛是人的自然特征，另一方面又是教养的结果；一方面趣味是一种个人偏好，总是处于不稳定和受误导的变化之中，另一方面趣味又是一种直接的判断，一种感觉形式，一种对艺术和美的评判。为此，莎夫茨伯利区分了三种不同的趣味：“坏的趣味

① Dabney Townsend, *Hume's Aesthetic Theory: Taste and Sentiment*, London: Routledge, 2001, p. 49.
② 同上书，第53页。
③ 同上书，第60页。
④ 同上书，第20页。
⑤ 同上书，第27页。

是‘做作的’(artificial)趣味。好的趣味是‘合式的’(well formed)趣味。在这二者之间是一种自然的趣味。”① 自然的趣味如果没有得到好的培养，就会变得平庸和做作，成为最差的趣味；相反如果得到良好的和真正的塑造，就会成为道德上和审美上都是好的趣味。由于趣味是直接进行评判，无须推理和思考，因此它就像感官一样起作用，但它不是一般的外在感官，而是内在感官，由此莎夫茨伯利将趣味与他关于内感官的思想联系起来了，这一点得到了哈奇森的继承和发扬。

为了更好地把握哈奇森关于内感官的思想，我们不妨简单地回顾一下他的思想根源。受经验主义哲学家洛克(John Locke, 1632—1704)的影响，哈奇森主张一切知识起源于感觉。为了更加全面地解释知识的起源，洛克允许两种不同的观念起源方式。一种是由感觉直接提供的简单观念；一种是由心灵对于自身有关简单观念的能力的意识所提供的反思观念。比如，我不仅能够意识到红这种颜色，而且能够意识到我记住红看起来像是什么样子的那种记忆能力。那种我具有记忆能力的观念就是洛克所说的反思观念。如果没有感觉提供的原初或简单观念比如红色，我们就不可能有反思观念比如对红色的记忆，但记忆的观念不同于我所记住的东西的观念。对红色的记忆不同于红色。在洛克看来，有了这两种观念的起源，就可以解释所有经验和知识的起源了。这就是所谓的经验主义哲学的主张，它反对任何先天的、内在的东西。人除了认识能力之外，没有任何与生俱来的观念。哈奇森接受了洛克的简单观念的主张，但反对他的反思观念的主张，而是主张用内感官来取代洛克的反思观念。

红色是一种由感官获得的观念，对红色的记忆可以说是一种观念的观念。哈奇森所谓的美就类似于这种观念的观念，他称之为心灵的观念。对于美这样的心灵观念的认识，既不能靠外感官，也不能靠反思，只能靠内感官。内感官与外感官一样，都是对感觉对象的直接反应，但它们至少在这样两个方面非常不同：第一，没有一个外感官可以与内感官相对应，内感官属于心灵而不属于视听味嗅触等任何一种外感官。第二，内感官不是直接应用于事物，而是应用于事物的观念，主要是指心灵对外感官提供的各种简单观念的复合体的反应。从这里可以看出，哈奇森的内感官在一定程度上类似于洛克的反思观念，它们都是心灵的作用，唯一不同的地方是哈奇森的内感官强调的是对其他简单观念的感受，洛克的反思观念强调的是对心灵能力如记忆的感受。

哈奇森之所以主张审美经验是一种内感官的感觉，原因在于他反对古典美

---

① Dabney Townsend, *Hume's Aesthetic Theory: Taste and Sentiment*, London: Routledge, 2001, p. 35.

学将美视为外在事物的性质如比例、和谐和合式等,而将美视为观念之间的复合关系,他称之为“多样统一”。对于观念之间的这种复合关系只有通过内感官才能把握,正是在这种意义上,我们可以将内感官视为联系感觉与知性之间的纽带,因为它一方面与外感官提供的简单观念相联系,另一方面又与更高层次的观念复合体即意象相联系。我们对于事物的感觉是个体性的,但我们对于事物的整体看法又具有一定的普遍性,作为联结个体感觉与普遍看法的内感官在一定程度上调和了审美经验中普遍性与特殊性之间的矛盾①。

二、趣味的标准

对于哈奇森用内感官来解决审美经验中的普遍性与特殊性的矛盾的策略,休谟(David Hume, 1711—1776)并不满意。用感官感觉来表达趣味判断的直接性,这是休谟乐于接受的;但将趣味判断等同于内感官就势必会排斥对趣味的教养,同时掩盖了趣味的多样性进而掩盖了如何为多样的趣味寻找共同标准的问题,这是休谟不赞同将审美趣味等同于内感觉的主要原因。比如,当哈奇森说美是“多样统一”的时候,尽管这种美需要内感官来直接把握,但对于具有内感官或趣味的人来说,在对这种美的把握上应该是毫无争议的,就像我们的眼睛对事物的识别那样。更重要的是,从观念的多样统一可以推论出事物本身的多样统一,由此哈奇森就可以通过事物的形式分析来确定该事物的美丑,而无须讨论主体的趣味问题,美学研究由此又走上了古典主义的形式主义老路。休谟从根本上反对美有任何客观标准,关于美的评判的标准不在客体,而在主体,因此他不是从客体的形式从主体的趣味中去寻找审美判断的标准。

尽管休谟也是经验主义者,但他看到了洛克经验主义哲学的理论缺陷。如果果真像洛克主张的那样,所有的知识都可以还原为由感官获得的观念或印象,那么就无法避免这些观念或印象的偶然性,进而我们也就无法获得稳定的知识,经验主义很难抵挡这种怀疑主义的攻击。不过,休谟并没有因此反对经验主义而走向怀疑主义,他只不过用怀疑主义的责难来表明经验主义认为观念本身对于确定的知识就足够了的主张是过于夸大其词。事实上,我们拥有对于世界和他人的应用知识,而且我们应该知道并尊重人类知识的限度。受莎夫茨伯利的影响,休谟尤其强调情感在我们行为中的重要作用。在休谟看来,即使是在严肃

① 上述关于哈奇森的描述,参见 Dabney Townsend, *Aesthetics: Classic Readings from Western Tradition*, pp. 88 - 91。

的论证中，我们实际上也是受情感的指引，我们不可能获得绝对确定的知识。如果认识到知识的这种限度，我们在关于人类知识方面就不会做出过分夸大的主张了。

尤其是在艺术领域，洛克式的经验主义的主张完全经不起检验，因为单凭经验不能给我们任何关于艺术的确定知识。休谟将趣味作为他的美学的核心概念。趣味像其他感官一样提供观念或印象，因此也像其他感觉一样是不确定的。不仅如此，趣味评判比感官感觉具有更大的不确定性。人们对于视听嗅味触等感觉的认同程度明显要超过对于美和艺术的趣味评判的认同程度。尽管糖与盐在视觉上给人相似的印象，但无论是谁都容易通过味觉将糖的甜与盐的咸区别开来；如果某人不能正确地区别糖甜与盐咸，我们可以从生理学或心理学上对此做出可靠的解释。趣味在评判艺术和美的时候就没有这样的一致性，没有人可以有把握地说谁都可以在两幅绘画作品间区分出好坏美丑来。对于美丑的区别，远非像对于咸淡或甜苦的区别那样简单明了。人们对艺术作品的趣味判断千差万别，而且我们无法对它做出可靠的解释，每个人都会满意自己的趣味，相信自己的判断，对此进行争论是毫无结果、没有意义的。

休谟对于趣味的多样性的强调，一个重要的目的就是要显示经验主义对于基于感觉观念或印象的确定知识的要求是有限度的，至少它不能扩展到审美领域。在休谟看来，因果关系本身建立在规律性之上，没有重复出现的规律性，我们就不能将甜的观念与糖联系起来，从而也就不能正确地区别糖甜与盐咸。但这种情况实际上并不会发生，因为在正常情况下，我们的味觉都能够从糖那里获得甜的观念或印象，这是有规律的。但对于美和艺术的趣味判断就有所不同了，这里没有规律可循。不仅人人都有自己的哈姆雷特，此人认为的杰作在彼人眼里可能无异于垃圾，而且我们自己对于同一件艺术作品的反应也有此时此地与彼时彼地之间的差异。由此，我们无法将作为结果的美的观念与引起它的原因比如艺术作品联系起来，仅仅从感觉得到的观念印象出发，我们就无法获得关于艺术和美的确定知识。关于趣味的差异性，休谟说：

趣味的巨大差异，就像世上流行的意见一样，是如此的明显，以至于不会受到每个人的观察的影响。大多数知识有限的人，在他们熟悉的狭小圈子里就能看出趣味的差异，即使那里的人们都在同样的政府下受教育，且从小都受到同样的偏见的影响。而那些能够把将他们的视野扩大去思忖遥远的国度和久远的时代的人，对于这方面的巨大差异和对立就会越发惊叹了。对于无论什么很不符合我们的趣味和理解的东西，我们都倾向于称之为野蛮：但很快就会发现有责难的粗话回敬给我们。就连最傲慢和自负的人在看到各方面的人都同样自信时最终也会感到吃惊,要在这种关于敏感(sentiment)的纷争之中肯定地表明自己的爱好,也会犹豫起来。①

趣味之所以有如此巨大的差异,在休谟看来,原因在于,趣味是敏感,而不是理智判断或者推论。美作为敏感的对象,不是指事物的性质,而是指心灵的愉快。尽管下面这段话是休谟设想要反对的,但其中所包含的关于趣味和美的看法,却是休谟自己的看法:

据说[理智]判断和敏感之间存在着极大的差异。所有敏感都是正确的;因为敏感只涉及自身,无论在什么场合只要一个人意识到它,它就总是真实的。但所有的理智决定不都是正确的;因为它们涉及外在于它们的某物,也就是说,涉及事实的真实内容;因而不总是能符合这个标准。在不同的人对于同一个东西可能怀有的一千种不同的意见中,有且仅有一种是正确和真实的;唯一的困难是去确定和发现它。相反,由同一个对象激起的上千种敏感,却可以都是正确的;因为敏感不表现对象中实在存在的东西。它只是表示对象与心灵的官能之间的某种符合或联系;如何这种符合并不真正存在,敏感就绝不可能发生。美不是事物自身中的性质:它只存在于观照事物的心灵之中,每个心灵都感觉到不同的美。一个人可能只是感觉到丑,另一个人却感觉到美;每个人都应该默许自己的敏感,无须自诩去校正别人的敏感。要寻找真正的美或真正的丑,就像自诩去弄清真正的甜或真正的苦一样,是一种没有结果的探究。根据感官的生理特性,同一个对象可以既是甜的又是苦的;谚语已经非常正确地判定关于趣味的争论是没有结果的。②

不过,休谟并不是真的主张"谈到趣味无争辩",相反他认为趣味是有标准的,他的目的就是要找到趣味的标准。说趣味是有标准的,这是由经验得来的。因为尽管人与人之间的趣味千差万别,但人们又似乎能够将真正的天才与冒牌的假货区别开来:"无论是谁断定奥格尔比(Ogilby)与弥尔顿(Milton)或者班扬(Bunyan)与艾迪生(Addison)之间的天才和优雅不相上下,都会被认为是在辩护信口雌黄,就像在主张小土堆像特勒里非山峰(Teneriffe)一样高,或者小水塘像海洋一样宽一样。"③趣味的标准还体现在一些伟大的艺术作品能够经受起时间的变迁和文化的差异的考验:"两千多年前在雅典和罗马让人喜爱的同一个荷

① David Hume, "Of the Standard of Taste", in Dabney Townsend, *Aesthetics: Classic Readings from Western Tradition*, p. 105.

② 同上书,第106—107页。

③ 同上书,第107页。

马，在巴黎和伦敦仍然让人钦佩。气候、政治、宗教和语言的所有变化，并不能遮蔽他的光辉。权威和偏见可以让一个糟糕的诗人或演说家暂时流行，但是他的名声绝不会持久或普遍。当后代或外国人来考查他的作品时，迷惑就会烟消云散，他的错误就会原形毕露。相反，一个真正的天才，他的作品持续越久，传播越广，他所得到的赞美就越真诚。在一个狭小的圈子里嫉妒和猜疑太多，即使熟悉他的朋友也会减少对他的成就的赞叹：但是，当这些遮幛被清除的时候，那自然地适合激发令人愉快的情感的美，就立即会显示它的能量；只要世界还继续存在，它们就会维持在所有人心灵中的权威。"①

休谟这里指出了伟大的作品的两个重要的指标，那就是要经得起时间或文化变迁的考验。由于的确存在一些这样的伟大的作品，它们的美的感染力可以超过时间和文化的限制而普遍有效，这就证明尽管人们的趣味千差万别，但它们似乎也有共同性的一面。休谟说：

> 由此可见，在变化万千反复无常的趣味中，仍然有某种一般的褒贬原则，细致的眼光可以在心灵的所有活动里发现它们的影响。某些特别的形式或性质，从其内在构造的原初结构来说，是设计来感受愉快的，另一些则是设计来感受不快的；如果在某些场合它们失去了效力，原因是这些感官的某些明显的缺陷或欠完善。一个发高烧的人不会坚持说他的味觉能够判断有关的滋味，一个患黄疸病的人也不会自诩他能够对有关的颜色做出判断。每个人都有健全的和不健全的状态；只有前者能够被认为可以为我们提供趣味和敏感的真正标准。如果在健全的感官状态下，人们之间的敏感有完全的或相当可观的一致性，那么我们因此就可以得出完善的美的观念；就像事物在白天显现其外观的方式那样，尽管颜色被认为只是感官的幻象，对于一个健康人的眼睛来说，[显现出来的东西]可以称之为真实的颜色。②

既然因人而异、变化无常的趣味具有一定的普遍性，那么找到这种普遍性进而确立趣味的标准就是一个非常有挑战性和吸引力的哲学课题。休谟在《论趣味的标准》中就给自己确立了这个课题。不过，休谟似乎并没有直接回答自己提出的问题，而是将趣味的标准问题暗中转换成了批评家的标准问题。休谟的推论似乎是这样的：(1) 趣味本身只是一种敏感，不可能有抽象的标准；(2) 但人们对伟大的文学艺术作品的普遍认同，又表明趣味是有标准的；(3) 有趣味的批

---

① David Hume, "Of the Standard of Taste", in Dabney Townsend, *Aesthetics: Classic Readings from Western Tradition*, p. 108.

② 同上。

评家对伟大的文学艺术作品往往表现出更强的鉴赏力，他们往往被当作趣味的榜样，因此趣味的标准问题，可以适当地转移为理想的批评家的标准问题。从上述引文中可以看出，在休谟看来，理想的批评家的趣味就是健全的趣味。由此，休谟开始考察理想批评家的趣味的形成问题，并提出了他著名的五要素的主张：精致的敏感或想象力、欣赏优秀艺术作品的实践、进行广泛比较、破除一切偏见以及健全的理智：

如果批评家缺乏精致(delicacy)，那么他的判断就没有任何区分性，而只是受对象的粗浅性质的影响：更精细的感触就会被不加注意和不予理会地放过。如果他没有实践的支持，他的判决就会显得混乱而踌躇。如果不运用比较，其实不如说应该叫做缺陷的那种最轻薄的美，也会成为他的赞许对象。如果他处于偏见的影响之下，那么他所有的自然敏感就都会走上歪路。如果缺乏健全的理智，他就没有资格明辨设计和推理的美，而这是最高级和最完美的美。绝大多数人都在某种不完善的状态下工作；因此我们观察到，即使在最有教养的时代，对于出色艺术的真正鉴赏家也是一种十分稀罕的人物：精致的敏感加上强健的理智，再得以实践的改善，比较的完善，以及清除所有偏见，只有这些才能授予批评家这种令人钦佩的人物的称号；而无论那里发现的这些因素所做出的共同判断，都是趣味和美的真正标准。①

显然，休谟所给出的并不是严格意义上的趣味的标准，而是真正的鉴赏家在实际的批评活动中如何培养自己的鉴赏力的一些原则，这“一系列的资格限定，不是对趣味的判断，而是对鉴赏家的判断”②。休谟之所以将趣味的标准问题转移为鉴赏家的标准问题，原因在于我们只能给出关于趣味的可操作的实践标准，而不能从本质上确定趣味的标准。有了这些资格限定，就可以培养出真正的鉴赏家，这些真正的鉴赏家就可以引导出真正的趣味。这在休谟看来是具体可行的。休谟之所以不直接给出趣味的标准，而间接地求助于鉴赏家的标准，原因在于他对趣味的理解与众不同：趣味既是一种与生俱来的敏感，又是受文化熏习的优雅。对此汤森德通过与杜博斯(Du Bos，1670—1742)的比较，对休谟的趣味观念及其思想根源做了中肯的说明：

我认为休谟与杜博斯之间的根本区别在于他们对敏感和感觉本身的理解不同。对于杜博斯来说，这些术语还保持着质朴性。它们仅仅指一个人在情感和

---

① David Hume, “Of the Standard of Taste”, in Dabney Townsend, *Aesthetics: Classic Readings from Western Tradition*, p. 112.

② 同上书，第103页。

感知上被感动的事实。在那种感知框架中,杜博斯在他的实际判断上还显得相当传统。相反,休谟用感觉和敏感意味着某种相当精确和系统的东西。如果应用于艺术和审美判断,休谟会致使关于美和趣味的不同种类的判断。毫无疑问,休谟与杜博斯共享许多说法,尤其是在判断的等级层次中将敏感放到理智之上。他们有共同的敌人,即那些理性主义者和古典主义者,这些人认为规则是永恒的规律,应该被不完善的世界遵循和应用。但他们并不以同样的方式进行思想。休谟将怀疑主义转变为一种辩证的武器,将理性从自身中解救出来。杜博斯则为修正理性寻求确实的事实。休谟可以包含杜博斯,但如果说杜博斯可能已经包含了休谟的那种推论,那就是可疑的。……这种比较也有助于理解为什么休谟探讨趣味标准的方法一定会在根本上不同于简单地依赖敏感。①

简而言之,杜博斯只是强调趣味的感觉直接性和多样性的一面,而没有突出它的普遍性和一致性的一面,杜博斯正是用美和趣味来批判古典主义的理性和规则;但休谟却在杜博斯的基础上进一步强调趣味的普遍性和一致性,为了克服这两方面的矛盾,休谟采取了明显的实用主义策略,即只要从最终的效果上来确保好的趣味的形成就达到了目的,而并没有必要严格遵循逻辑推论的路线。

但实用主义者舒斯特曼没有对休谟在缓解这种自然/文化矛盾中所体现的实用主义理性的灵活性作同情的理解,相反,他看到的是休谟的深刻动机,即巧妙地将少数有产阶级的趣味合法化为唯一正当的审美趣味。

为了论证少数人的审美趣味是唯一合法的审美趣味,休谟首先将美和趣味的问题从实在论(realism)中解救出来。按照实在论的主张,趣味的标准应该与所评判对象中的美的客观性质相一致。休谟反对这种主张,因为在他看来美不是事物的客观性质,它只存在于观照它的主体的心灵之中,对客观的美的性质的寻找注定是没有结果的。由此,休谟在解决趣味标准的问题上采取了一种经验自然主义(empirical naturalism)的立场。趣味的标准是经验告诉我们的,不同时代不同国家的人都自然而然地认可某些伟大的艺术作品。如果人们在自然而然的审美敏感上体现出一致性,那么休谟对趣味标准问题的解决就能够获得成功,但事实上并非如此,如果按照每个人的自然反应,只会出现趣味的多样性,事实上休谟本人对这一点也不否认。"如果趣味尽管是自然的却又是有分歧的,那么为了保全趣味的标准和它的自然性,就必须证明某些趣味比其他趣味更为自然。这正是休谟的策略。"②因此休谟将高级趣味比作健全的感官,将低级趣味

① Dabney Townsend, *Hume's Aesthetic Theory: Taste and Sentiment*, p. 85.

② Richard Shusterman, "Of the Scandal of Taste", in Paul Mattick ed., *Eighteenth-Century Aesthetics and the Reconstruction of Art*, p. 105.

比作感官的病变，也就是说高级趣味是更自然的趣味，低级趣味是病变而不自然的趣味。

然而，休谟在进一步论证真正鉴赏家的那些资格限定时，却完全违背了他的自然主义路线。精致、实践、比较、破除偏见和健全理智，无一不是文化教育的结果，它们明显不是自然的产物。因此，与其说休谟是从人们对美好的东西的自然反应中寻求趣味的标准，不如说他肯定只有通过文化教养才能培养出趣味的一致性。休谟暗中将某些受到良好文化教育的人的趣味视为对美好事物的自然反应，而将具有另外的文化偏好的、也许是更自然的人的趣味视为对美好事物的病态反应。在舒斯特曼看来，休谟根本就不想寻找真正的趣味标准，而且他自己也认识到这样的趣味标准根本不可能存在，休谟的目的是努力证明对享有特权的人的趣味的追随，是其他所有人的自由自愿的行为："然而，尽管休谟的批评家群体的身份是明显享有特权的和完全与众不同的，但是休谟却认为这个群体可以充分地代表一种真正的趣味标准，表现具有真正普遍性的敏感和共识。……这种建议是明显的：顺从享有特权的少数人的这种普遍共识，是[每个人的]自由感觉和自愿倾向，因为它显然不是强迫的。根据这样的构想，这种批评家群体解决了休谟的绝对权威与个人自由之间的自由主义的两难困境。个人在敏感上的自由被维持为表现在使某人的趣味顺从由那些被公认为上流人物即当选者确定的权威标准上的一种自由决定之中。这种解决方案与仅仅以部分当选者享有参政权的代议制民主(休谟的不列颠政治体制)之间的平行关系应该是显而易见的。"①

舒斯特曼进一步指出，对由权威确定的趣味标准的顺从貌似出于个人的自由和自愿，而实际上是社会压迫的结果。"然而，不太明显的东西是，这种对顺从文艺批评的承认，实际上离自由是多么的遥远；相反，这种承认是如何在根本上受社会经济的不平等和话语的压迫性特权结构的限制，这种话语有助于文化领域的构成，并且对于维持上流人物对'高级文化'的要求是至关重要的。对于那些缺乏必要的预备教育、闲暇和社会文化条件，因而在实际上被拒绝接近高级文化作品和对它们的正确欣赏的人来说，没有真正的挑战(或获得)享有特权者的上流趣味选择自由，尤其是如果适当欣赏的模式能够总是被改善来确保将对一件特定作品的优雅的或有趣味的欣赏同通俗的欣赏区别开来的持久可能性，那就更是如此。在社会上不能享受特权的人们在如此这般结构的趣味游戏中不得不勉强承认别人的高人一等，因为这种趣味游戏从一开始就已经使他们丧失资格或对他们设置了粗暴的阻碍，特别是如果他人的'本质上的'高人一等在趣味

---

① Richard Shusterman, "Of the Scandal of Taste", in Paul Mattick ed., *Eighteenth-Century Aesthetics and the Reconstruction of Art*, p. 110.

领域之外的许多事物中得到巩固的话，那就更是如此了。”[1]

科恩(Ted Cohen)从另一个角度支持了舒斯特曼这里的批评。在休谟列举关于真正鉴赏家的五种资格限定中，最重要的是想象力或敏感的精致。关于精致，休谟用塞万提斯(Miguel de Cervantes, 1547—1616)在《堂·吉诃德》(*Don Quixote*)中所讲述的有关桑科(Sancho)的两个亲戚品酒的故事来加以说明。休谟是这样来转述那个故事的：

> 桑科对那位大鼻子随从说，有一个很好的理由能说明我自认为对酒有判断力：这是我们家族世代遗传的本领。有一次，我的两个亲戚被请去品评一桶据说是年代久远且产于好年成的好酒。其中一个尝了尝，想了想，经过深思熟虑后断定：如果没有他在酒里尝到的一点儿皮子味的话，就是好酒。另一个在同样审慎地品尝之后，也断定他对酒有好感，但除了他能轻易地辨别出来的那股子铁味之外。你想象不出他俩因为他们的判断而受到多少嘲笑。但谁笑到了最后呢？酒桶倒空之后，在桶底发现有一把拴有一根皮带子的旧钥匙。[2]

科恩指出在这段话中隐含着休谟趣味概念的两层含义：一种是对好的东西的偏好，比如桑科的两位亲戚都能尝出那是好酒，表达他们对那桶好酒的偏爱；另一种是对组成一个东西的细小成分的辨认，比如桑科的两位亲戚一个能够辨别出酒里有点皮子味，一个能够辨别出酒里有点铁味。休谟不加区别地将这两层含义都当作构成精致趣味的内容。然而，科恩却指出，这两层含义是不相容的。从对一个东西的组成成分的精确辨认中，不能推出对这个东西的偏好。对这个东西的偏好只是个人趣味问题。只不过有些人的趣味被认为是好的，有些人的趣味则被认为是坏的。之所以能够说某些人的趣味好，另一些人的趣味差，就是因为有休谟所说的那种趣味的标准作为评判的依据。

科恩不仅怀疑趣味有标准，而且怀疑“是否有什么方式使得某人的趣味好于他人的趣味这个观念变得有意义”[3]。当休谟说人们都会同意奥格尔比逊于弥尔顿、班扬逊于艾迪生的时候，他可能说的是，从弥尔顿和艾迪生的作品中得到的快感要比奥格尔比和班扬的作品来得更自然、更合适，因而更强烈持久，只有一些有特殊资质的批评家才能享受到这种强烈而持久的快感。因此，当一个人

---

① Richard Shusterman, “Of the Scandal of Taste”, in Paul Mattick ed., *Eighteenth-Century Aesthetics and the Reconstruction of Art*, pp. 110 - 111.

② David Hume, “Of the Standard of Taste”, in Dabney Townsend, *Aesthetics: Classic Readings from Western Tradition*, p. 109.

③ Ted Cohen, “The Philosophy of Taste: Thoughts on the Idea”, in Peter Kivy ed., *The Blackwell Guide to Aesthetics*, Malden, Oxford, and Carlton: Blackwell, 2004, p. 169.

的趣味从喜欢奥格尔比和班扬转变为喜欢弥尔顿和艾迪生的时候，我们可以说他的趣味提升了，反之则降低了。但是，在科恩看来，也许更合适的说法是，这里只有趣味的"改变"，而没有趣味的"提升"。

即使承认趣味有好坏之别，"一个人应该具有更好的趣味吗？一个人应该会希望具有更好的趣味吗？具有更好的趣味就会更好吗？"这些一般人会不假思索地做出肯定回答的问题，这在科恩看来却是相当可疑的。因为(1)要提高自己的趣味是需要付出时间和精力的代价的，由于看不出提高趣味有多大的强制力，因此一个人完全可以选择将这些代价付在其他方面。(2)提高或改变自己的趣味的确会获得一些新的快乐，但也必然会失去一些已有的快乐。当一个趣味只配欣赏流行音乐的人在经过长时间的训练后终于能够从古典音乐中享受到快乐时，他多半会因为趣味的改变而不再能从流行音乐中享受到快乐了。正如科恩所说："设想在某个时期，作为一个年轻人，你的音乐趣味趋向于像柴可夫斯基(Tchaikovsky)的《1812序曲》(*1812 Overture*)、拉威尔(Ravel)的《博莱罗舞曲》(*Bolero*)、格罗斐(Grofé)的《大峡谷组曲》(*Grand Canyon Suite*)，以及类似的管弦乐作品。你对巴赫(Bach)的赋格曲、贝多芬(Beethoven)的后期四重唱，或贝尔格(Berg)的《抒情组曲》(*Lyric Suite*)几乎无动于衷。不管出于何种原因，你开始着手提升你的音乐趣味。(也许我们不应该如此急于说**提升**你的趣味，而应该谨慎地满足于说你将**改变**你的趣味。)后来的某个时间，你真的从巴赫、贝多芬、莫扎特(Mozart)、海顿(Haydn)、贝尔格、勋伯格(Schönberg)等人那里获得极大的享受。但是，现在你不太喜欢《1812》中的炮声和教堂钟声，你对拉威尔的实验也很是厌倦。你肯定失去了某些东西，失去了你生命中一个快乐的源泉。而且你可能还会失去得更多。你不可能一夜之间学会听巴赫，你得花很多时间用于没有多少乐趣的聆听，并且或许还得花时间阅读关于巴赫音乐的书籍，甚至你或许还要得到别人的指教。在这些时间里你可以做些什么别的事情？新得到的音乐快感抵得上包括那些曾经属于你的音乐快感在内的你所失去的东西吗？显然，这是一个没有定论的问题。"①

在科恩看来，趣味只是事关个人享受的问题，一个人可以选择这种趣味，也可以选择那种趣味，只要他能够在自己感兴趣的东西中获得快乐就行，由此，就没有理由说某种趣味更高级，更不能说某种高级趣味是唯一合法的趣味。因为在科恩看来，审美趣味不是道德要求。"在道德问题上，一个人可以说：对X是一件要做的正当事情的领会，会伴随着他想亲自做X的愿望。但是在趣味问题

---

① Ted Cohen, "The Philosophy of Taste: Thoughts on the Idea", in Peter Kivy ed., *The Blackwell Guide to Aesthetics*, p. 171.

上,在对'精确'趣味的认可与渴望拥有精确趣味之间就有差距。"[1]显然,在科恩看来,在没有发现其他理由之前,人们在提高或改变趣味的问题上花费大量时间和精力至少是一件十分可疑的事情,或者说它只是有闲阶级的事情,如果用布尔迪厄(Pierre Bourdieu, 1930—2002)和舒斯特曼的观点来看,这实际上只是统治阶级巩固自己高人一等的社会地位的一种不可告人的"阴谋"。

三、趣味作为共通感

尽管康德对趣味的讨论路径与休谟的完全不同,但他得出了与休谟差不多类似的结论,趣味尽管有先验的基础,却是文化教养的结果。

显然,康德对于休谟所确立的趣味标准持完全的否定态度,因为在康德看来根本不可能从经验上确立趣味的标准。更重要的是,康德探讨趣味的目的与休谟完全不同。从休谟最终将趣味的标准落实到批评家的素质上来看,他探讨趣味标准的最终目的在于培养或引导某种趣味。康德的目的却是寻找趣味判断的先验基础。康德明确指出,"由于这种对于作为审美判断力的趣味能力的探讨具有先验的目的,而不是旨在[促进]趣味的塑造和培养(因为即使没有这种研究,这种塑造和培养也将会继续进行下去,就像在从前的情形那样),因此我可以认为这种研究在后一个目的方面的不足将会得到宽容的评判。"[2]

康德明确将趣味判断当作审美判断:"如果我们希望决定某物是否是美的,我们不是用知性将表象联系到客体以便引起认识;相反,我们用想象力(也许结合着知性)将表象联系到主体和他的愉快或不愉快的情感。因此,趣味判断不是认识判断,因而不是逻辑判断,而是审美判断,我们用审美判断的意思是指一种其决定基础只能是主观的判断。"[3]

按照康德的构想,趣味判断具有四个方面的特征:从质上来看,"趣味是依据不带任何利害的愉快或不愉快对一个对象或一种表象对象的方式下判断的能力。一种这样的愉快对象就叫做美"[4]。从量上来看,作为趣味判断的对象,"美是没有概念而普遍令人喜欢的东西"[5]。从关系上来看,作为趣味判断的对象,

---

① Ted Cohen, "The Philosophy of Taste: Thoughts on the Idea", in Peter Kivy ed., *The Blackwell Guide to Aesthetics*, p. 173.

② Immanuel Kant, *Critique of Judgment*, trans. Werner S. Pluhar, Indianapolis: Hackett Publishing Company, 1987, p. 7.

③ 同上书,第 44 页。

④ 同上书,第 53 页。

⑤ 同上书,第 64 页。

"美是在没有目的的表象而在对象中被知觉到的情况下的一个对象的合目的的形式"①。从模态上来看,作为趣味判断的对象,"美是那没有概念而被认为是必然喜欢的对象的东西"②。

在康德关于美和趣味判断的构想中,最关键的是无利害而必然令人愉快,无概念而普遍令人喜欢。实际上,这与休谟寻求主观趣味的客观标准类似。只不过康德不认为可以有经验标准作为趣味判断的原则,而是独辟蹊径,要寻求趣味判断的先验原则。在康德看来,趣味判断的先验原则就是自然的主观合目的性和共通感的观念。

事实上只要假定自然的主观合目的性或形式合目的性原则,就可以确保趣味判断的成立。按照康德关于美和趣味判断的构想,只有自然物符合无利害、无概念、无目的的要求,任何人工物甚至包括美的艺术在内都可以是有利害、有概念和有目的的。因此趣味判断在涉及人工物的时候总是不纯粹的,包括艺术作品在内的人工物只有依存美而没有纯粹美。那些无利害、无概念、无目的的自然物为什么可以被趣味判断判定为美的呢?原因就在于自然的主观或形式的合目的性。由于自然的形式先验地符合主体的认识能力,它就能引起主体的认识能力在摆脱利害、概念、目的的限制的情况下进行纯粹的活动或自由的游戏,这种纯粹的活动或自由的游戏会伴随着愉快的情感,来源于这种自由游戏的愉快因而是无利害、无概念、无目的的,主体凭借这种特殊的愉快情感判断对象为美的。

既然自然的主观或形式合目的性观念就可以确保美和趣味判断的成立,那么康德为什么还要假定共通感作为趣味判断的条件呢?在回答这个问题之前,让我们先回到康德的文本看看共通感观念是怎样提出来的。

在美的分析的第四个要素的分析中,康德提出了共通感的问题:"如果趣味判断具有(如同认识判断具有的那样)一条确定的客观原则,那么任何依据这种原则做出判断的人都会声称他的判断是无条件地必然的。如果它们根本没有原则,就像单纯的感官口味判断那样,那么我们就根本不会想到它们具有必然性。因此它们必定具有一条主观原则,这条原则尽管是普遍有效的却是依据情感而不是概念来确定什么是愉快或不愉快的。不管怎样这条原则只能被认为是共通感(common sense)。这种共通感在本质上不同于有时也被称为共通感(sensus communnis)的共同知性;因为后者不是依据情感而总是依据概念来下判断,尽管这些概念通常只是模糊地构想的原则。"③

---

① Immanuel Kant, *Critique of Judgment*, trans. Werner S. Pluhar, p. 84.
② 同上书,第 90 页。
③ 同上书,第 87 页。

由此可以看出，康德是在考虑趣味判断的普遍必然性时提出共通感的观念的。按照康德的构想，共通感是依据情感来做判断，它既不像没有任何普遍必然性的纯粹感官感觉，也不像以概念来确保普遍必然性的共同知性，而是一种类似于介于二者之间的能力。由此，我们有理由认为，康德提出共通感的观念的目的，至少可以说是为了将他的研究置入有关趣味研究的历史背景之中。

前面已经指出，关于趣味的研究可以追溯到亚里士多德关于共通感的构想。"在其前康德的漫长传统中，共通感有时被比喻为将外部世界当作一个统一的意象直接反映给心灵的镜子；无论它是否符合这种情形，共通感都被认为是将世界再现给理智，如果不是作为世界的真实所是，至少是作为能够由理智在它们由感官感知的本质上来把握的形式。因此共通感在知觉中总是具有一种不确定的作用，由于其目的只被假定为对世界的再造，对这种作用的本性的思考被降低到最低限度。对康德来说，这种单纯的反射关系不可能存在，因而探讨这种生产作用的需要就变得更为强烈。如果在我们于其中发现自身、作用于我们以及我们于其中进行活动的自然力量中存在伟大的、普遍的恒定性，那么这些恒定性就比事物的形式更深刻，它们本身是不可能通过这些形式而得到理解的。想象力的首要本领，尽管是一种反作用，也就是在我们经验世界、作用于世界和在世界中行动以及认识世界时，绝对地起作用和积极地构造事物的时空世界；这就是来自我们之间的共同体的具有构成作用的想象力，这是我们分享一个可以交流的世界的想象力。"①

按照萨莫斯(David Summers)的分析，康德将趣味判断建立在共同感的基础上无非是要表明：我们所共有的和可以交流的东西不是在外部世界，而是在我们之中的感受上的一致性。由于有了这种感受上的一致性，当我们在做出趣味判断的时候就不仅是站在自己的立场上，而且还能够站在别人的立场上。这是康德对共通感的不同于传统的独特理解。正如康德所说，"我们[这里]必须将共通感(sensus communnis)理解为一种[我们所有人都]享有的共同的感觉理念，也就是一种判断力的理念，这种判断力在我们自己的反思中(先天地)考虑到每个别人的表象[某物]的方式，以便将我们自己的判断与一般的人类理性相比较，进而避免从轻易地将主观的和私人的条件错误地当作客观的条件中产生的幻觉，一种对判断片面影响的幻觉。"②由此，康德将趣味判断的准则概括为"从每个别人的立场上来思维"，以区别于"为自身思维"的知性准则和"总是一贯地

---

① David Summers, "Why did Kant Call Taste a 'Common Sense'?" in Paul Mattick ed., *Eighteenth-Century Aesthetics and the Reconstruction of Art*, p. 146.

② Immanuel Kant, *Critique of Judgment*, trans. Werner S. Pluhar, p. 160.

思维"的理性准则①。

如果作为趣味判断的基础的共同感主要表现为人类共同体各成员之间的同情理解,那么它就不是先验的,而是可以教育的结果。萨莫斯正是在这种意义上来理解康德为什么将趣味称为共同感的。"康德视为其《判断力批判》的核心的共通感的观念,因此也就是伟大的启蒙教育方案的核心。"②然而,正是从这里出发,舒斯特曼看到了康德与休谟在关于趣味问题上表面不同而实质相似的目的。

在舒斯特曼看来,尽管康德主张趣味判断必须建立在彻底的个人自由的基础上,但在康德的文本中到处都存在或明或暗的个人自由与超个人的权威标准之间的张力,比如想象力的自由与知性规律之间的张力。在舒斯特曼看来,这种张力实际上是"自由个体与制定趣味规则的社会权威之间所演出的关于趣味的真实社会政治戏剧的内在微观世界"③。尤其是从康德在《判断力批判》上卷附录对有关趣味的方法论的讨论中可以明显地看出,康德所标榜的那种基于先验的共同感或自然的主观合目的性的先天原则基础上的趣味判断,实际上是文化教养的产物:"对于一切美的艺术,只要我们旨在其最高程度的完善,它们的预备教育就不在于[遵循]规则,而在于通过预先让我们受到我们称之为人文学科(humaniora)的照耀而培养我们的内心能力:它们之所以被称呼为人文学科,大概是因为人性[Humanität]既意味着普遍的同情感,又意味着那种普遍地参与内在交往的能力。当这两种性质结合起来的时候,它们就构成了那种适合于[我们的]人性并将我们的人性与动物的局限性[特征]区别开来的社交性。"④康德甚至还明确主张,"真正建立我们趣味的预备教育,在于发展我们的道德理念和培养道德情感;因为只有当感性变得与道德情感和谐一致时,真正的趣味才能具有一种确定的、不可改变的形式。"⑤

毫无疑问,正如舒斯特曼指出的那样,康德这里也面临着个人自由与尊重权威之间的矛盾,更广泛地说,面临着自然与文化之间的矛盾。不过,我并不赞同舒斯特曼、布尔迪厄和伊格尔登(Terry Eagleton, 1943—)等人的看法,他们将趣味问题归结为资产阶级意识形态问题,认为审美趣味实际上是资产阶级的一种新的统治形式:资产阶级通过将自己的趣味变成唯一合法的形式,让广大

---

① Immanuel Kant, *Critique of Judgment*, translated by Werner S. Pluhar, pp. 160 - 161.

② David Summers, "Why did Kant Call Taste a 'Common Sense'?" in Paul Mattick ed., *Eighteenth-Century Aesthetics and the Reconstruction of Art*, p. 151.

③ Richard Shusterman, "Of the Scandal of Taste", 见同上书,第 113 页。

④ Immanuel Kant, *Critique of Judgment*, trans. Werner S. Pluhar, p. 231.

⑤ 同上书,第 232 页。

民众心甘情愿地去追求和模仿他们的趣味，从而将他们的统治内化到广大民众的自由决定之中，实现对广大民众的统治。我认为在审美趣味问题上所体现的自然与文化的矛盾，也许具有更大的普遍性，是人类社会的普遍现象。一种文化一旦获得确定的形式，它就会成为僵硬的规则，变得越来越不自然了。趣味教育并不是这种规则教育，相反是解除规则的教育，从这种意义上说，趣味教育有一种“减”文化的作用；但趣味和趣味教育本身又是一种文化现象和文化行为，一种倾向于形成新的规则的文化行为，因此审美趣味就是起这样一种调节作用，通过它维持自然与文化之间的平衡。

四、趣味与审美评判

趣味是一种审美评判能力。从前面的讨论中可以发现，这种评判能力似乎介于自然与文化之间：一方面体现的是天然的感觉，另一方面体现的又是文化的教养。从趣味的这种特征出发，我们可以发现审美评判的特征，即审美评判不是纯客观的知识判断，也不是纯主观的感受判断，而是二者的结合。这是从上面的论述中可以推导出来的结论。现在，我想换个角度来强化这种结论。我们不是从趣味的特征来看审美评判的特征，而是从审美评判的特征来看趣味的特征。

所谓审美评判，就是对审美对象的审美价值做出判定。让我们以艺术作品为例，来说明我们的审美评判是如何进行的。

比尔兹利发现，如果我们要对艺术作品做出恰当的审美评判，首先需要对艺术作品的不同特性进行分析。他发现有两种与艺术作品有关的特性，即“局部特性”(local qualities)和“区域特性”(regional qualities or regional property)。在这对概念中，“局部”跟“区域”相对。局部指的是一个复合体中绝对同质的“部分”，在这种“部分”中不能再分析出其他的组成部分，比尔兹利将这种无部分的部分(partless part)称为“元素”(element)，分析的目的就是将一个复合体中的各元素区分出来，但是对于元素本身，不能再进行分析。局部特性指的就是这种元素。所谓区域特性指的是复合体本身的特性，它可以是由各种元素累积而成的，也可以是从各种元素中突现出来的。无论是累积的(summative)特性还是突现的(emergent)特性，都是指复合体整体的特性，而不是指构成整体的部分的特性。一个复合体的区域特性建立在元素及其关系之上，元素及其关系构成区域特性的突现所需要的“知觉条件”(perceptual conditions)。但是，对于区域特性的突现来说，知觉条件既不是必然的也不是充分的。艺术家不能通过增加或减少某些元素，必然地达到获得或祛除某种区域特性的目的，尽管达到获得或驱除某种区域特性的目的，只能通过增加或减少某些元素的途径来实现。对于比尔兹利来说，在局部特性和区域特性之间，只存在某种或然的关系①。

如果我们将比尔兹利这里的分析与茵伽登关于艺术价值和审美价值的区分联系起来，就能够发现比尔兹利的这种区分在帮助我们理解审美对象的问题上所具有的意义。艺术家只能增加或减少艺术作品的局部特性，批评家只能将构成艺术作品的诸元素分析出来，但所有这些工作只是直接针对艺术作品的艺术特性或艺术价值，而不可能是直接针对艺术作品的审美特性或审美价值。艺术作品的审美特性或审美价值的确是建立在艺术特性或艺术价值之上的，但审美特性或审美价值不是由因果关系推导出来的，而是在知觉中凸显出来的。审美对象是在全面了解或感受艺术作品的艺术特性的基础上凸显出来的，审美评判的对象是这种凸显出来的对象，而不是固定的元素或元素的集合。换句话说，审美对象与艺术作品不是在"量"上的区别，而是在"质"上的区别。艺术作品是客观存在的对象，可以由艺术家创造、改变或摧毁，由批评家分析；审美对象是在审美感知中凸显出来的对象，作为整体存在于审美经验之中，随着审美经验的终结而消失。这种意义上的审美对象不是艺术家直接创造出来的，也不是批评家分析的对象，而是审美经验和审美评判的对象。

比尔兹利的局部特性与区域特性的区分中所隐含的思想，在西布利那里得到了更清楚的表达。西布利(Frank Sibley, 1923—1996)于1959年发表了一篇被广泛引用的文章《审美概念》("Aesthetic Concepts")。在这篇文章中，西布利明确区分了审美特性(aesthetic properties)和非审美特性(non-aesthetic properties)，认为前者跟我们的趣味、知觉和敏感有关，一句话跟我们的审美鉴赏力有关，后者只跟我们的正常感知有关：

我们说一部小说中有大量人物，涉及工业城镇的生活；一幅绘画用了灰白的底色、蓝和绿的主色，在前景中有一些跪着的人物；一首赋格曲中的主题在某一点上转回了，而且伴随着一个加速的结束；一部戏剧的情节发生在一天之内，在第五场的时候有一幕和解的场景。任何一个具有正常的眼睛、耳朵和智力的人，都能够做出这种评论，都能够指出这种特征。另一方面，我们也说到一首诗是非常紧凑的或非常动人的；一幅画缺少平衡感，或者有一种宁静和安详，或者人物的聚集创造出了一种令人愉快的张力；一部小说中的人物从来没有真正生动起来，或者某段情节处理得不够恰当。做出这样的判断，需要运用具有审美鉴别力

① Monroe Beardsley, "Regional Qualities", in J. Bender & H. Blocker eds., *Contemporary Philosophy of Art: Readings in Analytic Aesthetics*, Englewood Cliffs, New Jersey: Prentice Hall, 1993, pp. 239 - 243.

或鉴赏力的趣味、知觉或敏感，这是相当自然的；对于第一组特征，我们不会说需要运用这些能力。①

在这里西布利区分了跟艺术作品有关的两组不同的特性，前一组是“非审美特性”，后一组是“审美特性”。前者只要正常的感觉就可以识别，后者的识别则涉及审美趣味。在我们一般的关于艺术作品的谈论中，都会涉及有关艺术作品的这两种特性。比如，当我们说“右下方的一块红颜色让画面取得了平衡”这句话，“右下方的一块红颜色”是非审美特性，“平衡”是审美特性。每个有正常视力的人，都能看出画面右下方的那块红颜色。但不是每个人都能感觉到画面的平衡。西布利指出，尽管审美特性建立在非审美特性的基础之上，比如，如果改变画面右下方的那块红颜色，将它变成其他颜色或者变动它的位置，画面的平衡感就会立刻消失，但是从非审美特性中不能必然推出审美特性的存在，人们在对画面右下方那块红颜色有了认识之后，并不能必然感觉到画面的平衡。

为了叙述的方便，我们将西布利等人所做出的这种区分统称为“艺术特性”(artistic properties)与“审美特性”(aesthetic properties)之间的区分。“艺术特性”可以诉诸言说，“审美特性”只能诉诸经验。“审美特性”建立在“艺术特性”的基础之上，但不能从“艺术特性”中必然地推导出“审美特性”。在艺术欣赏中，我们能够说清楚的是艺术作品的“艺术特性”，我们无法说清楚的是艺术作品的“审美特性”。由此，我们可以看到，我们在对艺术作品的欣赏和评判中，实际上蕴含着可说的与不可说的两部分内容。艺术欣赏和评判的目的，是要通过可以言说的、局部的“艺术特性”得到不可言说的、整体的“审美特性”。我们切不可以为审美是无利害的静观(disinterested contemplation)或直觉(intuition)，就无需任何关于艺术作品的知识。事实上，我们需要掌握一系列有关艺术的历史的、理论的、技术的知识，才能识别某件艺术作品的“艺术特性”，才能由此进一步感受到它的“审美特性”。这些关于艺术的历史的、理论的和技术的知识，都是可说的。

首先，需有相关的艺术史知识和一般的历史知识。欣赏艺术作品，需要在艺术史的脉络中确定它的位置。即使是艺术天才，也只能在前代艺术家确立的图式下工作，无法摆脱历史语境的局限。不将艺术作品放回到它所诞生的语境之中，我们就无法判断艺术家的创造性，无法理解艺术作品的寓意。而且，在艺术史的脉络中确立一件艺术作品的位置，这项工作是客观的、严肃的，就像天文学

---

① Frank Sibley, “Aesthetic Concepts”, in J. Bender & H. Blocker eds., *Contemporary Philosophy of Art: Readings in Analytic Aesthetics*, p. 243.

家在星空中确立一颗星星的位置一样。

其次,需有相关的艺术理论和美学理论知识。欣赏艺术作品,需要将艺术作品放在适当的范畴下来感知。如果采用错误的范畴,如果缺乏有关范畴的知识,就无法欣赏到艺术作品的特别妙处。比如,欣赏毕加索的《格尔尼卡》,就只能将它放在立体派的范畴下来感知,而不能将它放在印象派的范畴下来感知。如果将它放在印象派的范畴下来感知,它那像立体几何一样的构成,就会被认为是笨拙的;但如果将它放在立体派的范畴下来感知,同样的特性,就会被认为是巧妙的。我们要学会将《格尔尼卡》作为立体派绘画来欣赏,就需要有关于立体派的理论知识。而立体派的含义,是在与印象派、后印象派、古典主义、浪漫主义等一系列风格流派的关系中确立起来的,要理解立体派的含义,就需要理解一系列与之有关的风格流派的含义。再如,如果我们有了"美"的概念就能更好地欣赏古希腊的艺术,有了"崇高"的概念就能更好地欣赏如特纳(W. Turner, 1775—1851)的海景绘画,又如《暴风雪中的汽船》(图 12),就像我们有了"沉郁"的概念可以更好地欣赏杜甫,有了"飘逸"的概念可以更好地欣赏李白一样。美、崇高、沉郁、飘逸等等,就是美学中通常所说的审美范畴(aesthetic category)①。如同我们需要在艺术风格和流派的网络中来理解某种风格和流派的含义一样,我们也需要在审美范畴的网络中来理解某个范畴的含义。诸如立体派、印象派之类的风格流派是艺术史和艺术理论教给我们的,诸如美、崇高之类的审美范畴是美学史和美学理论教给我们的。没有立体派的范畴,我们就欣赏不了《格尔尼卡》中像立体几何一样的构成的妙处;没有"崇高"的概念,我们就欣赏不了《暴风雪中的汽船》中近乎混乱的动荡画面的妙处。

再次,需要有相关的技术和材料的知识。比如,如果我们知道文艺复兴时期的湿壁画的制作工序和技术,就能更好地欣赏那些伟大的湿壁画的独特魅力。一般说来,对于欣赏绘画来说,我们需要一些基本的关于色彩和造型的知识。如果可能的话,我们最好能够了解艺术家的独特技巧。

最后,需有关于艺术家的生活经历和思想情感的知识。艺术作品是艺术家创造出来的,而任何创造行为都是艺术家意图的体现,无论艺术家的意图是有意识的还是无意识的,因此对于艺术家的创作意图的了解,有助于我们更好地理解艺术作品的寓意。由于在一般情况下我们无法直接从艺术家那里获悉创作意图,因此我们往往求助于有关艺术家生平的信息,去揣摩艺术家的创作意图。

① 关于审美范畴,本书第十四章有专门的讨论。

然而，不管我们对于艺术作品的"艺术特性"的描述多么具体，不管我们关于艺术作品的信息多么详细，它们都不能必然带给我们艺术作品的"审美特性"。尽管艺术批评可以采取暗示和比喻的手法，让读者逼近"审美特性"，但仍然无法直接给出"审美特性"。"审美特性"必须显现在欣赏者的审美经验之中，没有相关的审美经验，没有恰当的审美知觉，无论对艺术作品的"艺术特性"的描绘有多么细致，无论有关"审美特性"的暗示和比喻有多么生动，都无法获得"审美特性"。相反，为了让欣赏者有充分的自由去发现作品的"审美特性"，好的批评应该在关于作品的"审美特性"的问题上保持沉默。与其他教育不同，艺术教育不仅需要学会言说，而且需要学会沉默。就像维特根斯所说的那样，对于不可说的，我们必须保持沉默。

总之，艺术作品中区域特性与局部特性、审美特性与非审美特性的区别，意味着我们对艺术作品的审美评判包含着自然与文化、主观与客观等不同方面的内容。在对艺术作品的审美评判中，我们既需要丰富的知识，也需要敏锐的感觉，二者不可偏废。鉴于审美评判有恰当与不恰当的区别，我们认为趣味有高低的区别。通过审美教育，我们不仅改变了我们的趣味，而且改善了我们的趣味。我们认为，巴赫音乐所体现的趣味与柴可夫斯基音乐所体现的趣味不同，二者没有高低的区别，这与科恩的主张类似。但是，我们认为从喜欢柴可夫斯基到喜欢巴赫，或者从喜欢巴赫到喜欢柴可夫斯基，就不只是趣味的改变，而是趣味的改善和提升。这是我们与科恩不同的地方。任何趣味的改变，都意味着趣味的改善，因为在这种改变过程中，我们的趣味变得越来越灵活和敏锐，我们欣赏的范围在扩大，精神境界在提升。同样，就对酒的鉴赏来说，我们认为桑科的亲戚有比众人更好的趣味。的确，如同科恩所言，从对一个东西的组成成分的精确辨认中，不能推出对这个东西的偏好；但只有有了这种精确的辨认，我们才知道什么是我们真正喜欢的东西。趣味教育不是强加给我们某种偏好，而是让我们在一个更加广大的领域去自由地做出选择。

思 考 题

1. 趣味具有一些怎样的特征？
2. 休谟是如何论证趣味的标准的？
3. 如何区分艺术特性与审美特性？
4. 你认为趣味有高低的区别吗？如果有高低区别，如何提升趣味？

推荐书目

Dabney Townsend, *Hume's Aesthetic Theory: Taste and Sentiment*, London: Routledge, 2001.

David Hume, "Of the Standard of Taste", in Dabney Townsend, *Aesthetics: Classic Readings from Western Tradition*, San Francisco: Wadsworth, 2002.

Richard Shusterman, "Of the Scandal of Taste", in Paul Mattick ed., *Eighteenth-Century Aesthetics and the Reconstruction of Art*, Cambridge: Cambridge University Press, 1993.

Ted Cohen, "The Philosophy of Taste: Thoughts on the Idea", in Peter Kivy ed., *The Blackwell Guide to Aesthetics*, Malden, Oxford, and Carlton: Blackwell, 2004.

Immanuel Kant, *Critique of Judgment*, trans. Werner S. Pluhar, Indianapolis: Hackett Publishing Company, 1987.

David Summers, "Why did Kant Call Taste a 'Common Sense'?" in Paul Mattick ed., *Eighteenth-Century Aesthetics and the Reconstruction of Art*, Cambridge: Cambridge University Press, 1993.

第八章 审美与科学

本章内容提要： 审美与科学的关系非常复杂，一方面审美与科学不同，另一方面审美与科学有关。我们可以以是否提供知识为标准，来看待审美与科学之间的复杂关系。主张审美与科学不同的人认为审美的目的在于提供愉快，科学的目的在于提供知识；主张审美与科学有关的人认为审美也能提供知识，尽管不是科学的命题知识。本章通过对审美与科学之间的复杂关系的考察，认为审美与科学之间存在某种深层次的内在关系，审美感觉在科学发现中占有基础位置。

我们这里所说的审美与科学的关系，可以不太严格地包括美与真的关系、艺术与科学的关系、艺术与知识的关系、艺术与真理的关系等等。从18世纪开始，思想家们在审美活动与求知活动之间做出了明确的区别，也正是依据这种区别，现代美学得以从一般科学中独立出来。美学研究审美活动，艺术是审美活动的主要载体，无论是艺术创作还是艺术欣赏，都可以被归结为典型的审美活动。18世纪的思想家如杜博斯、巴特（Abbé Batteux，1713—1780）、狄德罗、达兰贝特（Jean Le Rond d'Alembert，1717—1783）等人已经普遍意识到，以审美为主要目的的艺术不同于以求知为主要目的的科学：艺术的目的是令人愉快，主要手段是模仿，其发展依赖偶然的天才，因而没有明显的进步的历史；科学的目的是增进知识，主要手段是演算和实验，其发展依赖知识的积累，因而有明显的进步的历史。当然，关于美与真或者艺术与科学的区别，在康德的思想体系中最为清晰。科学不讨论美和艺术的问题，美学不讨论真和知识的问题。事实上，18世纪思想家的这种区别，可以追溯到更早的关于美与真的区别，或者诗与哲学的区别。诗与哲学之间的争论，早在柏拉图时代就非常激烈。不过，除了审美与求知、艺术与科学之间的区别之外，我们也可以发现它们之间存在某些联系。比如，有人认为，审美和艺术也能提供某种知识，尽管是不同于科学的命题知识

(propositional knowledge);也有人认为,审美和艺术能够提供某种比科学更高的知识,因为前者是对本体的认识,后者是对现象的认识;还有人认为,审美和艺术可以作为科学认识的基础,因为科学发现常常建立在审美感觉的基础之上。让我们从古老的诗与哲学之争开始,逐步分析审美与科学之间的复杂关系。

一、美与真的冲突

美与真的冲突,诗与哲学的矛盾,审美与求知的不同,几乎在西方文明的发端期就业已存在了。我们在柏拉图所处的时代,仍然可以看到哲学和诗之间的严重冲突。柏拉图说:"哲学和诗的官司已经打得很久了。像'恶犬吠主','蠢人队伍里昂首称霸','一批把自己抬得比宙斯还高的圣贤','思想刁巧的人毕竟是些穷乞丐',以及许多类似的谩骂都可以证明这场老官司的存在。"[①]这些都是当时希腊诗人骂哲学家的话。当然哲学家对诗人的咒骂和嘲讽,一点也不示弱。在柏拉图看来,诗人和艺术家没有专门的知识,只是制造一些骗人的幻术;艺术作品也不会给人真正的知识,而是影子的影子。柏拉图说,荷马"如果对于所模仿的事物有真知识,他就不愿模仿它们,宁愿制造它们,留下丰功伟绩,供后人纪念。他会宁愿做诗人所歌颂的英雄,不愿做歌颂英雄的诗人"[②]。在柏拉图看来,诗人之所以去歌颂英雄,是因为自己无法成为英雄。鉴于诗人模仿常常会造成以假乱真的混乱,滋长哀怜和感伤等不良情感,因此柏拉图要给诗人"涂上香水,戴上毛冠,请他到旁的城邦去"[③]。

柏拉图之所以要将诗人赶出理想国,要用哲学家来取代诗人成为理想国的统治者,一个重要原因是哲学可以提供知识,诗人只是制造幻象。在柏拉图的哲学中,世界被划分为三个层次:理念世界,现实世界和艺术世界。在柏拉图看来,只有理念世界才是最真实的世界,现实世界是对理念世界的模仿,而艺术世界又是对现实世界的模仿,所以艺术世界同真理隔着三层,是真理的影子的影子。由此,自称以理念世界为研究对象的哲学,自然有理由贬低和嘲讽古希腊悲剧诗人了。

哲学以知识或真理的名义对诗和艺术的清算,在西方思想史上比比皆是。尽管亚里士多德将诗人的模仿视为我们获得关于可能世界的知识的方式[④],从

---

① 柏拉图:《文艺对话集》,朱光潜译,人民文学出版社,1983年,第87—88页。
② 同上书,第73页。
③ 同上书,第56页。
④ 亚里士多德:《诗学》第九章,见《缪灵珠美学译文集》第一卷,章安祺编订,中国人民大学出版社,1998年,第11—12页。

而不再简单地将诗人贬低为制造幻象的骗子，但诗人的模仿或再现的活动，只是制作(poiesis)，而不是理论认识(theoria)。理论知识回答"为何"(why)的问题，艺术制作回答"如何"(how)的问题。由此可见，艺术制作只涉及技艺，无需知识。悲剧并不发明或传达知识，而是考虑如何安排情节，组织故事。而且，悲剧的目的也不是传达知识，而是提供一种特殊的愉快，即净化过分强烈的怜悯和恐惧的情感之后产生的愉快。愉快无论适当还是不适当，都不是认识的结果。尽管亚里士多德也认为，通过悲剧我们可以学到关于如何行动的知识，但这只是一种涉及行为的实践知识，而不是一种命题知识。

对现代美学的确立作出杰出贡献的康德，也不认为通过审美可以获得知识，因为审美判断不是提供知识的规定判断(determinative judgment)，而是获得愉快的反思判断(reflective judgment)。获得知识的规定判断是将特殊归结在普遍之下，获得愉快的反思判断是为特殊寻找普遍①。将多种多样的感觉素材归结到确定的概念之下，是我们获得经验知识的前提；但审美判断是无功利、无概念、无目的的。由于审美判断与概念无涉，因此不提供任何经验知识。

哲学与诗、求知与审美之间的冲突，在诗人哲学家席勒身上表现得更为明显。在给歌德的一封信中，席勒诉说了自己的苦恼："我的知解力是按照一种象征方式进行工作的，所以我像一个混血儿，徘徊于观念与感觉之间，法则与情感之间，匠心与天才之间。就是这种情形使我在哲学思考和诗的领域里都显得有些勉强，特别在早年是如此。因为每逢我应该进行哲学思考时，诗的心情却占了上风。就连在现在，我也还时常碰到想象干涉抽象思维，冷静的理智干涉我的诗。"②席勒的朋友洪堡(Humboldt)曾经对席勒说："没有人能说你究竟是一个进行哲学思考的诗人，还是一个做诗的哲学家。"③席勒身上的这种矛盾使他始终徘徊于诗与哲学之间，哲学有时妨碍他的诗，诗也有时妨碍他的哲学。

20世纪一些美学家一方面受到19世纪浪漫主义文艺主潮的影响，将文艺视为情感的表现；另一方面它们又获得新的语言学和符号学方面的训练，能够从技术上清楚地说明哲学与文艺、求知与审美之间的区别。比如，在奥格登(C. K. Ogden，1889—1957)和瑞恰慈看来，语言有不同的使用功能，如符号用法

---

① Immanuel Kant, *Critique of Judgment*, trans. Werner S. Pluhar, Indianapolis: Hackett Publishing Company, 1987, pp. 18 - 19.

② 席勒：《给歌德的信，1794年8月31日》，转引自朱光潜：《西方美学史》(下卷)，人民文学出版社，1982年，第92页。

③ 转引自朱光潜：《西方美学史》(下卷)，第92页。

(symbolic use)和情感用法(emotive use)①。艺术只是语言的纯粹的情感用法，不涉及对真理的追求。这种看法在分析哲学家那里也比较普遍，如卡尔纳普(R. Carnap，1891—1970)、艾耶尔(A. J. Ayer，1910—1989)等人都支持这种区分。

朗格(Susanne Langer，1895—1985)则通过音乐、舞蹈等艺术形式的分析，进一步强化了审美与求知之间的区别。尽管朗格反对浪漫主义美学家将音乐视为情感语言(language of emotions)，或者将音乐视为一种个人表现(self-expression)的形式，而强调音乐与人类的其他活动形式一样是一种符号(symbol)。但是，这并不意味着她弱化了审美与求知之间的区分。在朗格看来，音乐是一种呈现符号(presentational symbol)，它并不直接指称人类情感，因此它并不是一种情感语言。但是，由于音乐在逻辑上或者形态上与情感类似，因此它能够显示语言无法显示的情感形式。但是，这种显示只是相当于让我们知道情感，并没有给予我们关于情感的命题知识。借用鲍姆嘉通的术语来说，音乐只是给我们关于情感的明晰(clear)形象，并不给我们关于音乐的明确(distinctive)知识②。作为呈现符号的音乐是一种非推论性的符号(nondiscursive symbol)，我们不能将它分析为基本的意义单元。用古德曼的术语来说，呈现符号是一种非记谱语言，不具备有穷可分性(finite differentiation)，是含糊两可的(ambiguous)③。或者说，呈现符号是一种具有审美征候的语言，具有句法和语义上的密度等特征④。在朗格看来，音乐是一种非推论的、非指称的(nonreferential)、未完成的(unconsummated)符号，它的意义是不固定的和隐含的，因此尽管它可以直接呈现情感，却无法给出关于情感的命题知识⑤。

二、美作为真的初级阶段

在西方思想史上，美与真、艺术与哲学之间的区别，还有一种比较温和的形式，即将艺术看作哲学的一个前奏，也就是说，艺术对真理的形象显现也是一种

---

① 奥格登和瑞恰慈的有关论述，见 C. K. Ogden and I. A. Richards, *The Meaning of Meaning*, London: ARK, 1985, Ch. VII。

② 见本书第一章第二节中的分析。

③ 关于记谱(notation)的分析，见 Nelson Goodman, *Languages of Art*, Indianapolis, Cambridge: Hackett Publishing, 1976, pp. 127 - 156。

④ 见本书第二章第六节的分析。

⑤ 朗格有关论述，见 Susanne Langer, *Philosophy in a New Key: A Study in the Symbolism of Reason, Rite and Art*, New York: New American Library, 1948, Chps 3 and 8。

科学、一种知识，但还处于不太发达的阶段，最终必然要让位给哲学对真理的沉思。如意大利思想家维柯就认为，“诗性智慧”是每个民族幼年时期都天然地拥有的智慧。但是，维柯同时又指出，这种“诗性智慧”必将为哲学智慧所取代。“神学诗人们是人类智慧的感官，而哲学家们则是人类智慧的理智。”[①]世界发展的历史，就是由诗向哲学、由感官向理智发展的历史。这种将艺术与哲学当作获取真理的不同阶段的区分，并没有将二者完全对立起来，因而可以说是一种温和的区分。

艺术与哲学的这种温和的区分，在黑格尔那里表现得最为典型。黑格尔认为世界的本源是精神性的理念，整个世界不外是绝对理念自我认识、自我实现的过程。艺术、宗教、哲学被黑格尔看作是绝对理念在精神阶段发展中的最高形式。艺术的根本特点，即是理念通过感性的形象来显现自己、认识自己。黑格尔说：“真，就它是真来说，也存在着。当真在它的这种外在存在中是直接呈现于意识，而且它的概念是直接和它的外在现象处于统一体时，理念就不仅是真的，而且是美的了。美因此可以下这样的定义：‘美是理念的感性显现。’”[②]

根据“美是理念的感性显现”这个定义，黑格尔把整个艺术史区分为三个阶段，每个阶段都有一种典型的艺术类型。艺术史的最初阶段是象征型艺术。象征型艺术的一般特征是用形式离奇而体积庞大的东西来象征一个民族的某些朦胧的思想，所产生的印象往往不是内容与形式和谐的美，而是巨量物质压倒心灵的那种崇高风格。也就是说，象征型艺术是感性形象大于理性内容。典型的象征艺术是印度、埃及、波斯等东方民族的建筑，如神庙、金字塔之类。

随着精神的进一步发展，象征型艺术走向解体，让位给古典型艺术。到了古典艺术，精神才达到主客体的统一，精神内容和物质形式才达到完满的契合一致。典型的古典艺术是希腊雕刻，尤其是借以表现神的人体雕刻。因为人首先是从他自己身上认识到绝对精神（也就是说，人是精神本身），而同时人体又是精神的住所，是精神的最合适的表现形式。这样，在人体那里，精神和精神的表现形式——灵与肉，得到了有机的统一。

但是精神是无限的、自由的，而古典艺术所借以表现精神的人体毕竟是有限的、不自由的。这个矛盾导致了古典艺术的解体，浪漫艺术的兴起。在浪漫艺术里，无限的心灵发现有限的物质不能完满地表现它自己，于是就从物质世界退回到它本身，即退回到心灵世界。这样，浪漫艺术就达到了与象征艺术相反的一个极端：象征艺术是物质溢出精神，而浪漫艺术则是精神溢出物质。这也就是说，

① 维柯：《新科学》，见《朱光潜全集》第18卷，安徽教育出版社，1992年，第458页。
② 黑格尔：《美学》第一卷，朱光潜译，商务印书馆，1979年，第142页。

浪漫艺术在较高的水平上又回到象征艺术的内容与形式的失调。因此，就无限精神的伸展来说，浪漫艺术处于艺术的最高阶段，但是就艺术的内容与形式一致来说，古典艺术才是最完美的艺术。浪漫艺术的典型形式是绘画、音乐和诗歌。

当浪漫艺术中精神内容与物质形式进一步分裂的时候，就会导致浪漫艺术的解体，最终背离美的定义。这种解体不仅是浪漫艺术的解体，也是整个艺术的终结。黑格尔认为，到了浪漫时期，艺术的发展就算达到了顶峰，人们就不能满足于从感性形象去认识理念，精神就要再进一步脱离物质，要以哲学的概念形式去认识理念。这样，艺术最后就要让位给哲学。黑格尔说："我们尽管可以希望艺术还会蒸蒸日上，日趋完善，但是艺术的形式已不复是心灵的最高需要了，我们尽管觉得希腊神像还很优美，天父、基督和马利亚在艺术里也表现得很庄严完美，但是这都是徒然的，我们不再屈膝膜拜了。"①

三、艺术与科学的分野

在很长一段时间里，艺术与科学是不分家的。古希腊的艺术概念包含了所有人的活动，无论是今天的科学活动还是艺术活动，都可以称为艺术。就是我们认为跟今天的艺术概念特别有关的缪斯，除了掌管今天意义上的艺术之外，还掌管历史和天文。古罗马开始出现的自由艺术概念，也不完全是今天意义上的艺术，它还包括语法、修辞、逻辑、算术、几何和天文等一般的文理科目。直到18世纪之后，才出现今天意义上的艺术概念。而现代意义上的科学概念是经过培根和笛卡儿等经验主义和理性主义思想家的开创性工作，才逐步确立起来的。分离之后的艺术和科学，成为两个互不相干的领域的代表：艺术属于美的领域，科学属于真的领域。这是康德为现代思想确立的基本范式②。今天看来，艺术与科学的区别显得更为明显了。笼统地说，同艺术相比，科学具有如下一些明显的不同特征③。

1. 尽管科学的兴趣可以多种多样，但有一点是它们所必须遵循的共同规范，那就是满足这些不同兴趣的理论都要符合事实的检验。

人们进行科学活动的兴趣当然不限于描述眼前的世界。我们可以为了掌握

---

① 黑格尔：《美学》第一卷，朱光潜译，第132页。

② 详细的分析，见本书第一章第七节。

③ 下面关于科学和艺术的关系的论述，参见 Anthony O'Hear，"Science and Art"，in David E. Cooper ed.，*A Companion to Aesthetics*，Oxford：Blackwell，1997，pp. 390－394。

世界和改造世界的目的，而从事科学研究；可以为了最有效地处理数据，而求助于科学理论；也可以像牛顿那样因为宗教、形而上学和思想体系上的原因，而对科学产生兴趣；还可以像卡尔·玻普和他的追随者所信奉的那样，把科学的进步看作刻不容缓地消除错误的理论。尽管对科学的兴趣五花八门，但满足这些兴趣的科学理论，至少在根据观察的水平上要符合事实，或者在这方面能被判断为是成功还是失败。即使是希望利用科学建构宏伟思想的研究者，如果别人能够给出与他的科学理论不相吻合的经验事实，这对他来说也无疑是一场灾难。

2. 科学中也允许有假设和想象，但这些假设和想象最终都要付诸事实和数据的检验，因为科学关注的是对一个不以我们的信仰和感觉为转移的客观世界的描述、解释、控制和改造。

仅仅将科学理论看作是客观规律的显现，会招致许多困难，因为许多科学理论中的一些成分，完全超出了我们证实和检查的能力之外。在科学理论的假设中总有一种建构的因素，一种超越数据的想象的飞跃。但是，如果要将一种理论看作在科学上成功的话，就必须有能够支持它的可检验的事实和数据；如果一种理论建立在不可检验的事实的基础上，它就会招致一种正当的批评。不管分析一种科学理论与支持或不支持它的事实之间的关系有多么困难，要求将科学置于事实之中的理由是清晰的：科学关注的是对一个不以我们的信仰和感觉为转移的客观世界的描述、解释、控制和改造。

3. 科学不考虑人作为一个活生生的存在者的信仰、情感和想象，而倾向于对事物的知觉表象进行抽象，倾向于将世界纳入因果关系之网中进行解释。

在科学活动中，我们的信仰、情感和想象，必须总是被看作是对一个独立于我们的信仰、情感和想象的世界的反应。在处理这个独立于我们的信仰、情感和想象之外的世界时，科学倾向于对向作为观察者的我们显现的事物进行抽象，而忽视作为观察者的我们的存在。在寻求对世界的独立于观察者的观察时，科学将颜色、声音、感觉、味觉和触觉的性质降低为第二性的性质：即一些仅仅在主客体交互活动中出现的性质，一些可以被因果联系之网所忽略的性质，一些与认识的结果无关的性质。

4. 科学有一种还原主义的倾向，牺牲事物的丰富性，把事物还原为最基本的因素和过程进行控制。

为了获得对世界的独立于观察者的知识，科学倾向于还原主义，将丰富多彩的事物还原为数量较少的基本实体和过程。就我们对世界的因果解释和控制来说，成功的还原被视为智力的进步。因此，对于我们的知觉来说是非常重要的某些方面，可以被我们忽略不计；因为这些对于我们的知觉显得重要的东西，对于离开知觉者的、在物理世界中可以重复发生的东西来说，却不那么关键。

总之，科学试图研究世界本身，对与观察者有关系的性质不予考虑，寻求能囊括不同现象的抽象理论，理论的成功是由经验的证实来判断的。在所有这些方面，艺术与科学都存在许多重要的区别。

第一，艺术倾向于表现感觉世界。艺术活动和艺术表现，直接指向观察者的当下经验和不同的反应。艺术家倾向于用这种方式来进行工作。比如，注视泰纳的一幅油画（见图 12），可以唤起我们对海洋的膨胀和张力的感觉。对一件艺术作品来说，成功是与它在欣赏它的观众中引起的或可能引起的反应、思考和态度联系在一起的。与此相反，科学理论总要面对自然规律的审判，这种自然规律对人类的知觉和反应是无动于衷的。

第二，由于要表现和传达感觉世界，艺术家与科学家不同，他们不忽视事物的第二性质。事物的第一性质和第二性质的区分，始于英国经验主义哲学家洛克。所谓第一性质，指的是事物的广延、形相、运动、静止、数目等可以用力学和数学加以测量的性质。第二性质，指的是事物在我们的感官上表现出来的性质，如颜色、气味、声音、滋味等等。

第三，由于艺术世界是人类经验的最初的和最重要的世界，因此艺术家没有必要深入到知觉现象下面去探寻因果规律。同科学还原主义相反，艺术要保持感觉世界的丰富性和生动性。

第四，科学有明显的进步的历史，但艺术进步的说法就十分可疑。艺术进步至少表现为一种十分复杂的现象。我们可以说爱因斯坦时代的物理学比牛顿时代的物理学要进步，牛顿时代的物理学比亚里士多德时代的物理学要进步，但我们不能说今天的诗人比荷马要伟大。其中的部分原因是，在诗歌和其他艺术中，没有超越时间的、经久不变的外部目标作为判断不同时代的艺术质量的客观标准。科学有超越时间的、经久不变的外在的自然规律作为判断科学理论进步与否的试金石。今天的情况甚至是，艺术不仅没有进步，反而不断退步了。其中的原因恐怕就在于：在这个科学统治的世界里，人们已习惯于科学思维和用科学的态度来理解事物，我们的感觉变得越来越麻木了，我们的情感变得越来越冷酷了，似乎再也没有什么东西可以打动我们，我们在成为“单面人”的同时，又成了名副其实的“局外人”。

艺术与科学的这种深刻的差异，源于它们建立在两个不同层次的真理的基础上。艺术关注的是“存在”的真理，是活生生的人所感受到的真实。科学关注的是“存在者”的真理，是与人的感受无关的客观规律。然而，人首先是作为活生生的人生活在世界上，然后才是作为科学家生活在实验室里。正如叶秀山（1935—　）指出的那样，“无论科学知识如何普及，‘红’对于日常的、经验的人来说，都不仅仅意味着是一种‘光谱’。‘红’作为光谱的度来说，是相当确定的，但生活经验中'红'的'意义'却是多层次的。我们虽然不必像海德格尔那样坚持'斤两出，重量失'而说'光谱出，颜色失'，但这二者的区别的确是应该承认的。在计量化的光谱中，'红'只保留一种'意义'——科学的、知识的意义，而'桃花'、'人面'这类的联想就隐退了，但这种'联想'也并不需要分析'桃花'和'人面'的光谱之后才有的。"①"人面"、"桃花"之类的联想，是人在生活世界中自然滋生的，不需要依据科学知识。相反，科学知识，却更多地要依据生活经验。就像马克思和恩格斯在评论培根的学说时所说的那样，那个对我们"微笑的"、"带有诗意的""感性世界"，是培根的科学工作的基础②。由此，我们可以说，科学是从艺术的基础上派生出来的，是第二性的东西。艺术才是人生在世的原初经验。正如叶秀山所说："在日常的、基本的、原初性的生活中……一切的语句、判断、陈述…… 都可以是审美的、艺术的、诗意的。艺术不必寻求或建构另一套语言和文字，因为语言和文字就其基础性来说，本就是艺术的、诗意的，而科学的、知识性的语言，正是从这个基础上派生出来、抽象出来的。从这个意义说，我们看到，艺术不需要寻求、创造'另一套'特殊的语言，相反，科学有时倒是要有另一套不太等同于日常语言的'科学语言'——包括科学的符号、公式等。但一切被现今认为科学的、知识的语句，都可以'还原'为艺术的语句。物理学家的'中子'、'质子'……可以在某种特殊的方式下成为'审美对象'，而数学家的数字、方程式，甚至逻辑学家的各种符号、公式，也未尝不可以作'审美观'，只要这些'专门家'，不仅仅作为'专门家'，而且也作为普通的、现实中的人来对待他们的'工作'，则这些'工作'——各种的'学'，各种的'数'和各种的'符号'、'公式'，就立即显示出它们的'诗意'来。"③

由于艺术和科学之间存在这样的关系，艺术家的创作很少寻求科学分析的支持，相反，科学家的创造常常要从艺术中吸取灵感。比如20世纪的科学巨人爱因斯坦(Albert Einstein, 1879—1955)就常常从音乐等艺术中获取科学创造的灵感。爱因斯坦有很高的艺术修养，他几乎每天拉小提琴，钢琴演奏也有很高的造诣，有时还与量子论的创始人普朗克一起演奏贝多芬的作品。当然，如果我们说音乐中就包含了爱因斯坦物理学的内容，这是完全不可信的。也许可信的是，音乐实践会训练出爱因斯坦的美感，这种美感可以指引爱因斯坦的物理学研究。日本物理学家汤川秀树(1907—1981)正是从这个方面来评价爱因斯坦的。他说：

他并不单纯地追求和满足于导致逻辑一致性并和实验相符合的那种抽象。

① 叶秀山：《美的哲学》，人民出版社，1991年，第98页。
② 《马克思恩格斯全集》第2卷，人民出版社，1957年，第163页。
③ 叶秀山：《美的哲学》，第97—98页。

他所追求的是自然界中尚未发现的一种新的美和简单性——抽象总是一种简单化的手段,而在某些情况下一种新的美则表现为简单化的结果。爱因斯坦具有一种美感,这是只有少数理论物理学家才具有的。很难说清楚对一个物理学家来说什么是美感。但至少可以说简单性本身是可以通过抽象来达到的,而美感似乎在抽象的符号中间给物理学以指导。①

按照汤川秀树的这种说法,爱因斯坦在物理学上的伟大成就,与他的艺术修养有着密切的关系。这种关系不是物理学给了艺术什么启示,而是艺术给了物理学以指导。艺术所培养起来的美感和想象力,是科学发明所必需的主观条件。汤川秀树还对现代科学表现出来的脱离哲学、文学之类的文化活动感到不安。因为在他看来,哲学、艺术等文化活动,正是科学创造的源头活水。现代科学片面化的抽象的趋势,对科学的创造性思维是一个极大的损害。因此,当务之急是要将现代科学从过度的抽象化中解脱出来,将它们还原到本原性的生活经验中,就像在古希腊那样,"不但直觉和抽象是完全和谐的和处于平衡中的,而且也不存在科学远离哲学、文学和艺术的那种事情。所有这些文化活动都是和人心很靠近的。一个人可以像欣赏几何学那样欣赏诗。"②

四、美与真的和解

艺术与科学虽然在许多方面不同,但在它们的根源部位上却表现出相当的一致性。比如说,都注重美感和直觉。除了这种基本的一致性之外,当代美学家还发现艺术与科学之间存在许多一致性。如果真是这样的话,我们可以说美与真就由对立走向和解了。当代美学家在建立美与真、艺术与科学的关系时,不仅修正了我们对美和艺术的看法,而且修正了我们对真和科学的看法。

里德(L. A. Reid)采取扩大知识的范围的方式,来调和美与真之间的冲突。在里德看来,我们除了有命题知识(propositional knowledge)之外,还可以有非命题知识(nonpropositional knowledge)。比如,一些通过直觉或熟练所获得的知识,就不一定都能够还原为命题知识的形式。我们关于价值、道德、他人、审美对象等等的知识,有很大一部分就是非命题知识。里德还强调,命题表达形式不是知识的必要条件。也就是说,我们的认识不一定非得以命题的形式表达出来,

① 汤川秀树:《创造力与直觉》,周林东译,复旦大学出版社,1987年,第81—82页。
② 同上书,第83页。

才能称之为知识。知识是一种认识上的"把握"(grasp),需要深入到客体的本性里面,这种"把握"并不总是可以由语言来表达的。因为我们对客体的"把握"通常会包含情感和感受,这些都是非命题的。由此,里德认为,我们应该扩大知识或真理概念,让它们不仅包括命题知识,而且包括非命题知识①。

普特南(H. Putnam, 1926—)也强调艺术可以像科学一样给人知识。科学给人以"实际知识",艺术给人以"概念知识"(conceptual knowledge)。需要注意的是,普特南这里所说的"概念知识",并不是用概念来表达的知识,而是一种关于可能性(possibility)的知识。就像亚里士多德在历史与诗之间所做的区别那样,历史只是关于实际发生的事情的知识,诗则是关于按照可然律或必然律可能发生的事情的知识。在普特南看来,一些虚构的小说可以教给我们许多"概念知识",让我们去应付复杂的生活情景,去决定如何生活②。

诺维兹(D. Novitz, 1945—)也认为艺术可以给人知识。诺维兹与普特南一样,强调艺术知识是有关可能世界的知识。不过,诺维兹强调艺术所关注的可能世界是人类生活实践的可能世界,而不是科学理论的可能世界。因此,他将艺术知识称为"移情知识"(empathic knowledge)。在诺维兹看来,艺术(尤其是小说)可以为我们创造出一个世界或者一种情境,让我们虚拟地身陷其中,去面临各种各样的人与事,感受各种各样的情感,解决各种各样的问题,从而在为人处事上给我们以重要的启示③。

尽管里德等人通过扩大知识的范围的方式,可以将美和艺术也纳入知识的范围,但他并没有很好地消解艺术与科学、美与真之间的冲突,相反他还强调了它们之间的对立,即强调了命题知识与非命题知识、实际知识与概念知识、实际知识与移情知识之间的不同。而古德曼在这两种不同的知识之间,发现了它们具有深层相似性,从而较好地调和了艺术与科学之间的矛盾。

在古德曼看来,任何宣称艺术与科学统一的理论,其实都是在突出它们之间的差异。正如里德所做的那样,尽管艺术与科学被纳入一个范围更大的知识系统,但它们之间的差异并没有得到丝毫的消解。在古德曼看来,我们通常在艺术与科学之间所做的那些区别,都是站不住脚的。科学并不总是探求真理,艺术也

---

① 里德的有关论述,见 Louis Arnaud Reid, "Art and Knowledge", *British Journal of Aesthetics*, 25 (1985), pp. 115 - 125。

② 普特南的有关论述,见 Hilary Putnam, Literature, Science, and Reflection, *New Literary Theory*, Vol. 7, No. 3, 1976, pp. 483 - 491。

③ 诺维兹的有关论述,见 David Novitz, "Fiction and the Growth of Knowledge", in J. W. Bender and H. G. Blocker eds., *Contemporary Philosophy of Art*, Englewood Cliffs, New Jersey: Prentice Hall, 1993, pp. 585 - 592。

不总是追求享乐。科学与艺术都是人们理解世界和创造世界的符号系统。为了更加深入地理解科学与艺术的本性，我们可以通过符号学的研究，找出它们在符号表达上的不同来。正如古德曼在《艺术语言》的结尾时所说，“我的目的是推进一种系统研究，它涉及符号、符号系统，以及它们在我们的感知、行为、科学和艺术中所发挥的作用，因而也是在我们的世界的创造和理解中所发挥的作用。”①如果艺术与科学一样，都是人们理解世界和创造世界的方式，那么我们通常在它们之间所做出的一系列区分，就是错误的。这些错误的区分有碍于我们对艺术和科学的认识。正如古德曼所说的那样，“我所强调的是，跟人们通常所认为的相比，这里的亲缘性要深入得多，这里重要的区别也很不相同。艺术与科学之间的区别，不是感受与事实、直觉与推论、享乐与权衡、综合与分析、感觉与思考、具体与抽象、激情与行动、居中与直接、真与美等等之间的区别，而是符号的某种特殊特征占主导地位上的不同。”②尽管艺术与科学之间还是存在不同，但是它们之间的不同是在符号表达方式上的不同，艺术更多地采用从特殊到一般的“例示”方式，科学更多地采用从一般到特殊的“指谓”方式；科学追求精确的、没有任何密度的记谱语言，艺术追求两可的、充满密度的非记谱语言。但是，它们都是我们对世界的认识，都能为我们创造出或者投射出一个新世界。

尽管艺术与科学在许多方面不同，但是它们都能够让我们增长知识，这是当代美学的普遍看法。鉴于人们常常忽视艺术在增长我们的知识方面所具有的功能，这里我想引述本德(J. W. Bender)列举的一系列的艺术认识功能。艺术所具有的这些认识功能，有助于我们更好地理解艺术与科学之间的关系。本德列举的艺术认识功能如下：

艺术给予我们独特的感知经验和认识经验；
提供感知事物和构想事物的新方式；
展示、表现和唤起我们心中的情感；
给我们愉快，感官的愉快、肉欲的愉快、智力的愉快；
再现事物；
传达艺术家意图状态和态度；
例示那些非常抽象的特性和联系；
发挥表象记号的作用；
创造“世界”和观点；

① Nelson Goodman, *Languages of Art*, p. 265.
② 同上书，第264页。

既是想象力的一种练习又训练想象力；

运用语言的、视觉的、听觉的以及动觉的隐喻；

深化我们的审美感受力并使之成熟；

解决艺术家面临的难题或关注的问题；

描绘和显示价值、希望、渴望、理想；

给我们关于世界的知识，有时候是实际的(factual)知识，有时候是规范的(normative)知识，有时候是“情态”(modal)知识。[1]

总之，如果注意艺术在这些方面所发挥的认识功能，我们就不会将艺术与科学、美与真尖锐地对立起来。

五、美与真的同一

西方文化中美与真、诗与哲学之间的冲突，在中国文化中表现得并不尖锐。相反在中国文化中，更多地是美与真、艺术与哲学的和谐共处。受到孔子称赞的曾点(字子皙)的人生境界：“莫春者，春服既成，冠者五六人，童子六七人，浴乎沂，风乎舞雩，咏而归”(《论语·先进》)，这不仅是哲学境界，而且是艺术境界。在庄子那里也可以看到同样的情况，正如徐复观所指出的那样，“说到道，我们便会立刻想到他们所说的一套形上性质的描述。但是究极地说，他们所说的道，若通过思辨去加以展开，以建立由宇宙落向人生的系统，它固然是理论的，形上学的意义；此在老子，即偏重在这一方面。但若通过工夫在现实人生中加以体认，则将发现他们之所谓道，实际是一种最高的艺术精神；这一直要到庄子而始为显著。”[2]在中国文化中，“道”既可以作为哲学对象，也可以作为艺术精神，这二者似乎并不矛盾。也正因为如此，许多学者指出，一方面，中国哲学具有一种艺术气质和意味，另一方面，中国艺术又有一种形而上的追求。

在中国文化中，真与美、诗与哲学，不仅可以和谐相处，甚至有很多的思想家毫不掩饰地指出，哲学所追求的真谛，以艺术表现最为有效。例如，明末清初的大哲学家王夫之就把这个问题说得非常清楚。王夫之借用因明学中的术语“现量”来指称审美知觉。在因明学中，“量”相当于知识。“量”有“现量”和“比量”之别。人们通过感觉器官直接接触客观事物，把握事物的“自相”，这就是“现量”。

---

① John W. Bender, “Art as a Source of Knowledge: Linking Analytic Aesthetics and Epistemology”, in *Contemporary Philosophy of Art*, pp. 605 - 606.

② 徐复观：《中国艺术精神》，春风文艺出版社，1987年，第42页。

“现量”是纯感性知识。“比量”则以事物的“共相”为对象，由记忆、联想、比较、推度等思维活动所获得的知识①。“现量”与“比量”的区别，大致相当于知识有直接知识与推论知识或者非命题知识与命题知识之间的区别。与西方哲学家推崇命题知识或者“比量”不同，中国思想家推崇非命题知识或者“现量”。在中国哲学家看来，世界向人的直接呈现就是现量，这是世界最真实的样子。如果我们再借助概念和逻辑来推想这个世界，就有可能是对这个世界的遮障甚至歪曲。在中国思想家看来，哲学、科学、艺术都在追求这个向我们直接呈现的真实世界，但以艺术的方式最为适宜。因为并不用概念和命题的形式去再现世界，而是直接呈现世界，用一种仿佛充满魔力的方式让世界如其所是地直接出场②。

根据中国古典美学，美与真没有区别，都是指世界向我们直接呈现的那个最初的样子。以任何形式对这种原初的、本真的样子的遮蔽，都既不美也不真。不过，需要指出的是，中国古典美学只是克服了美与真之间的矛盾，并没有消解艺术与科学之间的矛盾。在中国古典美学看来，科学无论如何不能触及世界向我们直接呈现的原初的、本真的样子。换句话说，中国古典美学对美与真之间的矛盾的克服，是建立在否定科学可以触及真理的基础之上。

在今天这个以科学为真理的典型形式的时代，中国古典美学的这种看法似乎显得有些不合常理。不过，我们可以很容易从当代哲学中找到某些支持中国古典美学这种看法的主张。比如，在海德格尔(M. Heidegger，1889—1976)看来，显示真理的形式是艺术而不是科学。海德格尔的思路与中国古典美学非常相似，即真与美并不矛盾，它们共同与科学相矛盾。海德格尔说：“如果真理自行置入作品中，真理便显现于其中。作为在作品中的真理的存在的显现就是美。”③海德格尔还以梵高的《鞋》为例(图 13)，阐发了艺术作品中所蕴含的那个既真且美的世界。海德格尔写道：

从鞋具磨损的内部那黑洞洞的敞口中，凝聚着劳动步履的艰辛。这硬邦邦、沉甸甸的破旧的农鞋里，积聚着寒风料峭中迈动在一望无际的永远单调的田垄上的步履的坚韧和滞缓。鞋皮上黏着湿润而肥沃的泥土。暮色降临，这双鞋底在田野小径上踽踽而行。在这鞋具里，回响着大地无声的召唤，显示着大地对成熟的谷物的宁静的馈赠，表征着大地在冬闲的荒芜田野里朦胧的冬冥。这器具浸透着对面包的稳靠性的无怨无艾的焦虑，以及那战胜了贫困的无言的喜悦，隐

① 参见石村：《因明述要》，中华书局，1981 年，第 118—127 页。
② 详细的分析，见本书第二章第七节、第三章第五节。
③ 海德格尔：《林中路》，译文引自靳希平：《海德格尔早期思想研究》，上海人民出版社，1995 年，第 295 页。

含着分娩阵痛时的哆嗦，死亡逼近时的战栗。①

这些内容就是海德格尔所谓的梵高的“农鞋”所揭示的存在的真理，也是它的美之所在②。值得注意的是，在海德格尔看来，艺术只是真理的一种显现方式。除此之外，真理的显现方式还有本质性的牺牲供奉、思维、国家的奠基等。但海德格尔认为，在这诸多形式中，艺术是最好的。因为真理有在艺术作品中栖息的倾向或嗜好。这种嗜好或倾向来自真理的本质：它本质上是置于存在者中的争执，在存在者中，以争执的形式显现自身，并要求栖息于存在者中，以便发生影响。艺术品恰是在具体存在者身上显化出来的真理，并一直保留真理的显化。值得注意的是，在海德格尔所列举的真理的显现方式中，没有科学。海德格尔认为，科学在真理显现过程中毫无价值。科学只考察一个句子或命题的正确性，而不顾及作为正确性基础的真理性本身，尽管命题的正确性是以真理的去隐匿性显示真身为前提的，但它毕竟不是真理本身。另外，科学研究的对象是具体的存在，而不是存在者的存在和纯存在本身。从这个意义上来说，科学不会思维。但是，“科学不会思维，这不是科学的缺陷，而是科学的长处。正是这个长处使其有可能使自己进入与研究需要相应的那类对象领域中去，并在其中耕耘。”③

古德曼从另一个角度否认了科学作为真理的化身的说法。在古德曼看来，“不管流行的学说如何，真理自身在科学中根本不太重要。我们可以随意生产出大量可靠的真理，只要我们不关注它们的重要性；乘法表是不可穷尽的，经验性的真理也大量存在。除非科学假设满足了我们探究所设立的范围或特别性的最低限度的要求，除非科学假设实现了某种有效的分析或综合，除非科学假设提出或解答了有重要意义的问题，否则科学假设尽管是真的却是没有价值的。只有真理是不够的；它最多只是一个必要条件。但是，即使这样已经做出了很大的让步；即使最高贵的科学规律也很少是完全真的。为了广度或力量或简单性，小的误差会忽略不计。在审慎的范围内，科学否认它的数据，就像政治家否认他的选民一样。”④在古德曼看来，科学与真理不同。科学为了更像科学，有时候需要牺牲真理，去容忍小的误差，抛弃那些毫无价值的真理。对于古德曼来说，科学是人们理解和掌握世界的方便手段，而真理只是一种符合。“一种假设的真理在根本上是一种符合(fit)，即与一群理论符合，以及假设或理论与手边的数据和遇到

① 海德格尔：《艺术作品的本源》，译文引自 M·李普曼：《当代美学》，邓鹏译，光明日报出版社，1989年，第395页。

② 参见靳希平：《海德格尔早期思想研究》，第294页。

③ 有关分析及引文，见同上书，第300页。

④ Nelson Goodman, *Languages of Art*, pp. 262 - 263.

的事实符合。"[1]许多满足符合条件的真理，并不能成为我们有效的理解和掌握世界的手段。古德曼的这种看法既与海德格尔将真理视为存在的去蔽不同，也与中国古典美学将真理视为事物的直接呈现不同。中国古典美学和海德格尔比较接近，都是通过缩小真理的范围而将科学排除在真理之外。古德曼则是通过扩大真理的范围，将艺术也包括在真理之内。古德曼写道：

符合的好处在于两方面的调节(adjustment)，理论对事实的调节和事实对理论的调节，具有舒适(comfort)和新面目(new look)这种双重目的。不过，这种合适性(fitness)，这种适应和改善我们的知识和世界的倾向性(aptness)，对审美符号来说也同样是贴切的。真理和它的审美相似物，等于不同的名义下的占有(appropriateness)。如果我们将科学假设而不是艺术作品说成是真的，这只不过是因为我们将"真的"和"错的"这种术语保留为句子形式中的符号[所专用]。我没有说这种区别是可以忽略不计的，但这是一种特殊的区别而不是一般的区别，是一种应用领域中的区别而不是[符号]结构上的区别，而且它在科学的与审美的之间并没有标明任何分裂。[2]

从扩大真理的范围将艺术与科学都纳入真理或知识的领域之中来说，古德曼的思想接近本章上一节中讨论的内容。我们之所以将它放在这里讨论，因为一方面它能从一个不同的角度支持不能将科学等同于真理，另一方面它开启了接下来要讨论的后现代的科学观。

六、后现代科学与艺术的结盟

从第一章第六节对后现代所做的解释中我们可以看到，后现代是一个现实服从艺术原则的时代，因此也被称为虚拟化或审美化(aestheticization)的时代。现实不再是不以人的意志为转移的"硬件"，而是服从人的解释和塑造的"软件"。在这种意义上来说，古德曼的哲学是典型的后现代哲学。因为古德曼认为，我们可以拥有多种世界，而不是唯一的一个世界。"世界具有像它可以被正确地加以描述、观看、描绘等等一样多的存在方式，而并不存在作为世界存在的**特种**方式的东西。……说到世界存在的诸种方式，或者描述或描绘世界的诸种方式，便是说到世界-描述(world-descriptions)或世界-描绘(world-pictures)，而且并不意

---

① Nelson Goodman, *Languages of Art*, p. 264.
② 同上。

味着存在一种被描述或描绘的独特的东西，或者实际上任何东西。当然，这也决不意味着没有任何东西被描述或描绘。"①

主张世界随着我们的描述或描绘的改变而改变因而存在多个世界的思想，是一种典型的后现代思想。由于没有唯一的客观世界，科学所要求的那种与客观事实相符合的真理也就不可能存在了。科学也是关于世界的解释或描述，如同艺术一样。因此，今天越来越多的科学哲学家认为，科学事实也并不是纯粹被给予的客观实在，而是在科学范式中被构造起来的东西。就像艺术家在一定范式中虚构他的作品一样，科学家也在一定的范式中虚拟他的对象。比如，费耶阿本德(Paul Feyerabend, 1924—1994)就明确指出，科学行事在根本上与艺术没有不同，因为二者都根据样式(style)来工作，科学中的真理和事实正如艺术中的真理和事实一样是与样式有关的："换句话说，如果一个人根据这些事物来检验某种思想形式意味着什么，那么他不是遇到了处于思想样式之外的某物，而是遇到了思想自身的根本设定：无论思想样式说真理是什么，真理就是什么。"②即使是像卡尔松这样比较谨慎的哲学家，也看到科学与艺术之间的密切关系。他说：

在科学进程中，审美在一定程度上扮演了标准的角色。例如，在对相互冲突的描述、分类和理论的判决中，美是其中的一个重要标准。……科学中的一个更正确的范畴，随着时间的流逝使得自然世界对于这种科学来说似乎变得更可理解和易于理解。科学要求某些特性来实现这个目标。这些特性包括秩序、整齐、和谐、平衡、张力和清晰性之类的性质。如果在自然世界中科学没有发现、揭示或者说创造这样的特性，并根据这些特性来解释这个世界，它就没有完成它的使命：使这个世界变得更可理解。它将留给我们一个不可理解的世界，就像那些我们视为迷信的五花八门的世界观所做的那样，留给我们一个在本质上不可理解的世界。在这些使世界变得更可理解的特质中，我们同样也可以发现美。因此，当我们在自然世界中经验这些性质的时候，或者按照这些性质来经验自然世界的时候，我们发现它们完全具有审美上的优越性。这并不令人感到吃惊，因为在艺术中，我们也是在诸如秩序、整齐、和谐、平衡、张力和清晰性之类的性质中发现美的。正因为这样，一些人主张科学和艺术具有同样的基础或目标；也正因为如此，有些人宣称科学在某种意义上可以说是一种艺术工作。③

---

① Nelson Goodman, *Languages of Art*, p. 6, n. 4.

② Paul Feyerabend, *Wissenschaft als Kunst*, Frankfurt a. M.: Suhrkamp 1984, p. 77. 转引自 Wolfgang Welsch, *Undoing Aesthetics*, trans. Andrew Inkpin, London: SAGE Publications, 1997, p. 46。

③ Allen Carlson, *Aesthetics and the Environment: The appreciation of Nature, Art and Architecture*, New York: Routledge, 2000, p. 93.

不仅科学哲学家们将科学艺术化了，而且今天的新兴科学的确发生了巨大的变化，变得越来越与艺术和审美接近了。比如，麦奈(A. Minai)指出，以相对论、量子力学、热力学为代表的新物理学有一个共同的特点，那就是将有实体的物质消解为没有实体的能或信息，将有形有质的物质世界(the world of matter)改变为无形无质的意义世界(the world of meaning)。又如，在靴襻(bootstrap)理论看来，世界是一个相互联结的整体(a set of interconnections)，而不是牛顿式的实体(entities)。用卡普拉(F. Capra)的话来说，每一个粒子都是由所有其他粒子组成的。换句话说，粒子本身是没有自性的，离开其他粒子，这个粒子也就消失了。这种物理科学中的新的世界图景还有一个补充部分，如靴襻理论的另一位开创者杰弗里·周(Geoffrey F. Chew)指出的那样，靴襻模型意味着意识的存在在宇宙的自身一致中是必要的。这表明了意识与物理理论参与合作的明确道路。没有意识做参照，阐明量子理论的规律是不可能的。根据这个补充，在靴襻理论看来，不仅物质粒子和物质粒子之间是相互联结的，而且物质和意识之间也是相互联结的。离开周围其他粒子就不能理解某一个粒子，这个观点将被进一步扩展为，离开物质就很难理解意识，或者离开意识就很难理解物质①。

由于科学所处理的那个物质世界已经变成了意义世界，科学与艺术之间的界限就变得不那么严格了：它们都在给人们讲述现代神话。

总之，美与真、诗与哲学、艺术与科学呈现出复杂的关系，有对立也有和解。因为不同的哲学家往往会从不同的角度去看待它们之间的关系，而且不同时代的人们对它们也有不同的了解。总体说来，只有在现代社会里，艺术与科学保持相互独立的关系。在前现代和后现代社会中，艺术与科学都存在不同程度的关联。特别是在今天这个后现代时代，尽管科学因为越来越复杂而无法为常人理解，但它在本性上与艺术接近，这一点已经成为越来越多的科学哲学家的共识。

思考题

1. 艺术与科学在哪些方面明显不同?
2. 中国古典美学如何看待美与真的关系?

---

① 上述关于新物理学的议论，参见 Asghar Talaye Minai, *Aesthetics, Mind, and Nature: A Communication Approach to the Unity of Matter and Consciousness*, Westport: Praeger Publishers, 1993, pp. 2-3。

3. 如何理解艺术的认识功能？
4. 如何理解后现代科学与艺术的结盟？
5. 如何理解艺术修养对科学研究的促进作用？

推荐书目

Nelson Goodman, *Languages of Art*, Indianapolis, Cambridge: Hackett Publishing, 1976.

Asghar Talaye Minai, *Aesthetics, Mind, and Nature: A Communication Approach to the Unity of Matter and Consciousness*, Westport: Praeger Publishers, 1993.

Wolfgang Welsch, *Undoing Aesthetics*, trans. Andrew Inkpin, London: SAGE Publications, 1997.

Louis Arnaud Reid, "Art and Knowledge", *British Journal of Aesthetics*, 25, 1985.

Hilary Putnam, "Literature, Science, and Reflection", *New Literary Theory*, Vol. 7, No. 3, 1976.

David Novitz, "Fiction and the Growth of Knowledge", in J. W. Bender and H. G. Blocker eds., *Contemporary Philosophy of Art*, Englewood Cliffs, New Jersey: Prentice Hall, 1993.

John W. Bender, "Art as a Source of Knowledge: Linking Analytic Aesthetics and Epistemology", in *Contemporary Philosophy of Art*, Englewood Cliffs, New Jersey: Prentice Hall, 1993.

第九章 审美与道德

本章内容提要： 审美与道德的关系错综复杂。一方面，审美经验有助于培养道德意识，道德内容有助于形成审美经验，审美与道德呈现出相互促进的关系；另一方面，审美追求会造成道德堕落，道德教化会妨碍审美经验，审美与道德呈现出相互敌对的关系。本章通过对审美与道德的关系的考察，主张审美与道德之间存在深层次的关联，审美有助于培养我们的敏感，这种敏感是构成我们的道德意识的重要部分。

审美与道德的关系，也可以表述为美与善的关系，艺术与道德的关系。一般说来，在人类文明的初期，美与善是纠缠在一起的。美从善中分离出来，通常被认为是审美意识觉醒的标志。现代美学将审美与道德严格地区分开来，将它们视为两种全然不同的心智活动，分别有自己的应用领域。后现代美学强调审美与道德的联系，认为人们可以用艺术虚拟的形式实现自己的道德理想。

一、美与善的同一

在人类文明的初期，美与善是不分的。我们可以通过语源学的分析，发现美与善的同一。比如，古希腊人就没有将美与善严格分开。他们经常使用"美与善"(kalon-kai-agathon)这个合成词，将美善合在一起来使用；而且，"美"(kalos)与"善"(agathos)一样，可以用来指称优良的道德行为①。

在汉语中，我们可以发现类似的情况。"美"与"善"都从"羊"，都与羊有关。

① Richard Shusterman, *Pragmatist Aesthetics*, Second Edition, New York and Oxford: Rowman & Littlefield, 2000, p. 330, n. 8.

《说文》:“美,甘也。从羊,从大。”这里的“羊大为美”,并不是指大羊的视觉形象好看,而是指大羊(肥羊)的味道鲜美。从美与善相区别的角度来说,味道鲜美的大羊属于善的范围,因为它与主体的功利目的有关,而且涉及对象的存在,不只是涉及对象的形式。换句话说,要获得大羊的鲜美味道,必须建立在消耗大羊的存在的基础上,即必须吃掉大羊。但是,对于大羊的美的欣赏,却不必以消耗大羊的存在为前提,即不必吃掉大羊,而只与大羊的形象有关。大羊的美色是多数人都可以欣赏的,大羊的美味只有少数人能够享用。由此可见,将美味作为美的定义条件,并没有将美与善彻底区别开来。从“善”的语源中也能发现同样的情况。《说文》:“善,吉也。从誩,从羊。此与义、美同义。”徐锴系传:“善,美物也。”古汉语中“美”与“善”相互解释的现象,表明美善之间没有严格地区分开来。

除了从语源学上能够看出美善同一的现象之外,我们还可以从美学上找到将美与善等同起来的学说。这就是在西方美学史上具有广泛影响的“美在效用”或者“美在适合”的学说。它的源头可以追溯到古希腊哲学家苏格拉底。从下面一段对话中,我们可以看出苏格拉底的主张的基本内容。

阿里斯提普斯又问道,“你知不知道什么东西是美的?”

苏格拉底回答道:“美的东西多得很。”

“那么,他们都是彼此一样的吗?”阿里斯提普斯问。

“不然,有些东西彼此极不一样。”苏格拉底回答。

“可是,美的东西怎么能和美的东西不一样起来呢?”阿里斯提普斯问。

“自然咧,”苏格拉底回答道,“理由在于,美的摔跤者不同于美的赛跑者;美的防御用的圆盾和美的便于猛力迅速投掷的标枪也是极不一样的。”苏格拉底回答。

“这和我问你,知道不知道什么东西是好的的时候,你所给我的回答一点不同都没有。”阿里斯提普斯说道。

“难道你以为,”苏格拉底回答道,“好是一回事,美是另一回事吗?难道你不知道,对同一事物来说,所有的东西都是既美又好的吗?首先,德行就不是对某一些东西来说是好的,而对另一些东西来说才是美的。同样,对同一事物来说,人也是既美又好的;人的身体,对同一事物来说,也是显得既美而又好,而且,凡人所用的东西,对它们所适用的事物来说,都是既美又好的。”

“那么,一个粪筐也是美的了?”

“当然咧,而且,即使是一面金盾牌也可能是丑的,如果对于其各自的用处来说,前者做得好而后者做得不好的话。”

“难道你是说,同一事物是既美而又丑的吗?”

“的确，我是这么说——既好而又不好。因为一桩东西对饥饿来说是好的，对热病来说可能就不好，对赛跑来说是美的东西，对摔跤来说往往可能就是丑的，因为一切事物，对它们所适合的东西来说，都是既美又好的，而对于它们所不适合的东西，则是既丑而又不好。”①

上述对话很好地体现了苏格拉底“美在适合”的思想：某物只要适合它的目的，就是美的，否则就是丑的。在色诺芬(Xenophon，约前 430—前 354)的《经济论》中，记载了苏格拉底转述的伊斯霍玛斯与其妻子的一段谈话，其中也体现苏格拉底的“美在适合”或“美在效用”的思想。伊斯霍玛斯有一天看到妻子脸上已经化好了妆：“她已擦上了粉，好使她显得更白些，她已摸上了胭脂，好使她的脸蛋更红些。她还穿一双厚底靴子以增加她的高度。”于是，便设法引导他妻子说出：“我宁愿抚摸你，而不愿抚摸铅丹；宁愿看到你原来的肤色，而不愿看到胭脂；宁愿看到你的明亮的眼睛，而不愿看到它被涂上油彩。”接着，伊斯霍玛斯对他的妻子说：“那么，亲爱的，你要知道，我也不愿意看到白粉和胭脂，而宁愿看到你真正的肤色。正像神使马爱马、牛爱牛、羊爱羊一样，人类也认为不加伪装的人体是最可爱的。像这样无聊的装饰，也许可以用来欺骗外人，但是生活在一起的人如果打算互相欺骗，那一定会现出真相的。因为在早晨梳妆打扮的时候就现出真相；一出汗就万事全休；掉眼泪会揭露伪饰；洗澡会使他们原形毕露！”当伊斯霍玛斯的妻子问他怎样才能“使自己真正美丽，而不仅仅是外表上好像很美丽”的时候，他回答说：“不要像奴隶似的总坐着，而是要——上天保佑你——做一个女主人：常常站在织布机前面，准备指导那些技术不如你的人，并向比你强的人学习；要照管好烤面包的女仆，要帮助管家妇分配口粮；要四处查看各种东西是不是放得各得其所。”接着伊斯霍玛斯跟苏格拉底说：“和面揉面团，抖弄和折叠斗篷与被褥乃是最好的运动；因为这种运动可以促进她的食欲，增进她的健康，因而可以增加她的脸庞上的血色。”②

这段对话中，伊斯霍玛斯对他妻子的美的评论，就符合苏格拉底的“美在适合”或“美在效用”的思想，妻子的美就在于适合妻子的目的，扮演妻子的角色，发挥妻子的效用。不过，如果仔细分析起来，“美在适合”至少有两方面的含义：一方面是适合于使用者的目的；一方面是适合于事物自身的目的。从伊斯霍玛斯对他妻子的美的评论来看，他更多地强调的是妻子的美在于适合丈夫的目的。当代环境美学强调从是否符合事物自身的目的角度来判断事物的美，就更多的

① 色诺芬：《回忆苏格拉底》，吴永泉译，商务印书馆，2001 年，第 113—114 页。
② 各处引文，见色诺芬：《经济论》，张伯健、陆大年译，商务印书馆，1961 年，第 34—35 页。

是强调事物自身的目的。比如，从环境美学的角度来看，蚊子的美也许就在于它的构造刚好适合于吸人的血。吸人的血不符合人的目的，因此我们通常会认为蚊子不美。当然，也存在事物本身的目的与使用者的主观目的相符合的现象。比如，马的构造适合于负重和奔跑，而这种特征刚好又符合人将马用作交通工具的目的。由此可见，"美在适合"中所包含的两方面的含义之间的关系是比较复杂的，它们有可能是矛盾的（比如，就蚊子来说），有可能是协调的（比如，就马来说），有可能是部分矛盾部分协调的（比如，就妻子来说）。

除了有可能存在的这种矛盾之外，"美在适合"或者"美在效用"的主张还有可能导致违反直觉和常识的后果。在色诺芬的《会饮》中，有一段记载苏格拉底和克里托布鲁关于面相之美的讨论，我们从中可以看到苏格拉底的主张导致的违反直觉和常识的后果。

[苏格拉底]：那么，你能不能告诉我，我们的眼睛使用时要满足什么样的需求？

[克里托布鲁]：当然是用来看东西的。

如果是这样，那么，我可以大言不惭地说，我的眼睛比你们大家的美。

何以见得呢？

因为，你们的眼睛只能朝正前方直接看过去，而我双眼凸起，目光旁射，所以能够朝两边看。

那么，你不会想告诉我们，在所有的动物中螃蟹的眼睛最美吧？

一点儿没错！而且，就其强韧来说，它的眼睛也是最好。

好了，这件事情就算过去了。现在来说说我们两个的鼻子，哪个更美？你的，还是我的？

照我来看，当然是我的，假如上天让我们长鼻子是为了让我们去闻味的话。你的鼻子朝下，直冲着大地；我的鼻子宽大，敞开着，就好像从各个角落迎接芬芳的气息。

那就想一想冲天鼻，这种鼻子怎么会比直冲冲的鼻子美？

这里也有一个很不错的理由，冲天鼻不会成为一道屏障，所以它可以使眼珠向四处看；而你的高鼻梁，看上去像是两眼之间的一堵墙，把两只眼睛隔开了。①

根据我们的直觉和常识，凸眼睛和冲天鼻并不是美的面相，但是按照苏格拉底的理论，它们却是美的，因为它们能够更好地符合目的，更好地发挥效用。我们既可以将这段对话视为苏格拉底在严肃地辩护自己的观点，也可以将它视为

① 《色诺芬的〈会饮〉》，沈默等译，华夏出版社，2005年，第90—91页。

克里托布鲁要看苏格拉底的笑话，让他从自己的理论中推出荒谬的结论。

二、美与善的分离以及对美的攻击

像苏格拉底那样将美与善完全等同起来，在美学史上并不多见，更多的美学家关注的是美与善之间的差异。而且，将美与善区别开来对待，通常被认为是美学思想的萌芽。比如，孔子曾经对《韶》和《武》这两个著名的乐舞做过比较。《论语·八佾》记载："子谓《韶》，'尽美矣，又尽善也。'谓《武》，'尽美矣，未尽善也。'"从这里可以看出，孔子对善与美的评价有不同的标准。相传《韶》是歌颂周文王的乐舞，《武》是歌颂周武王的乐舞。由于周武王用武力推翻商纣王的统治与孔子主张的道德理想有冲突，所以他说《武》"未尽善也"。《武》的"未尽善"并不影响它的"尽美"，由此可以证明，孔子已经意识到，美的判断可以不受道德准则的局限。

孔子不仅注意到美与善有不同的评价标准，更重要的是，他还注意到了美、善之间的冲突。《论语》记载他多次批评郑卫之声，如"放郑声，远佞人。郑声淫，佞人殆"(《论语·卫灵公》)。其实郑卫之类的新乐比孔子所推崇的《韶》《武》之类的古乐更容易唤起人们的美感，或者说更具有审美价值。当时的君王普遍喜好新乐或世俗之乐，而不喜欢古乐或先王之乐。如《孟子·梁惠王下》记载齐宣王曰："寡人非能好先王之乐也，直好世俗之乐耳。"《乐记》记载魏文侯问于子夏曰："吾端冕而听古乐，则唯恐卧。听郑卫之音，则不知倦。敢问古乐之如彼，何也？新乐之如此，何也？"《韩非子·十过》记载卫灵公"闻鼓新声者而悦之"。《国语·晋语》记载晋平公"悦新声"。诸如此类的记载，泛见于先秦典籍。由此可以证明，以郑卫之声为代表的新乐要比《韶》《武》为代表的古乐具有更强的审美感染力。孔子本人并不否认这一事实。"郑声淫"中的"淫"字，说的正是由于郑声具有太强的审美感染力，以至于人们容易沉溺其中，流连忘返，从而疏于遵循伦理规范，最终走上淫乱之路。孔子还说："巧言令色，鲜矣仁。"(《论语·学而》)这句话把美与善之间的矛盾表述得更加尖锐。这里的"巧"、"令"皆是美辞。整句话的意思是，美的言、色很少能有仁的。巧言令色是审美的对象，仁是道德实践的目标，审美与道德之间的矛盾，由此可见一斑。

不仅儒家有美善分离甚至矛盾的思想，道家和墨家也有这种思想。《庄子·山木》中讲了一个这样的故事：

阳子之宋，宿于逆旅。逆旅有妾二人，其一人美，其一人恶，恶者贵而美者贱。阳子问其故，逆旅小子对曰：其美者自美，吾不知其美也；其恶者自恶，吾不知其恶也。

这则故事说明，美、自美、对美的自觉追求，是与庄子的道德理想格格不入的。庄子还描写了一大批残缺、畸形、外貌丑陋的人。这些人虽然相貌奇丑无比，但他们却有很高的人生境界，庄子由此提出这样的主张："德有所长，形有所忘。"（《庄子·德充符》）也就是说，在道德方面达到很高境界的人，必然会疏于形象修饰，从而在外在形象上有所缺陷，显得不那么美。在庄子那里，这句话反过来说也是成立的，即"形有所长，德有所忘"。形象修饰得很好的人，在道德修养方面必然有所荒疏，也许这正是逆旅小子贵"自恶"而贱"自美"的原因所在。

对儒、道都有所非议的墨家，更明确地表达了他们否定美和艺术的观点。墨子说："民有三患：饥者不得其食，寒者不得其衣，劳者不得其息。三者民之巨患也。然则当为之撞巨钟、击鸣鼓、弹琴瑟、吹竽笙而扬干戚，民衣食之财，将安可得乎？"（《墨子·非乐》）墨子的道德理想是去民三患，使饥者得其食，寒者得其衣，劳者得其息。这个道德理想同人们对美的追求构成了尖锐的矛盾。墨子说："女子废其纺织而修文采，故民寒；男子离其耕稼而修刻镂，故民饥。"（《墨子·非乐》）要实现墨子的道德理想，就必须否定人们对艺术和美的追求，因此墨子鲜明地提出了"非乐"的观点。

在西方美学史上，也存在许多为了达到道德目的而否定美和艺术的思想。比如，柏拉图为了建立他的理想国，曾要求给诗人"洒上香水，戴上毛冠，请他到旁的城邦去"①。柏拉图之所以要把诗人赶出理想国，原因在于诗不利于教育理想国的战士。理想国的战士要像英雄那样具有刚毅的性格，要像神那样富有理智，而在荷马和悲剧诗人们那里，神和英雄被描写得和常人一样满身都是毛病，他们相互争吵、欺骗、陷害，贪图享乐，既爱财又怕死，遇到灾祸就哀哭，甚至奸淫掳掠，无恶不作。这样的榜样绝不能使青年人学会真诚、勇敢、镇静、有节制，绝不能将他们培养成理想国的保卫者②。

在柏拉图列举的诗人的众多罪状中，有两条是主要的，即诗人说谎和诗人滋养不健康的情感。

为什么说诗人说谎呢？这还得从柏拉图的哲学说起。柏拉图认为，世界可以区分出三种样子：第一种是理念世界，第二种是现实世界，第三种是艺术世界。理念世界是最真实的，永恒不变的；现实世界是对理念世界的模仿；艺术世

① 柏拉图：《文艺对话集》，朱光潜译，人民文学出版社，1983年，第56页。
② 朱光潜：《西方美学史》（上卷），人民文学出版社，1979年，第53页。

界又是对现实世界的模仿。所以，艺术世界与真实的理念世界相隔有距，是“摹本的摹本”、“影子的影子”、“和真实隔着三层”①。柏拉图指责诗人说：“从荷马起，一切诗人都只是模仿者，无论是模仿德行，或是模仿他们所写的一切题材，都只得到影像，并不曾抓住真理。”②也就是说，诗(也包括其他艺术)教给人们的不是真理，而是谎言，而理想国的战士要以追求真理、服从真理为最高目标，如果听信诗人的谎话，岂不是离真理越来越远了吗！

为什么说诗人滋养人们不健康的情感呢？柏拉图认为，一个有道德的人，一个理想国的战士，必须要能以理智控制自己的情感，而诗和其他艺术则刚好相反，往往容易使人们失去理智，放纵情感。柏拉图注意到，不失去平常理智而陷入迷狂，诗人就不能做诗。更重要的是，诗人又把这种迷狂的情感传给他的听众，像磁铁吸引铁环一样，使整个听众被迷狂的情感牢牢地控制住③，从而使听众成了情感的俘虏。

柏拉图尤其反感的是，诗人常常滋养一些不健康的情感。悲剧诗人容易滋养人们的哀怜和感伤，让人们患上“哀怜癖”和“感伤癖”。哀怜和感伤，本来是人的情感的自然倾向，遇到不幸的事自然要痛哭一场，哀诉一番。柏拉图认为，这些情感的自然倾向应该要受到理智的节制；而悲剧诗人却让它们尽情地发泄出来，使听众贪图一时的痛快，用“旁人的灾祸来滋养自己的哀怜癖”，等到自己真的遇到灾祸时，就没有坚强的毅力去担当。喜剧诗人则投合人类“本性中诙谐的欲念”，本来是你平时引以为耻而不肯说的话、不肯做的事，到了喜剧里，“你就不嫌它粗鄙，反而感到愉快”，这样就不免使你“于无意中染到小丑的习气”。此外，像性欲、愤恨之类的情欲也是如此。“它们都理应枯萎，而诗却灌溉它们，滋养它们。”④

像柏拉图这样对待美和艺术的人，在西方思想史上，可谓汗牛充栋。特别是中世纪教会中人，对艺术充满了仇恨。如意大利的沙伏那罗拉、法国的波舒哀、英国的高生都竭力攻击诗和戏剧，以为当时的人心不古，世道衰微，都是艺术所惹的祸。意大利还有一班狂热的宗教徒，出于对宗教的虔诚，他们把许多珍贵的绘画和古希腊悲剧的写本都扔到火坑里去了。在英国则有所谓“清教徒的反动”，他们看见文学不利于道德，主张将它们一律废除。就是法国启蒙运动的领袖人物卢梭，仍然把文艺看作是人的自然品性的腐化剂。当时达兰贝尔提议在日内瓦设立剧院，卢梭写了一封万言信去劝阻他。卢梭的理由是，人性本来就好

---

① 柏拉图：《文艺对话集》，朱光潜译，第67—79页。
② 同上书，第76页。
③ 同上书，第8—11页。
④ 有关柏拉图这方面的思想的论述以及引文，见朱光潜：《西方美学史》(上卷)，第53—54页。

善恶恶，而戏剧却使罪恶显得可爱，使德行显得可笑，所以戏剧的影响是危险的。瑞士人如果要保持山国居民的纯朴天真，最好不要模仿近代“文化城市”去设立剧院来伤风败俗①。

三、美与善的初步和解

如此说来，美和善就是两对天生的冤家了；“尽善尽美”的理想就永远也不可能实现了。问题并没有这么简单。上述列举中外思想家关于美与善、艺术与道德相冲突的论述，只是显示了问题的一个方面。下面我们将显示问题的另一方面，即美与善之间有着密切的关系。

在中外美学史上，有一种比较普遍的看法，那就是，美与善之间是一种形式与内容之间的关系。美是形式，善是内容。并且主张形式应该为内容服务。

柏拉图在给诗人洒上香水、戴上毛冠，然后将其驱逐出理想国的时候，并没有将他们赶尽杀绝，而是保留了一些对于理想国的教育有用的诗人。柏拉图说：“至于我们的城邦哩，我们只要一种诗人和故事作者：没有他那副悦人的本领而态度却比他严肃；他们的作品须对于我们有益；须只模仿好人的言语，并且遵守我们原来替保卫者们设计教育时所定的那些规范。”②“除掉颂神和赞美好人的诗歌外，不准一切诗歌闯入国境。”③也就是说，只要艺术服从道德目的，它还是值得保留的。

柏拉图这种思想，在西方美学史上产生了极大的影响。几乎在任何时代、任何国家，都可以看到这一思想的翻版。古罗马时代有贺拉修斯的“寓教于乐”的思想，中世纪则整个把文艺看作宣扬神学的传声筒。离我们最近的也是最引人注目的，当推活跃在19世纪末20世纪初的俄国杰出的小说家列夫·托尔斯泰。这位奉柏拉图为精神导师的小说家，比他的老师说得更加斩钉截铁，他断然宣称：“艺术——或者说，艺术所传达的感情——的价值是根据人们对生活意义的理解而加以评价的，是根据人们借以辨明生活中的善与恶的那些东西而加以评定的；而生活中的善与恶是由所谓宗教决定的。”④托尔斯泰具体说道：

如果宗教认为生活的意义在于尊敬独一的上帝和实现人们所认为的上帝的

---

① 参见朱光潜：《文艺心理学》，安徽教育出版社，1996年，第103—104页。
② 柏拉图：《文艺对话集》，朱光潜译，第56页。
③ 同上书，第87页。
④ 列·托尔斯泰：《艺术论》，见伍蠡甫、胡经之主编：《西方文艺理论名著选编》(中卷)，北京大学出版社，1986年，第415—416页。

意志(像过去希伯来人所做的那样),那么源出于对这个上帝和他的法则所怀的尊敬的那种用艺术——先知书和诗篇中的神圣的诗歌、创世纪中的叙事散文——表达出来的感情便是美好的和崇高的艺术。凡是和这相反的一切,例如对异教的神的崇敬的感情和不合乎上帝的法则的感情的表达,都将被认为是坏的艺术。但如果宗教认为生活的意义在于人世的幸福,在于美和力,那么艺术所表达的生活中的愉快和爽朗的感情将被认为是好的艺术;而表达柔弱或颓丧的感情的艺术将被认为是坏的艺术,——这是希腊人的看法。如果生活的意义在于自己的民族的幸福或者在于继续祖先所过的生活和对祖先的尊敬,那么,表达出为民族的幸福或者为发扬祖先的精神和保持祖先的传统而牺牲个人幸福的那种愉快感情的艺术,将被认为是好的艺术;而表达和这相反的感情的艺术便将是坏的艺术,——这是罗马人和中国人的看法。如果生活的意义在于使自己摆脱动物性的束缚,那么表达出提高心灵和压抑肉欲的感情的艺术便将是良好的艺术,而一切表达增强情欲的感情的艺术将是坏的艺术。——这是佛教徒的看法。在每一个时代和每一个人类社会里,都有这一社会里所有的人所共有的关于什么是好和什么是坏的宗教艺术,这一宗教意识就决定了艺术所表达的感情的价值。因此,在每一个民族中,凡表达出从这一民族的人所共有的宗教意识中流露出来的感情的艺术总是被认为好的,并且受到鼓励;而表达出和这一宗教意识相抵触的感情的艺术被认为坏的,并且被人否定。①

托尔斯泰甚至主张,每个有理想有道德的人,都应该像柏拉图、耶教或回教的教师们所做的那样,宁可不要艺术,也莫再让现在流行的腐化的虚伪的艺术继续下去。

托尔斯泰根据他的这种艺术观,对西方艺术史作了全面的清算。一般人所公认的伟大的艺术家,像古希腊三大悲剧诗人、但丁、莎士比亚、拉斐尔、米开朗琪罗、巴赫、贝多芬等,都遭到了他的唾骂。托尔斯泰把柏拉图开创的艺术为道德服务的思想发展到了极端。

这种把艺术看作道德的工具的思想,在中国美学史上也是源远流长。《尚书·舜典》中提出了“诗言志”的命题。这个命题中的“志”,被汉代经学家们解释成了儒家的伦理规范,由此整部《诗经》被看成了儒家伦理道德的教科书。如优美的爱情诗篇《关雎》被解释为歌颂后妃之德的道德说教诗。

汉代经学家的解释,在先秦典籍中可以找到思想依据,尤其在儒家思想的代表人物孔子那里,随时都可以看到依据道德内容来评价《诗》的现象。如孔子对

---

① 列·托尔斯泰:《艺术论》,见伍蠡甫、胡经之主编:《西方文艺理论名著选编》(中卷),北京大学出版社,1986年,第416—417页。

《关雎》的评价就是“乐而不淫，哀而不伤”(《论语·八佾》)。对《诗》的总体评价是：“《诗三百》，一言以蔽之曰，思无邪。”(《论语·为政》)所谓“思无邪”，即是说《诗》中的作品所表达的思想情感正而不偏，符合儒家伦理规范。

当然，古代的诗歌作品并不像孔子所说的那样，都表达正统的儒家思想情感。真实的情况可能是，一些表现淫乱的诗歌，被孔子排除在《诗三百》之外。《论语·子罕》记载孔子的话说：“吾自卫返鲁，然后乐正，雅颂各得其所。”由此可见，孔子对当时的诗歌作了一些删正工作①。《史记·孔子世家》中的记载更为详细：“古者诗三千余篇，及至孔子，去其重，取可施于礼义。上采契后稷，中述殷周之盛，至幽厉之缺，始于衽席……三百五篇孔子皆弦歌之，以求合韶武雅颂之音。礼乐自此可得而述，以备王道，成六艺。”这段记载不仅给出了孔子删诗的事实，而且给出了孔子删诗的标准，即“求合韶武雅颂之音”，而“韶武雅颂”又是承载儒家道德理想的音乐，因此可以说，孔子是在用道德标准来衡量诗歌的价值。

孔子这种思想，被后世文人概括为“文以载道”。孔子之后，主张“文以载道”的大有人在。比如，荀子就完全继承了孔子的这种思想，他说：“道也者，治之经理也。心合于道，说合于心，辞合于说。”(《荀子·正名篇》)也就是说，一个人的思想意识(心)要与道相吻合，说出来的言论(说)又要符合思想意识，写出来的文辞又要符合说出来的言论。由此，写出来的文辞就间接地要符合道了。荀子所说的道，主要指儒家的先王之道、礼乐之道。不符合这种道的言论，荀子谓之“奸言，虽辩，君子不听”(《荀子·非相篇》)。

西汉的扬雄，早年曾是著名的辞赋作家，写出了《长杨赋》、《甘泉赋》、《羽猎赋》等有名的大赋，后来却来了个一百八十度的大转弯，主张一切言论都应以“五经”为准则，把辞赋看作“壮夫不为”的“雕虫篆刻”②。

尽管今天有不少人认为，中国在魏晋时期出现了文艺和审美的自觉，但是，就是这个时期的著名文学理论家刘勰，也没有摆脱“文以载道”的影响。他的《文心雕龙》开篇便是《原道》，接着是《征圣》、《宗经》。在《原道》篇中，刘勰得出了这样的结论：“道沿圣以垂文，圣因文而明道”；“辞之所以能鼓天下者，乃道之文也”。

“文以载道”的思想，也得到了宋明理学家的继承和发扬。比如，周敦颐就明确地主张“文所以载道也”(《通书·文辞》)。某些理学家甚至从“文以载道”的立场上往回后退，退到了对文的攻击。二程《语录》里有这样一段话：“或问作文害道？程子曰：害也。凡为文不专意则不工，专意则志局于此，又安得与天地同其大也。《书》曰：玩物丧志。为文亦玩物也。”程子在这里提出了一个二难的问

① 孔子时代，诗乐舞尚未分离，言乐也及于诗、舞。
② 扬雄：《法言·吾子》：“或问吾子少而好赋。曰：‘然。童子雕虫篆刻。’俄而曰：‘壮夫不为也。’”

题：写文章不专心不行，不专心写不出工致的文章；专心写文章也不行，写文章一专心，自己的志向便狭小局促，仅仅局限在文章上，不能扩大到天地之间去，而理学家的人生理想就是要达到与天地万物融为一体的“天地境界”。由于写文章妨碍了“天地境界”的实现，所以程子说作文是“玩物丧志”。

新中国的文艺界，“文以载道”的思想也占有相当重要的地位，当然这里的“道”不再是儒家式的伦理道德，而是无产阶级的政治理念。毛泽东于1942年发表了著名的《在延安文艺座谈会上的讲话》（以下简称《讲话》），这是革命根据地文艺美学的纲领性文献。在《讲话》中，毛泽东要求文艺必须坚持工农兵方向，为无产阶级政治服务。文艺批评必须坚持政治性第一、艺术性第二的标准。《讲话》的这一思想对新中国文艺界、美学界产生了极大的影响。直至今天，《讲话》精神仍然是官方的文艺批评的主要依据。

把美看作形式，把善看作内容，把文艺看作政治道德的传声筒，这样的美学思想显然是片面的。但是，在这些片面的思想中，仍然有一些合理的因素，那就是这些美学家都看到了文艺的特殊魅力。他们之所以强调文艺为政治道德服务，在于他们看到了文艺比单纯的道德说教和政治宣传更容易深入人心，即所谓“仁言不如仁声之入人也深”（《礼记·乐记》）。荀子曾经说过：“夫声乐之入人也深，其化人也速”；“乐者圣人之乐也，而可以善民心。其感人深，其移风易俗易”（《荀子·乐论》）。但对文学艺术的特殊魅力的认识，有助于文艺从政治道德的束缚中解脱出来，最终获得独立自主的地位。

四、美的独立价值

对艺术美的独立价值的认识，经历了一个漫长的历史过程。在西方美学史上，直到19世纪，艺术独立的呼声才逐渐盖过“文以载道”的说教。

在争取艺术独立的过程中，19世纪的浪漫主义艺术家和思想家起了决定性的作用。如法国浪漫主义作家雨果（Victor Hugo，1802—1885）就公开宣称“为艺术而艺术”。雨果说：“我们相信艺术的独立自主。艺术对于我们不是一种工具，它自身就是一种鹄的。在我们看，一个艺术家如果关心到美以外的事，失其为艺术家了。我们始终不了解意思和形式何以能分开。形式美就是意思美，因为如果无所表现，形式算得什么呢？”①雨果不仅强调艺术的独立自主性，而且提

① 转引自朱光潜：《文艺心理学》，第104页。

出了一个主张，即内容（意思）和形式不可分割，形式美就是内容美。由于形式美本身就是内容美，艺术就不需要服务于外在的内容，艺术本身就是目的而不是工具。雨果进一步说：

这诗有什么用处？美就是它的用处。这还不够么？花、香气、鸟儿以及一切还没有因效用于人而丧失本来面目都是如此。就大概说，一件东西有用便不美。一沾实用，一落入实际生活，它就由诗变为散文，由自由变为奴属。艺术可以一言以蔽之，它就是自由，是奢侈，是余裕，是闲逸中的心灵开展。图画、雕刻、音乐都绝对没有什么用场。刻得精致的宝石，稀罕的玩具和新奇的装饰都是世间多余之物。但是谁愿意把它们涂销呢？所谓幸福并不在凡是实用不可少的东西我应有尽有，不受苦并不就是享福。用处最少的东西就是最令人高兴的东西。世间有，而且永远有，一般爱艺术的人们觉得安格尔（Ingres）和德拉库瓦（Eugene Delacroix）的油画以及布朗热（Boulanger）和德康（Decamps）的水彩画比火车轮船还更有用。①

美学家对美的独立价值的思考要稍早一些，至迟在康德那里，我们就可以看到对不涉及任何内容意义的“纯粹美”的分析。康德之后，克罗齐明确地将艺术与道德区分为两种不同的活动。道德是实用的，起于意志；艺术是情感的，起于直觉。克罗齐说：

艺术不是意志活动所产生的。造成好人的善良意志不能造成一个艺术家。它既然不是意志活动所产生的，就与道德上的分别无关。……一个艺术家固然可以在想象中表现一个从道德观点可褒可贬的行动；但是他的表现，因为只是一种想象，不应该因此受褒或受贬。世间没有一条刑律可以定一个意象的死刑或判它下狱，世间也没有一个头脑清楚的人对它下道德判断。判定但丁的弗朗西丝卡（Francesca）为不道德的，或是莎士比亚的考狄利亚（Cordelia）为道德的，——这些角色对于但丁和莎士比亚纯为艺术的，好比音乐的音调一样，——实无异于判定一个三角形为不道德，或是一个方形为道德。②

受康德、克罗齐等人的影响，主张美和艺术具有独立价值的思想在现代西方美学中占据了主流地位。20世纪的西方美学，更关注对艺术形式的研究。美学家们很少考虑艺术表现了什么，而主要考虑艺术是怎样表现的。

比较说来，中国美学史上，虽然“文以载道”一直占有主流地位，但艺术独立

---

① 转引自朱光潜：《文艺心理学》，第105页。
② 同上书，第106页。

性的觉醒似乎要比西方美学更早一些。早在公元3世纪,嵇康(223—262)的《声无哀乐论》便开了为艺术的独立性进行辩护的先声。在《声无哀乐论》中,嵇康极力反对主张声音有确定的情感内容的儒家音乐美学思想。在嵇康看来,声音只有单、复、高、埤、善、恶的区别,也就是说,只有音高、音强、音色及节奏、旋律等方面的变化,这种变化只能引起人躁、静、专、散的心理反应;这种心理反应是没有任何情感内容的。音乐与人心的关系,只是乐音的运动形式(单、复、高、埤、善、恶)和人的心理情感反应的活动形式(躁、静、专、散)之间的关系。嵇康的这种思想是对儒家"文以载道"、"乐通伦理"的美学观的旗帜鲜明的反叛。

特别是到了晚明时期,维护艺术的独立性不再是个别艺术家、思想家的主张,而是形成了声势浩大的时代潮流。李贽的"童心说"、汤显祖的"唯情说"、公安三袁的"性灵说"等,都强烈主张文艺要摆脱封建礼教的束缚,大力提倡艺术的独立性。

尽管在辩护美的独立价值上,不同的美学家有不同的说法,不过,根据卡罗尔的总结,就一般的方法论来说,他们基本上是从三个方面来进行辩护的,即认识论上的辩护、本体论上的辩护、美学上的辩护。

认识论上的辩护的要点是:(1) 如果说艺术作品真的传达了伦理知识的话,那也是微不足道的,因此,很难说人们通过艺术作品获得伦理知识。更通常的情况是:人们应该具有某种伦理知识才能欣赏艺术作品中隐含的道德倾向,而不是从艺术作品中的道德倾向学习伦理知识。(2) 如果说艺术作品真的传达了伦理知识的话,这种知识也在经验上是靠不住的,因为艺术作品是虚构的。虚构的艺术作品可以将假的当真,真的当假,因此,艺术作品可以表现恶。就像表现恶的艺术作品不是在宣扬恶一样,表现善的艺术作品也不在宣扬善。(3) 伦理知识或准则都是在清晰的论证和分析的基础上建立起来的,而如果说艺术作品真的传达了伦理知识的话,这种知识也没有经过任何论证,因此说艺术作品具有伦理价值是靠不住的。

本体论上的辩护的要点是:只有人有道德和不道德的区分,物没有这种区分;艺术作品是物,因此艺术作品没有道德与不道德的区分。前面提到的嵇康关于声无哀乐的论证,就采取了这种方式。在嵇康看来,声音只有好听与不好听的区别,没有哀乐的区别;人的情感有哀乐的区别,也没有好听与不好听的区别。我们只能说人的情感有哀乐,不能说声音有哀乐;就像我们只能说声音有好听的与不好听的,而不能说人的情感有好听的与不好听的。将适用于人的善恶运用到艺术作品上,就像将适用于情感的哀乐运用到音乐上,都犯了本体论上的错误。

美学上的辩护的要点是:假使艺术作品具有伦理价值,艺术作品的确给我们以道德教化，但美学家会说：可以从道德上来评价艺术作品，但对艺术作品的道德评价与对艺术作品的审美评价全然无关。艺术作品可能是恶的，但恶不会成为判断作品在审美上的好坏的因素。比如，歌德的《少年维特之烦恼》引起了不少人自杀，从这种意义上来说，这部作品是恶的。但在评价这部作品的审美价值时，很少有人把这种现象考虑在内①。

总之，经过这三个方面的辩护，美与其关系紧密的善区别开来了，美的独立价值最终得以确立起来。

五、美与善的深层关联

当代美学家既反对将道德价值视为审美评价的唯一标准，也反对将道德价值完全排除在审美评价之外，而是力图从一个更加深入的层面上去发掘美与善、艺术与道德的关联。比如，卡罗尔就明确反对上述列举的三种关于审美独立价值的论证。

就认识论来说，尽管艺术作品不给我们提供关于道德的命题知识，但是它们仍然可以传达道德洞见，给我们道德方面的教益。艺术作品可以将我们的道德知识落实到具体的环境之中，将它们由抽象的原则变成具体的案例，从而培养我们道德判断的实际技巧，培养我们正当的道德反应和敏感。从这种意义上来说，艺术作品不是没有道德教育作用的。鉴于我们关于道德的许多知识是非命题知识②，而艺术在传播这些非命题知识方面具有独特的优势，因此我们可以说，艺术在传播道德知识和培养道德情操方面具有独特的优势。

就本体论来说，尽管艺术作品是物，但是我们仍然可以对艺术作品进行道德评价，就像我们在日常生活中通常所做的那样。艺术作品是艺术家创作出来的，如果我们可以从道德上来评价艺术家，就可以从道德上来评价他的作品。当然，我们对艺术家的道德评价不一定与对他的作品的道德评价完全一致，因为某些艺术作品体现的并不是艺术家的实际意图，而是读者设想出来的假设意图③。但是，无论是根据实际意图还是假设意图，我们都可以从道德上来评价艺术作品，因此我们从道德上来评价艺术作品并没有犯本体论上的错误。

---

① 关于这三种辩护的总结，见 Nöel Carrol, "Art and the Moral Realm", in P. Kivy ed., *The Blackwell Guide to Aesthetics*, Oxford: Blackwell, 2004, pp. 129 - 146。

② 关于命题知识与非命题知识的区别，见本书第八章第四节。

③ 关于实际意图与假设意图的区别，见本书第六章第四节。

再次，从审美上来说，尽管道德上的缺陷并不是我们判断艺术作品审美价值的唯一标准，但是由于作品的道德缺陷有可能引起作品的形式缺陷，作品的道德优点可能突现作品的形式优点，因此从道德上来评价作品与从审美上来评价作品可能并不矛盾。更重要的是，由于艺术作品的一个重要目的是唤起我们的情感反应，因此我们通常根据我们的情感反应是否适当从审美上来评价艺术作品。在道德上有缺陷的作品容易唤起我们不恰当的情感反应，它们的审美价值因此会受到损害；道德上无缺陷的作品容易唤起我们适当的情感反应，它们的审美价值因此会得到增强①。

除了这种广度上的联系之外，审美与道德之间还有某种深度上的关联。康德在将美从功利、概念、目的等的限制中独立出来的同时，又认为美与善之间存在一种内在的关系，进而提出了“美是道德的象征”的命题②。尽管对康德的这个命题有许多不同的理解，但有一点是共同的，即这个命题所阐述的美和善的关系，绝不是一种表面的形式和内容之间的关系，而是一种更深层次的关系，即审美判断和道德评判具有类比关系。

在康德哲学中，这种类比关系表现得非常复杂。其中，这种类比关系的最通常的体现，就是我们常常将对事物进行道德评判所用的名称，用来称呼美的事物。出现这种现象的原因是，美的事物所引起的感觉和道德判断所引起的心情有类似之处。正因为有了这种类似，由偶然的、需要感性刺激的审美判断，就有可能逐渐养成一种习惯的、无需感性刺激的道德评判③。

杜夫海纳在分析康德关于“美是道德的象征”的命题时指出：“美不告诉我们善是什么，因为，作为绝对的善只能被实现，不能被设想。但是，美可以向我们暗示。而且美特别指出：我们能够实现善，因为审美愉快所固有的无利害性就是我们道德使命的标志，审美情感表示和准备了道德情感。”④

由于美和善之间存在一种深层次的关系，我们上述所讲的美和善的矛盾就只是一种表面现象。美和善之间，或者说审美经验和道德实践之间，有一种深刻的关系。这种关系，不像有些美学理论所主张的那样，美和善是一种形式和内容之间的关系——善是内容，美是形式。美和善的关系，只有还原到它们的根源部位上，才有可能见出。这种深刻的关系，可以分为两个方面。一方面是，审美经验和道德经验在经验性质上具有相似性。如同柏格森在探讨审美与道德的关系

① 关于审美独立的三种论证的批评，见 Nöel Carrol, “Art and the Moral Realm”, in P. Kivy ed., *The Blackwell Guide to Aesthetics*, pp. 129 - 146。

② 康德：《判断力批判》(上卷)，宗白华译，商务印书馆，1964 年，第 201 页。

③ 同上书，第 202—203 页。

④ 杜夫海纳：《美学与哲学》，孙非译，中国社会科学出版社，1995 年，第 16 页。

时指出的那样，只是在性质上，审美上的同情与道德上的同情具有相近性；并且道德同情这个观念是审美同情所微妙地暗示出来的[①]。其实这也就是康德所说的，美的事物"所引起的感觉和道德判断所引起的心情状况有类似之处"。另一方面是，审美经验作为人类原初的经验形式，是一切人类文化赖以生长的根基。杜夫海纳在谈到美学对哲学的贡献时曾经说："在人类经历的各条道路的起点上，都可能找出审美经验：它开辟通向科学和行动的途径。原因是：它处于根源部位上，处于人类在与万物混杂中感受到自己与世界的亲密关系的这一点上；自然向人类显出真身，人类可以阅读自然献给他的这些伟大图像。在自然所说的这种语言之前，逻各斯的未来已经在这相遇中着手准备了。创造的自然产生人并启发人达到意识。这就是为什么某些哲学偏重选择美学的原因，因为这样它们可以寻根溯源，它们的分析也可以因为美学而变得方向明确，条理清楚。"[②]我们认为，这不仅是美学对哲学的贡献，也是美学对伦理学的贡献，甚至是美学对整个人文学科、人文精神的贡献。

事实上，中国儒家美学对美和善的深层关系也有深刻的体认。当孔子说"兴于诗，立于礼，成于乐"（《论语·泰伯》）的时候，他是指望，诗书礼乐能够成为实现道德理想的途径。在反思诗书礼乐何以可以普遍地服务于道德目的的问题上，以孔孟为代表的儒家认识到，不仅是因为诗书礼乐的内容可以与道德理念有关，它们可以有效地歌功颂德；更重要的是，诗书礼乐的形式与道德理念的存在样态有着必然的联系。也就是说，审美（如果我们将诗书礼乐的审美功能考虑进去的话）与道德在其根源部位上是相通的。这种"相通"主要表现在，诵诗作乐，可以将人还原到他的本然状态（所谓"不知手之舞之，足之蹈之"），可以培养人的"情直"，而所谓的伦理规范、道德要求只有建立在这种本然状态的基础上，只有建立在人的真实情感的基础上，才是真正道德的。从《论语》中记载的孔子的言行中可以看出，孔子将真实情感看得比抽象的伦理规范更为重要。《论语·子路》记载："叶公语孔子曰：'吾党有直躬者，其父攘羊，而子证之。'孔子曰：'吾党之直者异于是，父为子隐，子为父隐，直在其中矣。'"父亲偷了别人的羊，对做儿子的来说，总是一件不体面的事情，做儿子的不愿意父亲的坏事被张扬出去，这是做儿子的真实情感。现在，做儿子的根据某一项道德规则而揭发父亲，从道德规则的角度来说，儿子做得应该，但从真实情感的角度来看，儿子做得不应该。揭发父亲的儿子看起来大公无私，似乎是一种"直"，但在孔子看来，由于这不是他的真情实感，所以不是"直"，而是"罔"。同样的思想在《论语·公冶长》记载的

① 柏格森：《时间与自由意志》，吴士栋译，商务印书馆，1958年，第8—9页。
② 杜夫海纳：《美学与哲学》，孙非译，第8页。

一个故事中也得到了体现："子曰：'孰谓微生高直？或乞醯焉，乞诸其邻而与之。'"有人向微生高借醋，微生高没有，而到邻居那里转借。这在孔子看来是不"直"。虽然微生高尽力满足别人的愿望，在某种意义上符合一种美德，但微生高隐瞒了自己家里没有醋的真实情况，这种隐瞒本身就是不"直"的表现。由此我们可以看到，孔子在处理真情实感与道德原则的时候，把前者看得比后者更重要。但这并不是说孔子不讲道德原则，孔子只是不讲抽象的道德原则。一项道德原则如果在具体实施时与人的真实情感相抵牾，这项道德原则就有变通的必要；甚至可以说，孔子希望把所有的道德原则都能还原到真情实感的基础上。由此可见，审美在道德活动中的意义，就是给出抽象的伦理规范以真实的情感基础。正因为如此，我们十分欣赏徐复观的这个判断："乐与仁的会同统一，即是艺术与道德，在其最深的根底中，同时，也即是在其最高的境界中，会得到自然而然的融和统一。"①

《论语·先进》中的"子路、曾皙、冉有、公西华侍坐章"，是儒家经典中脍炙人口的章节之一，历代有不少注释。其中，朱熹(1130—1200)的解释最为精彩："曾点之学，盖有以见夫人欲尽处，天理流行，随处充满，无稍欠缺。故其动静之际，从容如此。而其言志，则又不过即其所居之位，乐其日用之常，初无舍己为人之意。而其胸次悠然，直与天地万物，上下同流，各得其所之妙，隐然自见于言外。视三子之规规于事为之末节者，其气象不侔矣。故夫子叹息而深许之。"(《四书集注》)徐复观(1903—1982)对朱熹这个注解又作了这样的解释："按朱子是以道德精神为最高境界，亦即是仁的精神状态，来解释曾点在当时所呈现的人生境界。若果如此，则孔子何以只许颜渊'其心三月不违仁'，而未尝以此许曾点？实际，朱元晦对此作了一番最深切的体会工夫；而由其体会所得到的，乃是曾点由鼓瑟所呈出的'大乐与天地同和'的艺术境界；孔子之所以深致喟然之叹，也正是感动于这种艺术境界。此种艺术境界，与道德境界，可以相融和；所以朱元晦顺着此段文义去体认，便作最高道德境界的陈述。"②也就是说，在儒家思想中，艺术境界和道德境界，在它们的最高层次上是可以融合为一的。

儒家思想家主张审美与道德在最深根源和最高境界上相通的思想中，蕴含着许多对今天的美学和伦理学都有启示的观点，其中一个重要的观点可能就是审美经验唤起和培养人的道德敏感。一个有道德的人不只是麻木地遵守规则的人，而且要有恰当的情感反应，就像《论语·为政》中记载的那样："道之以政，齐之以刑，民免而无耻；道之以德，齐之以礼，有耻且格。"王夫之有段话，也非常清楚地说明了由艺术引起的审美经验在培养人的道德敏感方面所发挥的重要作

---

① 徐复观：《中国艺术精神》，春风文艺出版社，1987年，第15页。
② 同上书，第16页。

用。王夫之说：

> 能兴者即谓之豪杰。兴者，性之生乎气者也。拖沓委顺，当世之然而然，不然而不然，终日劳而不能度越于禄位田宅妻子之中，数米计薪，日以挫其志气，仰视天而不知其高，俯视地而不知其厚，虽觉如梦，虽视如盲，虽勤动其四体而心不灵，惟不兴故也。圣人以诗教以荡涤其浊心，震其暮气，纳之于豪杰而后期之以圣贤，此救人道于乱世之大权也。(《俟解》)

王夫之这里所说的"兴"就相当于现代美学所说的审美经验[①]。审美经验的目的不在于给人以知识，而在于给人以志气和敏感(灵)，这种志气和敏感是人成为豪杰进而成为圣贤的基础。

美与善的广泛而深入的关联，在今天表现得尤其突出。如同一些学者指出的那样，审美化是今天的时代特征，它已经渗透到了包括伦理生活在内的社会生活的各个方面。根据罗蒂的看法，今天的"好人"就是占有最多词汇的批评家和创造最新词汇的诗人[②]。批评家和诗人本来是审美领域中体现鉴赏力和创造力的典范，它们今天已经越出审美领域而变为一般的评价人格的准则。这种意义上的"好人"，也就是"美人"。我们在第十二章讨论日常生活审美化的时候还会回到这个问题上来。

思 考 题

1. 你赞同苏格拉底的"美在效用"吗?
2. 你赞同将美与善的区别理解为形式与内容的区别吗?
3. 美学家们一般是从哪些方面来辩护美的独立价值的?
4. 如何理解审美与道德的深层关联问题?

推 荐 书 目

朱光潜：《文艺心理学》第七、八章，安徽教育出版社，1996 年。

---

① 关于"兴"作为审美经验的详细讨论，见彭锋：《诗可以兴》，安徽教育出版社，2003 年。

② 罗蒂的有关论述，见 Richard Rorty, *Contingency, Irony, and Solidarity*, Cambridge: Cambridge University Press, 1989, pp. 24, 73 - 80。

舒斯特曼:《实用主义美学》第九章“后现代伦理与生活艺术”,彭锋译,商务印书馆,2002 年。

卡罗尔:《艺术与道德》,载基维主编:《美学指南》,彭锋等译,南京大学出版社,2008 年。

柏拉图:《文艺对话录》,朱光潜译,人民文学出版社,1983 年。

康德:《判断力批判》上卷,宗白华译,商务印书馆,1964 年。

杜夫海纳:《美学与哲学》,孙非译,中国社会科学出版社,1995 年。

列・托尔斯泰:《艺术论》,见伍蠡甫、胡经之主编:《西方文艺理论名著选编》(中卷),北京大学出版社,1986 年。

Oliver Connolly,“Ethicism and Moderate Moralism”, *British Journal of Aesthetics*, Vol. 40, 2000.

W. H. Gass, “Goodness Knows Nothing of Beauty: On the Distance between Morality and Art”, in J. A. Fisher ed., *Reflection on Art*, Mountain View, CA: Mayfield, 1993.

J. Levinson ed., *Aesthetics and Ethics*, Cambridge: Cambridge University Press, 1998.

D. Parker, *Ethics, Theory and the Novel*, Cambridge: Cambridge University Press, 1994.

第十章　审美与宗教

本章内容提要：宗教常常被当作审美和艺术的母体，因为宗教经验孕育了审美经验，宗教仪式孕育了艺术形式。审美、艺术与宗教的关系，一方面体现为前者为后者的手段或形式，后者为前者的目的或内容；另一方面体现为前者为后者的开放形式，后者为前者的封闭形式。今天，宗教与艺术的关系显得更为复杂，其一是随着宗教信仰的衰落，审美和艺术逐渐代替了宗教的位置，从而有了"以美育代宗教"的说法，艺术被宗教化了；其二是随着自律艺术遭到挑战，以纪念为目的的宗教艺术为艺术摆脱自律的困境提供了启示。

审美与宗教的关系，也可以表达为审美与信仰的关系，或者艺术与宗教的关系。宗教常常被当作审美和艺术的母体，因为宗教经验孕育了审美经验，宗教仪式孕育了艺术形式。事实上，这种老生常谈的观点，并没有给出多少有助于我们理解审美、艺术和宗教的信息。因为宗教不仅是审美与艺术的母体，而且也是道德与科学的母体，是所有人类活动的母体。由此，我们并不打算从宗教作为审美和艺术的母体的角度去理解它们的关系，从而可以避免陷入文化人类学家们给出的海量资料之中。我们计划从审美、艺术从宗教中独立出来之后，从宗教获得系统的自我认识之后[①]，去探讨它们之间的关系。尽管审美和艺术从宗教中独立出来了，但是它们并没有像科学那样，从此与宗教分道扬镳，甚至势不两立，而是保持着若即若离的关系。甚至在某些特殊意义上，审美和艺术就扮演了宗教

① 宗教的系统自我意识，指的是对宗教的系统认识和反思，以宗教学的成立为标志，就像我们以美学的成立作为对审美活动的系统认识和反思的标志一样。尽管宗教是一种古老的人类生活形式，尽管"宗教几乎走遍了人类精神生活领域，但依然没有家园，没有领地"(张志刚：《宗教哲学研究》，中国人民大学出版社，2003年，第219页)。因为对宗教的系统认识和反思是比较晚近才出现的事情。学术界一般将缪勒(F. M. Müller)1873年出版的《宗教学导论》作为宗教学成立的标志。

的角色。比如,蔡元培(1868—1940)曾经说:"……科学与宗教是根本绝对相反的两件东西。科学崇尚的是物质,宗教注重的是情感。科学愈昌明,宗教愈没落;物质愈发达,情感愈衰颓;人类与人类便一天天隔膜起来,而且互相残杀。根本人类制造了机器,而自己反而变成了机器的奴隶,受了机器的指挥,不惜仇视同类。我的提倡美育,便是使人类能在音乐、雕刻、图画、文学里又找见他们遗失了的情感。"①正因为如此,有关审美与宗教的关系的探讨,显得格外富有意义。

一、共有的超越领域

审美与宗教的密切关系,不仅表现在审美从宗教中独立出来之前,二者曾经关系密切,而且表现在审美从宗教中独立出来之后,二者仍然藕断丝连。如果我们简单回溯一下审美独立的历史,就会发现它与宗教保持着紧密关系,甚至是借助宗教与科学的对立,来确立自己的独立地位。

今天的美学家们经常将美学独立的历史追溯到18世纪初期的英国美学家莎夫茨伯利,而不是德国美学家鲍姆加通或者康德②。因为越来越多的美学家认识到,现代美学的标志是"审美无利害性"(aesthetic disinterestedness)③。审美无利害性概念的源头,可以追溯到莎夫茨伯利那里。如果我们考察莎夫茨伯利的思想,就会发现审美与宗教有着密切的关系,即使在审美要求独立的时候依然如此。

"无利害性"并不像"Aesthetica"(感性认识)那样,是18世纪美学家为美学专门发明的概念。在新柏拉图主义基督教哲学(Neoplatonic Christian philosophy)中,"无利害性"通常被用来描述对上帝的无私之爱。只有从世俗事物中彻底分离出来,超越我们的日常经验和欲望,尽可能从事物自身的角度来静观,才能向上帝敞开自身。在新柏拉图主义者看来,不仅对上帝的爱是无利害的,对美的爱也是无利害的。如果我们要欣赏一只花瓶的美,就要克制自己占有这只花瓶的欲望,将它的美完全归之于上帝的荣耀。需要指出的是,在新柏拉图主义哲学中,"事物本身"并不是我们经验的事物,不是世俗的事物,而是超验的

---

① 蔡元培:《与时代画报记者的谈话》,载《蔡元培美学文选》,北京大学出版社,1983年,第215页。

② 有关现代美学的起源,见盖耶:《现代美学的缘起:1711—1735》,载基维主编:《美学指南》,彭锋等译,南京大学出版社,2008年,第13—34页。

③ 正如斯托尔尼兹(Jerome Stolnitz)指出的那样,"如果不理解'无利害性'概念,就无法理解现代美学"。见Jerome Stolnitz, "On the Origins of 'Aesthetic Disinterestedness'", *Journal of Aesthetics and Art Criticism*, 20 (winter, 1961), p. 131。

事物，是“内在形式”(inner form)，类似于柏拉图哲学中的“理念”。为了方便讨论，我们权且将新柏拉图主义哲学关于事物复杂的等级区分，简化为超验事物与经验事物或者超验世界与经验世界两类。根据新柏拉图主义哲学，超验事物才是“事物本身”，只有超验事物中才有美。

莎夫茨伯利深受剑桥新柏拉图学派(Neoplatonist school at Cambridge)的影响，熟谙新柏拉图主义哲学中经验世界与超验世界的区分，当他强调审美是对事物本身的无利害静观的时候，这里的事物本身也不是经验中的自然事物，而是潜伏在自然事物背后的“内在形式”，是柏拉图意义上的“理念”。按照莎夫茨伯利的构想，这种潜伏在事物背后的永恒的“内在形式”，不能由一般眼睛发现，只能由“内在眼睛”(inward eye)或者“内在感官”(internal sense)发现。作为无利害静观的审美，就是指依靠“内在眼睛”或者“内在感官”穿透个别事物的表象，而洞见其背后潜伏的美的形式。个别事物的表象是经验事物，可以由一般感官即“外在感官”(external sense)感知；内在形式是超验事物，只有由“内在眼睛”或者“内在感官”感知。对经验事物的一切兴趣，都是有利害的；只有对超验事物的兴趣，才是无利害的①。

莎夫茨伯利将美视为超验事物，认为只有依靠“内在眼睛”或者“内在感官”的神秘直觉才能洞见，这种构想与人们对于宗教信仰对象的构想类似。不管世界上的宗教之间有多大的不同，它们都会有一个以神灵为对象的信仰层面。如果我们对不同的宗教信仰对象做一般性的、抽象化的描述的话，可以将它称之为“无限者”、“终极实在”、“精神实体”、“超世存在”或者“超自然存在”等等。对信仰对象的经验，通常被认为是神秘的，因为这种经验确实存在但又无法解释。比如，威廉·詹姆斯(William James，1842—1910)在《宗教经验种种》一书中，描述过各种各样的宗教经验。其中一位教士讲述自己的经验说：

有一天晚上，就在山顶的那个地方，我的心灵仿佛向“无限”敞开了，有两个世界在交流，内在的与外在的。我单独和创造出我的“他”站在一块，还有这世界上的一切美、爱、悲哀和诱惑。我那时并没有追求“他”，却感到我的精神跟“他”是那么融洽。此时此刻，对周围事物的普通感觉消失了，剩下的只是一种说不出的欢乐与狂喜。这种经验是完全不可能描述出来的。夜幕裹住了一个存在物，因为它不可见，所以愈发能感觉到。“他”就在那里，比我在那里更不可怀疑。我那时真的感到，“他”比我更真实。

---

① 有关“无利害性”概念的历史考察，见 Jane Kneller，“Disinterestedness”，in *Encyclopedia of Aesthetics*，edited by Michael Kelly，New York and Oxford：Oxford University Press，1998，Vol. 2，p. 60。

一个瑞士人在谈完自己的宗教经验后补充说：

上帝在我的上述经验里是无形状、无色彩的，也不是凭嗅觉或味觉能感受到的，他显现时也没有确切的方位感，倒不如说仿佛是我的人格被“一种精神之精神”(a spiritual spirit)转化了。但是，我愈是想找词来表达这种内心深处的交流，愈感到不可能用任何通常的映象来加以描述。说到底，最适合描绘我当时感受的就是：上帝虽是不可见的，可他就在那里；这感觉不是来自我的任何器官，而是我的意识。①

从上述两段引文中可以看到，宗教信仰对象不是由一般的感官可以经验到的，而只能用心灵或者意识去经验。这与18世纪美学家强调美不能由诸如视听嗅味触之类的“外在感官”感知，而只能由“内在眼睛”或者“内在感官”感知一样。比如，在哈奇森看来，人们一般意义上的“外在感官”通常都相当完善，但是，这并不表明他们的美感或者“内在感官”也相当完善，并不表明他们就有优雅的趣味能够从艺术作品和自然风景中获得愉快②。总之，没有“内在眼睛”或者“内在感官”，我们就看不到潜伏在事物之后的内在形式，就看不到内含在事物之中的美。

通过上述简单的对比，我们就能知道：美与信仰对象一样，都具有潜伏于经验事物之后或者超越于经验事物之外的特征。我们用视听等“外在感官”看见的这个世界，其实是不真实的，或者说不是“事物本身”。“事物本身”是潜在于事物背后或者超越于事物之外的“理念”、“内在形式”或者“终极存在”。我们要从一般的经验事物中看见美，要从一般的经验事物中获得宗教经验，就需要从事物的经验外观中超越出来，进入那个超验的领域。由此可见，无论是审美还是宗教，都假定存在一个超越的领域，在这个领域中的事物，比我们在日常经验中见到的事物更真实。审美和宗教信仰，都是由日常经验世界向那个更加真实的世界的超越。

二、不同的方向

审美超越与宗教超越，都是对日常经验世界的出离；但是，它们超越的方向有所不同：宗教经验仿佛是“向上”超越，进入一个神秘的领域，一个没有宗教信

---

① 这两段引文见 William James, *The Varieties of Religious Experience*, New York: Macmillian, 1961, Ch. 3，转引自张志刚：《宗教哲学研究》，第196—198页。

② Francis Hutcheson, *An Inquiry into the Original of Our Ideas of Beauty and Virtue*, in Dabney Townsend ed., *Eighteenth Century British Aesthetics*, New York: Baywood, 1999, p. 152.

仰等条件就无法进入的领域；审美经验仿佛是“向下”超越，进入一个自然的领域，一个无需特殊条件就可以进入的领域。正是在这种意义上，现象学美学家将审美经验等同于现象学还原，将审美对象等同于现象学还原的剩余者①。对于审美的描述，“还原”比“超越”更准确，因为“还原”能够更好地显示审美经验的直接性、自然性、纯粹被给予性。我们无需太多的理论解释，无需太多的形而上学的假定，无需太多的信仰的约束，就能进入审美经验。正是在这种意义上，卡西尔强调：“美看来应当是最明明白白的人类现象之一。它没有沾染任何秘密和神秘的气息，它的品格和本性根本不需要任何复杂而难以捉摸的形而上学理论来解释。美就是人类经验的组成部分；它是明显可知而不会弄错的。然而，在哲学思想的历史上，美的现象却一直被弄成最莫名其妙的事。”②

现在让我们来看一个描述审美经验的例子。马克·吐温（Mark Twain，1835—1910）描述过他对密西西比河的一次审美经验：

我至今在脑海中仍然保存着一幅令人惊奇的日落景象，那是我对汽船尚感新鲜时亲眼见到的宽阔的江面变得血红；在中等距离的地方，红的色调亮闪闪的变成了金色，一段原木孤零零地漂浮过来，黑黑的惹人注目；一条长长的斜影在水面上闪烁；另一处江面则被沸腾的、翻滚的漩涡所打破，就像闪耀着无数色彩的猫眼石一样；江面上红晕最弱的地方是一块平滑的水面，覆盖着雅致的圆圈和向四周发散的线条，像描绘得十分雅致的画卷；左边岸上是茂密的树林，从树林落下的阴森森的倒影被一条银光闪闪的长带划破；在像墙一样齐刷刷的树林上，伸出一根光秃的枯树干，它那唯一一根尚有树叶的枝桠在风中摇曳，放着光芒，像从太阳中流溢出来的畅通无阻的光辉中的一团火焰。优美的曲线、倒映的图像、长满树木的高地、柔和的远景；在整个景观中，从远到近，溶解的光线有规则地漂流着，每一个消失的片刻，都富有奇异的色彩。我像一个着力魔法的人一样站着。我啜饮着眼前的景色，酩酊大醉，狂喜不已……③

这种经验是在马克·吐温成为在密西西比河上航行的汽船船长之前获得的，在他没有读懂河水的“语言”之前获得的。当马克·吐温成为熟练的船长之后，读懂了河水的“语言”之后，这种经验就一去不复返了，他开始用另一种全然不同的方式来解读眼前的景色：

---

① 参见本书第二章、第三章、第九章有关论述。

② 卡西尔：《人论》，甘阳译，上海译文出版社，1985 年，第 175 页。

③ Mark Twain, *Life on the Mississippi*, New York: Penguin, 1984, pp. 94 - 96. 转引自 Allen Carlson, *Aesthetics and the Environment*, London and New York: Routledge, 2000, pp. 16 - 17。

阳光意味着明天早上将遇上大风;漂浮的原木意味着河水上涨,对此应表示些许谢意;水面上的斜影提示一段陡立的暗礁,如果它还一直像那样伸展出来的话,某人的汽船将在某一天晚上被它摧毁;翻滚的“沸点”表明那里有一个毁灭性的障碍和改变了的水道;在那边的光滑水面上圆圈和线条是一个警告,那是一个正在变成危险的浅滩的棘手的地方;在树林的倒影上的银色带纹,是来自一个新的障碍的“碎灭”,它将自己安置在能够捕获汽船的最好位置上;那株高高的仅有一根活树枝的枯树,将不会持续太长的时间,没有了这个友好的老路标,真不知道一个人在夜里究竟怎样才能通过这个盲区?①

根据马克·吐温的描述,他在成为船长之前对密西西比河的经验是审美经验,变成船长之后的经验是日常经验。从审美经验不同于日常经验的角度来说,它是对日常经验的超越。但是,从日常经验中超越出来之后并没有进入需要更多的知识和信仰来解释的神秘领域,并没有获得不可思议的神秘经验,就像我们在上述詹姆斯所转述的那些宗教经验中所看到的那样,而是进入了我们本来就有的经验领域,一个更自然、更原初的经验领域,一个无需更多解释的经验领域。审美经验不是日常经验之外的另一种经验,而就在日常经验之中、之内或之下,是一个被日常经验遮蔽了的领域。正是在这种意义上,我们说对于审美的描述,“还原”比“超越”更准确,因为“还原”能够更好地显示审美是一种本来拥有的、后来被遮蔽的经验。

三、不同的态度

审美与宗教之间除了有还原与超越之间的方向不同之外,还有积极与消极之间的态度不同。一些哲学家努力将宗教与迷信区别开来,比如康德曾经指出:“只不过以这样一种方式,宗教就内在地与迷信区别开来了,后者在内心中建立的不是对崇高的敬畏,而是在超强力的存在者面前的恐惧和害怕,受惊吓的人感到自己屈服于这存在者的意志,但却并不对它抱有高度的尊重:这样一来,当然也就不能产生出良好生活方式的宗教,而只不过是邀宠和献媚罢了。”②康德这里的区分,在卡西尔那里得到了更加清楚的表达:

禁忌体系强加给人无数的责任和义务,但所有的这些责任都有一个共同的

① Mark Twain, *Life on the Mississippi*, New York: Penguin, 1984, pp. 94 - 96. 转引自 Allen Carlson, *Aesthetics and the Environment*, pp. 16 - 17。

② 康德:《判断力批判》,邓晓芒译,人民出版社,2002年,第103页。

特点：它们完全是消极的，它们不包含任何积极的理想。某些事情必须回避，某些行为必须避免——我们在这里发现的是各种禁令，而不是道德或宗教的要求。因为支配着禁忌体系的正是恐惧，而恐惧唯一知道的是如何去禁止，而不是如何去指导。它警告要提防危险，但它不可能在人身上激起新的积极的即道德的能量。……禁忌体系尽管有其一切明显的缺点，但确是人迄今所发现的唯一的社会约束和义务体系，是整个社会秩序的基础。……取缔它就意味着完全的无政府状态。然而，人类伟大的宗教导师们发现了另一种冲动，靠着这种冲动，从此以后人的全部生活被引到了一个新的方向。他们在自己身上发现了一种肯定的力量，一种不是禁忌而是激励和追求的力量。他们把被动的服从转化为积极的宗教情感。禁忌体系有着使人的生活成为最终不堪承受的重负的危险；人的全部生存，不管是物理的还是道德的，在这种体系的持续压制下闷得透不过气来。正是在这里宗教插足了。……它们解除了禁忌体系的不堪承受的重负，但另一方面，它们发现了宗教义务的一个更深刻的含义：这些义务不是作为约束或强制，而是新的人类自由理想的表现。①

卡西尔这里所说的禁忌就是迷信或者原始宗教，它跟道德或者文明宗教之间的区别在于心理状态或者态度的不同：迷信或者原始宗教通过禁止和恐吓引起的心理状态是消极的恐惧；道德或者文明宗教通过理想和激励引起的心理状态是积极的热情。迷信或者原始宗教将约束和义务强加给人，依靠外在力量让人被动地屈服；道德和文明宗教让人自由地接受约束和义务，依靠内在力量让人主动地追求。由此可见，宗教与迷信体现的心理状态完全不同。但是，就实际情况而言，世界上的各大宗教与迷信之间都有千丝万缕的联系，因为大多数宗教都有漫长的历史，在起源和早期它们都具有较大的迷信成分，甚至有人认为将宗教区分为文明宗教和原始宗教，这个做法本身带有偏见。如果宗教与迷信之间实际上并不能截然分割开来，那么康德和卡西尔这里的区别就只是理论上的区别，它们与实际情况并不完全吻合。

实际情况可能是这样的：由于宗教与迷信之间有着千丝万缕的联系，因此康德和卡西尔对于迷信的批判也适用于宗教。甚至为了与迷信拉开距离，宗教中的积极部分开始寻求脱离宗教而转向审美和艺术，因此康德和卡西尔对宗教的颂扬也适用于审美和艺术。由此宗教与迷信之间的不同态度，在很大程度上就转变成为审美与宗教之间的不同态度。在这里审美取代了宗教的位置，而宗教与迷信等同起来了。正是在这种意义上，蔡元培主张"以美育代宗教"，并给出

---

① 卡西尔：《人论》，甘阳译，第138—139页。

了三点理由：一、美育是自由的，而宗教是强制的；二、美育是进步的，而宗教是保守的；三、美育是普及的，宗教是有界的[1]。蔡元培这里所说的宗教，在很大程度上就是迷信。

蔡元培的这种口号曾经被片面地理解为反对宗教。事实上，蔡元培并不完全反对宗教，相反他看到了宗教与艺术在很多方面具有相似性，尤其是它们在表达人类情感上具有不可替代的功能；蔡元培甚至认为社会的混乱、堕落和战争等等，是科学过于发达、宗教过于衰落的结果。不过，蔡元培主张宗教的许多有益的功能可以在艺术和审美中得到保留和发扬，而宗教的一些不好的东西，比如迷信、宗教组织的腐败等等，又可以在审美和艺术中被毫无保留地抛弃。因此，在我看来，蔡元培“以美育代宗教”的主张可以从两方面来理解：一方面是关于宗教的重新理解，一方面是关于艺术的重新理解。对于中国这样一个缺乏严格意义上的宗教传统的国家来说，一种审美化的宗教或者以人为中心的宗教性，也许比西方的亚伯拉罕传统的宗教更为合适。另外，对中国人来说，艺术绝不是无利害性的游戏，而是可以在社会实践中发挥重要功能（比如某些宗教功能）的严肃事业。中国文化对审美和艺术的推崇，表明在这样一个缺乏严格宗教传统的国家中，人民在审美和艺术中找到了他们的精神寄托。

事实上，蔡元培的这种主张并不是孤立的。在 19 世纪的欧洲尤其是英国，出现了一种将宗教与审美结合起来的潮流。根据的弗莱瑟（Hilary Fraser）的观察，维多利亚时期出现了许多宗教-审美理论（religio-aesthetic theories），它们试图将基督教的主张与美、道德与艺术等等调和起来[2]。艾略特（T. S. Eliot，1888—1965）也观察到这种现象，他说：“在那个时期，思想的分化，艺术、哲学、宗教、伦理和文学之间的相互分隔，被来自各个方面的试图达到一种无法实现的综合的空想中断了。”[3]艾略特本人是一个强调分门别类的现代主义者，他对维多利亚时期强调跨界融合的宗教-审美理论痛加针砭，但这从一个侧面反映了宗教-审美理论在那个时期的盛行。

在 20 世纪的抽象绘画运动中，我们可以看到由审美与宗教的融合走向以审美替代宗教的趋向。根据戈尔丁（John Golding）的研究，抽象绘画的先驱蒙德里安（Piet C. Mondrian，1872—1944）曾经是布拉瓦茨基夫人（Madam Blavatsky，1831—1891）创立的神智论（Theolosophy）的狂热追随者，因为神智

---

① 蔡元培：《以美育代宗教》，载《蔡元培美学文选》，第 180 页。

② Hilary Fraser, *Beauty and Belief: Aesthetics and Religion in Victorian Literature*, Cambridge: Cambridge University Press, 1986, p. 1.

③ T. S. Eliot, “Arnold and Pater”, in *Selected Essays*, New York: Harcourt, Brace & World, 1964, p. 442.

论主张宗教与艺术是平行的，承认它们二者的目的都是通向超越性的存在。在蒙德里安看来，神智论和抽象绘画是相同的精神运动的不同表达形式。“尽管艺术有自身的目的，但它像宗教一样，是我们借以认识宇宙的工具。”[①]当然，蒙德里安这里所说的艺术，已经不是传统的写实绘画，而是以抽象绘画为代表的新艺术。“新艺术是解除了压迫的旧艺术……在这种意义上艺术变成了宗教。”[②]随着蒙德里安发展出他的纯抽象风格，他开始拒斥神智论的某些内容，而将艺术视为宗教或者用艺术来取代宗教，因为蒙德里安认识到，神智论者绝不可能获得那种“等价关系”(equivalent relationship)的经验，因而“绝不可能体验到真正的、完满的人类和谐”[③]。正是因为认识到神智论的某些不足，蒙德里安开始用艺术来取代宗教，因为艺术比神智论还要纯粹，因而比神智论乃至比任何现实的宗教形式还要像宗教。“作为人类精神的纯粹创造，艺术被表现为在抽象形式中体现出来的纯粹的审美创造。”[④]对于蒙德里安的这种转变，戈尔丁做了这样的总结：“总之，对蒙德里安来说，艺术开始成为宗教经验的替代者。”[⑤](图 14)

四、作为宗教的现代艺术

蔡元培与蒙德里安一样，首先都看到了艺术、审美与宗教之间的相似关系，进而由于不满现存宗教中存在诸如迷信之类的成分，提出以艺术、审美取代宗教的主张。蔡元培和蒙德里安的这种主张中，存在着将艺术宗教化的倾向。这种倾向，在克莱夫·贝尔的美学中得到了很好的理论总结。

克莱夫·贝尔对艺术有了新的界定：艺术不是对外部世界的再现，而是有意味的形式(significant form)。根据这种新的界定，克莱夫·贝尔反对艺术再现，反对制造幻象，反对卖弄技术，将创造有意味的形式作为艺术的首要目的。那么，什么是“有意味的形式”呢？克莱夫·贝尔的解释是：“在各个不同的作品中，线条、色彩以某种特殊方式组成某种形式或形式间的关系，激起我们的审美情感。这种线、色的关系和组合，这些审美地感人的形式，我称之为有意味的形

---

① Piet Mondrian, *The New Art the New Life: The Collected Writings of Piet Mondrian*, edited and translated by Harry Holtzman and Martin James, Boston: Da Capo Press, 1986, p. 42.
② 同上书，第 319 页。
③ 同上书，第 169 页。
④ 同上书，第 28 页。
⑤ John Golding, *Paths to the Absolute*, London: Thames & Hudson, 2000, p. 15.

式。‘有意味的形式’，就是一切视觉艺术的共同性质。”[①]表面上看来，克莱夫·贝尔的这种主张跟一般的形式主义美学没有区别。根据形式主义美学的看法，艺术的魅力不在它所表达的内容，而在于它的形式，就绘画来说在于形、色的关系和组合，这种纯粹的形式组合能够唤起我们的审美情感。这种形式主义强调的是形式游戏以及这种游戏所引起的愉快，我将它称之为唯美形式主义或者轻形式主义。如果说克莱夫·贝尔的主张也属于形式主义的范畴的话，他的形式主义不是这种轻形式主义，而是重形式主义。克莱夫·贝尔将艺术定义为“有意味的形式”而不是“美的形式”，是有他的特别考虑的：首先，在克莱夫·贝尔看来，艺术的关键在于唤起某种特别的情感。“一切审美方式的起点必须是对某种特殊情感的亲身感受，唤起这种感情的物品，我们称之为艺术品。大凡反应敏捷的人都会同意，由艺术品唤起的特殊感情是存在的。我的意思当然不是指一切艺术品均唤起同一种感情。相反，每一件艺术品都引起不同的感情。然而，所有这些感情都可以被认为是同一类的。迄今为止，那些最有见解的人的看法与我的看法是一致的。我认为，视觉艺术品能唤起的某种特殊的感情，这对任何一个能够感受到这种感情的人来说都是不容置疑的，而且，各类视觉艺术品，如：绘画、建筑、陶瓷、雕刻以及纺织品等等，都能唤起这种感情。这种感情就是审美感情。”[②]其次，被认为是“美的”的事物，并不一定能唤起审美感情。“我们之中的大多数人，无论用词多么严谨，都很容易使用性质形容词‘美的’来形容某种不能唤起艺术品所唤起的那种特殊感情的东西。我要问：虽然差不多人人都说过一只蝴蝶或一朵花是美的，但有谁对蝴蝶和花产生过他对一座教堂或一幅画所产生的感情呢？……我感到欣慰的是，一般地说，大多数人对鸟、花、蝴蝶翅膀的感情与对绘画、陶器、庙宇、雕像的感情是完全两样的。”[③]在唯美形式主义或者轻形式主义看来，蝴蝶和花朵产生的感情就是审美感情，跟艺术产生的审美感情一样，甚至比艺术产生的审美感情还要纯粹和典型。但是，克莱夫·贝尔并不这么认为。根据克莱夫·贝尔的看法，只有艺术品才能产生审美感情。再次，艺术品产生的感情，与一般具有形式美的自然物产生的感情不同，前者要“重”，后者要“轻”。翻译为“有意味”的“significant”，既有“有意义的”意思，也有“重大的”、“重要的”意思。“优秀视觉艺术品能把有能力欣赏它的人带到生活之外的迷狂中去……唯一注重的是线条、色彩及它们的相互关系、用量及质量。从这些方面能够得到远比事实、观念的描述所能给予的感情更深刻、更崇高的感情。”[④]克莱

① 克莱夫·贝尔：《艺术》，周金环、马钟元译，中国文联出版社，1984年，第4页。
② 同上书，第3页。
③ 同上书，第7页。
④ 同上书，第19页。

夫·贝尔经常用"狂喜"来形容审美感情,强调审美感情比一般感情要深刻和崇高,而且经得起时间的考验。"面对卢佛尔博物馆中萨默里安的人物塑像的壮观,他所感受到的狂喜与四千年前迦勒底的崇拜者感受到的狂喜是同样多的。这正是伟大艺术的标志,伟大艺术的感染力是永恒的。"①

现在的问题是,艺术品所唤起的这种特殊的审美感情究竟源于何处?或者更简要地说,为什么艺术品能够唤起这种特殊的审美感情呢?克莱夫·贝尔的答案是,这种感情起源于我们对形而上的"物自体"或"终极实在"的感受。"视某物体本身为目的的意味是什么呢?在我们剥光某物品的一切关联物以及它作为手段的全部意义之后剩下来的是什么呢?留下来的能够激起我们审美感情的东西又是什么呢?如果不是哲学家以前称作'物自身',而现在称作'终极实在'的东西又能是什么呢?……所谓'有意味的形式'就是我们可以得到某种对'终极实在'之感受的形式。"②由此可见,克莱夫·贝尔所说的"意味"并不一般意义上的"美"以及由"美"引起的"愉快",而是"终极实在"以及由它引起的"狂喜"。"对纯形式的观赏使我们产生了一种如痴如狂的快感,并感到自己完全超脱了与生活有关的一切观念。……不管你怎样来称呼它,我现在谈的是隐藏在事物表象后面的并赋予不同事物以不同意味的某种东西,这种东西就是终极实在本身。"③

如果说"意味"指的是由见到终极实在所引起的狂喜,那么它就不是艺术的专利,因为狂喜正是宗教经验的基本特征,前面引用詹姆斯转述的那个教士将自己的宗教经验描述为:"此时此刻,对周围事物的普通感觉消失了,剩下的只是一种说不出的欢乐与狂喜。"根据普洛丁(Plotinus, 204—270)在《九章集》(*Enneads*)的描述,人们沉思那些不能被感觉而只能被理智地理解的东西时就不仅是愉悦和激动,而且有一种"被完全吞没"的感觉。当人们最终达到"太一"时,就会体验到"愉悦的强有力冲击","并且满怀惊奇和喜悦、无害而持久的冲击、带有真正激情和热烈期望的爱"④。在施莱尔马赫(Friedrich Schleiermacher,1768—1834)看来,宗教的本质"既不是思维也不是行动,而是直觉和情感"⑤。施莱尔马赫说:

当世界精神威严地昭示于我们时,当我们听到它的活动声响,感到它的活动

---

① 克莱夫·贝尔:《艺术》,周金环、马钟元译,第23页。
② 同上书,第36页。
③ 同上书,第47页。
④ 转引自沃尔特斯托夫:《艺术和美学:宗教的维度》,载基维主编:《美学指南》,彭锋等译,第282页。
⑤ Friedrich Schleiermacher, *On Religion: Speeches to its Cultured Despisers*, Cambridge: Cambridge University Press, 1996, p. 22. 转引自张志刚:《宗教哲学研究》,第179页。

法则是那么博大精深，以致我们面对永恒的、不可见的东西而满怀崇敬，还有什么比这种心情更自然吗？一旦我们直觉到宇宙，再回过头来用那种眼光打量自身，我们比起宇宙来简直渺小到了极点，以致因有限的人生而深感谦卑，还有什么比这种感受更恰当呢？①

在施莱尔马赫看来，宗教的本质就在于我们在直觉到无限宇宙时所产生的崇敬和谦卑。没有这种崇敬和谦卑，即使具有丰富的宗教知识，即使严格尊奉宗教戒律，也不能说进入了宗教生活。

奥托（Rudolf Otto，1869—1937）将宗教情感的最深层面称为"令人战栗的神秘感"。对于这种神秘的宗教情感，奥托做了这样的描述：

或许有时犹如一阵和缓的潮汐连绵而来，使一种深切崇拜的宁静心情充满整个精神。它也许过后又变成了一种更稳定的、更持久的心灵状态，这种状态可以说是连续不断地、令人激动地使心灵得以激励，产生共鸣，直到最后平息，心灵恢复其"世俗的"、非宗教的日常经验状态。它也许骤然间伴随着痉挛，挟带着惊厥从心灵深处爆发出来，或许还会带来强烈的刺激，叫人欣喜若狂，心醉神迷，以致出神入化。它有其野蛮的、恶魔般的形式，能沦落为一种近乎狰狞的恐怖与战栗。它有其原始的、野性的前身和早期表现形态，另一方面它又可能发展成某种美丽的、纯洁的与辉煌的东西。它也许会变成作为被造物的谦卑，面对某种不可表达的神秘而沉默、震颤、哑然无语。②

不仅艺术引起的狂喜类似于宗教狂喜，而且艺术追求的"终极实在"也是宗教经验的对象。对此，蒂利希（Paul Tillich，1886—1965）有非常清楚的认识："宗教，就该词最宽泛、最基本的意义而论，就是终极关切。"③当任何一种精神活动触及它的根底的时候，都会进入信仰领域，因为任何一种精神活动的根底都触及终结实在，它既不是感觉的对象，也不是知性的对象，而是信仰的对象。根据蒂利希，"人类精神的所有基本功能、所有创造活动无不深藏着终极的关切。譬如，在道德领域，这种终极关切明显地表现为'道德要求的无条件性'。因此，如果有人以道德功能为名拒斥宗教信仰，就是以宗教的名义来反对宗教。又如，终极关切也是一目了然的。……如果有人以认识功能为名拒斥宗教信仰，还是以

---

① Friedrich Schleiermacher, *On Religion: Speeches to its Cultured Despisers*, p. 45. 转引自张志刚：《宗教哲学研究》，第181页。

② Rudolf Otto, *The Idea of the Holy*, Oxford: Oxford University Press, 1950, p. 12. 转引自同上书，第188页。

③ Paul Tillich, *Theology of Culture*, Oxford: Oxford University Press, 1959, pp. 7－8. 转引自同上书，第220页。

宗教的名义来反对宗教。再如，审美领域中的终极关切则强烈地体现为'无限的渴望'。文学家和艺术家想方设法来描述或表现'终极的意义'。假如有人想以审美功能来拒斥宗教信仰，仍然是以宗教的名义反对宗教。一言以蔽之，这种在一切人类精神活动领域中反映出来的那种终极关切状态，其本身就是宗教性的。"①

鉴于在情感和终极实在的追求方面，艺术与宗教都十分类似，因此克莱夫·贝尔将艺术与宗教等同起来，对艺术做了宗教化的理解。克莱夫·贝尔说："根据我个人的理解，宗教表达的是个人对宇宙的感情意味的感受。如果我发现艺术也是这同一种感受的表达，也绝不会因此感到诧异。然而这两者所表达的感情似乎都与生活感情不同或者高于生活感情。它们也肯定都有力量把人带入超人的迷狂境界，两者都是达到脱俗的心理状态的手段。艺术与宗教均属于同一世界，只不过它们是两个体系。人们试图从中捕捉住它们最审慎的与最脱俗的观念。这两个王国都不是我们生活于其中的世俗世界。因此，我们把艺术和宗教看作一对双胞胎的说法是恰如其分的。"②克莱夫·贝尔对宗教做了一种简明的理解：宗教就是将某些事物归入终极实在领域而将它们视为具有无法比拟的价值的东西，将另一些事物归入表面现象领域而将它们看得无关紧要。克莱夫·贝尔说："宗教精神是一种生来就有的信念，这种信念认为一些事物比另一些事物更要紧。……使人民信奉宗教的是他们的无条件的、普遍的宗教感。……正是这种宗教感使他们置正义于法律之上，置情感于原则之上，置感觉于文化之上，置智力于知识之上，置直觉于经验之上，置理想于现实之上。正是这种宗教感使得他们成为传统的敌人，妥协的敌人，常识的敌人。事实上，宗教的实质就是这样一种信念，即：有些东西具有极大的价值，而绝大多数东西是毫无价值的……"③克莱夫·贝尔发现，有些艺术家将他们的艺术看得高于一切，他认为这种艺术家就是宗教型的艺术家：

我称一个以牺牲物质存在来追求在他眼里是美好事物的人为宗教主义者。他们相信某些事物本身就是善的，而且物质存在并不在其中。按照我的观念，这种毫不妥协地认为精神生活比物质生活更重要的人都是宗教型的。例如：我在巴黎见到一些青年画家，他们身无分文，半饥半饱，衣衫褴褛；就连妻儿老小也是如此，但是他们仍然发狂般地以全部热情画着那些没人买的画。他们说不定会杀死或者打伤任何一个建议他们降低自己作品售价的人。如果他们物质和荣誉

① 张志刚：《宗教哲学研究》，第220页。
② 克莱夫·贝尔：《艺术》，周金环、马钟元译，第54页。
③ 同上书，第55页。

都没有得到，就是靠偷报纸和鞋油也要继续满足支配他们创作的愿望。这些人是地地道道的超级宗教狂。一切艺术家都属于宗教型。一切为人们坚持不渝的信仰都是宗教信仰。一个信仰真理的人可以为真理坐牢，为真理献身，但他绝对不会承认他认为根本不存在的上帝。因而，他与为宗教信仰而献身的苏格拉底和基督是一样的，他的行为同样带有宗教性，因为他的价值观念尺度超出了物理世界的范围。①

基于这种认识，克莱夫·贝尔将艺术宗教化了。克莱夫·贝尔说：

艺术和宗教是人们摆脱现实环境达到迷狂境界的两个途径。审美的狂喜和宗教的狂热是联合在一起的两个派别。艺术与宗教都是达到同一类心理状态的手段。如果我们获准可以置审美科学于不顾，而深入到我们的感情及感情的目的来研究艺术家的心理，我们可以得出相当不严谨的结论，说艺术是宗教感的宣言。如果艺术正像我所认为的那样是感情的表现，那么它所表现的感情正是五花八门的宗教信仰中最有生命力的力量。或者，在任何程度上，它表达的感受都是对万事万物的本质的感受。如果我们说的"人类的宗教感"是指人的基本现实感而言，那么我们就可以说：艺术与宗教都是人类宗教感的宣言。②

需要指出的是，克莱夫·贝尔将艺术视为"人类的宗教感的宣言"的时候，他并不是将艺术视为某种宗教教义的图解或者对某些宗教史实的记录，而是将艺术视为对"终极实在"的揭示。在克莱夫·贝尔看来，如果没有触及"终极实在"，没有因为触及"终极实在"而产生的巨大热情和坚强信念，不管何种形式的宗教都没有宗教性，因而都不是真正的宗教。相反，如果艺术达到了这些目的，尽管艺术并不是任何形式的宗教，我们也可以说这种艺术是富有宗教性的，因而是真正的宗教。在克莱夫·贝尔心目中，当时的宗教都只剩下没有宗教性的仪式和教义，而新兴的现代艺术却具有明显的宗教性。

五、宗教艺术的启示

如同蒙德里安一样，克莱夫·贝尔心目中的艺术指的是一种特别的艺术，即20世纪初逐渐登上历史舞台的现代主义艺术或者新艺术。在蒙德里安那里，新艺术的代表是抽象绘画；在克莱夫·贝尔那里，新艺术的代表是后印象派绘画，

① 克莱夫·贝尔：《艺术》，周金环、马钟元译，第60—61页。
② 同上书，第62页。

尤其是塞尚的绘画。根据蒙德里安和克莱夫·贝尔，这种新艺术是具有宗教性的艺术，因为它们体现了真正的宗教精神。但是，如果我们走进教堂和寺庙，就会发现那里的艺术与蒙德里安和克莱夫·贝尔所推崇的艺术完全不同。如果说我们在教堂和寺庙里看见的艺术是宗教艺术的话，按照克莱夫·贝尔的理论，这种宗教艺术可能并不具有宗教性。显然，这种结论完全违背了我们的常识。按照我们的常识，在教堂和寺庙里的艺术是宗教艺术，宗教艺术具有宗教性。由此看来，克莱夫·贝尔的理论需要进一步的检验。

沃尔特斯托夫(Nicholas Wolterstorff, 1932—)观察到宗教艺术与现代主义艺术不同，他很惊讶克莱夫·贝尔等人在论述艺术的宗教性的时候竟然完全无视宗教艺术自身的特性。沃尔特斯托夫说：

偶像在东正教的宗教实践中起作用的方式、赞美诗在犹太教的宗教实践中起作用的方式、集体圣歌在新教宗教实践中起作用的方式……对于参加这些实践的人来说，代表着宗教与艺术的极为重要的介入。然而，所有的这些介入的方式都被认为不值得注意，因而被这些思想家置之不理。尽管所提供的理由在每一种情况中都稍有不同，但结果完全一样。引起他们兴趣的唯一方式是沉思；圣像崇拜和集体圣歌的演唱这两种介入方式的任何一种都落在他们的视界之外。而且，虽然挂在教堂里的油画表现的内容引起了东正教崇拜者的极大关注，如同在犹太教堂中由领唱者所唱的和在新教教堂中由全体圣徒所唱的那些歌词引起崇拜者的极大关注一样，这也没引起这些思想家的兴趣。引起兴趣的仅是艺术品的形式特征和艺术作品的表现性。①

在沃尔特斯托夫看来，这些宗教艺术在宗教实践中起作用的方式之所以不被美学家们重视，原因在于关于艺术的宏大叙事在作祟。这种关于艺术的宏大叙事起源于18世纪，主导了随后人们对艺术的理解。沃尔特斯托夫说：

很久以前，艺术服务于外在于艺术本身的各种利益：教会利益，政治利益，贵族政权利益，商业利益，甚至还有魔术的利益。接着在18世纪，艺术在显著的程度上开始从这些外在的利益下解放出来，被允许回到其自身。艺术家们在探索中可以自由地遵循艺术的内在动力，而不是服务于国君、主教、经纪人，等等；艺术独立自主了，以自身为标准。公众同样可以自由地把艺术品当作艺术品来看待，而不再将艺术作为拜神、求雨或者无论什么的手段。我们自由地把艺术品看作以自身为目的。如此看待它们使我们关注它们的内在特质和关系，而不是

---

① 沃尔特斯托夫：《艺术和美学：宗教的维度》，载基维主编：《美学指南》，彭锋等译，第284页。

关注它们如何同外在于它们自身的一个又一个的东西相关联。我们现在关注的是它们的“内在的合理性”。①

克莱夫·贝尔对艺术的宗教性的理解，显然受到这种关于艺术的宏大叙事的影响，因为克莱夫·贝尔将那种以自身为目的的艺术视为真正的艺术，反对具有任何再现内容，反对艺术成为实现任何外在目的的工具，力图让艺术成为它自身，“进入它自身”。然而，正是在让艺术“进入它自身”的问题上，沃尔特斯托夫跟克莱夫·贝尔的看法完全不同。沃尔特斯托夫发现了一种新的让艺术“进入它自身”的方式，即艺术似乎是在不是它自身的时候进入了它自身。比如，椅子的目的是让人坐，只有当人们坐在椅子上的时候椅子才“进入它自身”，如果将椅子放在美术馆展出或者贮藏在阁楼里不让人坐，椅子反而不能“进入它自身”。这种看法与关于艺术的宏大叙事刚好相反。根据18世纪以来确立的那种关于艺术的宏大叙事，椅子只有在不被人坐的时候才“进入它自身”，才从日常生活中的器具转变为艺术作品。在沃尔特斯托夫看来，椅子只有在被人坐的时候才“进入它自身”，才是艺术作品。沃尔特斯托夫正是这样来看待宗教艺术的：

现在考虑东正教的偶像。它们进入自身是当它们挂在东正教的教堂里被崇敬的时候，而不是当它们展出在某个艺术博物馆里被当作沉思的对象的时候。在后一种方式中，它们能发挥作用；它们大多数也是如此发挥作用的。但是当如此发挥作用的时候，它们没有“进入它们自身”。犹太的圣歌和新教的赞美诗也是如此：当它们在仪式中发挥作用而不是当约书亚·科恩(Joshua Cohen)和他的波士顿海百合(Boston Camerata)把它们录在唱片上的时候，它们才进入它们自身。②

由此可见，宗教艺术在宗教人士那里发挥的作用，有可能跟在非宗教人士那里发挥的作用不同。在非宗教人士那里，宗教艺术仅仅以它的形式引起美感；在宗教人士那里，宗教艺术有可能具有更为丰富的内容。沃尔特斯托夫说：

我们将注意到这个事实：对于那些宗教人士而言，诗歌经常与其说是被沉思的不如说是深入内心的，因此诗歌语言变成了人们表达自己的情感、信念、理解等等的语言。我们将注意到这个事实：对于宗教人士而言，故事不是经常作为审美愉悦的对象而起作用，而是适合于某人自己的生活和他人的生活的叙事。我们将注意到这个事实：对于那些宗教人士而言，音乐的作用经常是用于增强

① 沃尔特斯托夫：《艺术和美学：宗教的维度》，载基维主编：《美学指南》，彭锋等译，第284—285页。
② 同上书，第285页。

人们对神的赞美，而不是作为一个沉思的对象，也不是为了审美和其他的目的。我们将注意到这个事实：对于宗教人士而言，符号的作用经常是用作提醒物，对大部分宗教而言，记忆是最基本的东西。①

在沃尔特斯托夫看来，宗教艺术绝不只是以形式引起人们的审美愉快，而是发挥着各种各样的功能。在宗教艺术发挥的所有功能中，沃尔特斯托夫尤其重视纪念功能，即宗教艺术有助于我们记住那些不想忘记的人和事。"对我们每个人而言，总有特定的人和事件我们看得非常重要，值得我们和我们的社会去纪念。可是事实上，我们发现我们和我们的社会经常忘记我们认为重要而值得记住的东西；或者纵然我们确实没忘，我们发现我们不能使这些东西记忆犹新。纪念仪式具有使对我们不想忘记的人和事的记忆鲜活生动的作用。纪念增强记忆。"②沃尔特斯托夫注意到，"由基督教团体并且为基督教团体制造的相当多的视觉再现艺术，都是纪念的艺术，它们就像（例如）由佛教团体并且为佛教团体制作的大量视觉艺术一样。认为教堂的图像的作用是教育没有文化的人，这种说法在中世纪的基督教变得很普遍。于我而言，这好像并不错，只是不完整。图像完成的这种教导是提醒对基督教故事中重要人物和事件的信仰。但是它们的作用不止是提醒；它们也纪念。它们的纪念功能对有文化的人和没文化的人是一样的紧密相关。"③

总之，根据沃尔特斯托夫，对艺术的宗教性理解发生在 18 世纪艺术独立之后，这种理解将艺术仅仅视为形式，将正确的艺术欣赏方式确定为无利害性的审美静观（contemplation），将艺术欣赏经验理解为一种超越性的情感体验。但是，这种艺术不包括宗教艺术，这种理解艺术的方式也不适合宗教人士对宗教艺术的理解。根据宗教人士对宗教艺术的理解，艺术服务于宗教目的，因而不是无利害性的。宗教艺术的目的不是无利害的静观，而是唤起人们的宗教记忆，因此宗教艺术是一种纪念艺术（memorial art）。

我想进一步指出的是，也许我们可以沃尔特斯托夫的这个观点做一般性的推广，从而可以导致我们对 18 世纪以来有关艺术的宏大叙事做总体上的反思。首先，世界上有不少宗教人士，他们对艺术的理解方式并不是无利害的审美静观。其次，就非宗教人士来说，他们也生活在政治、经济、文化等环境中，他们对艺术的理解也会打上政治、经济、文化等烙印，从而不可能做到无利害的静观。总之，无利害的静观要求一个完全脱离日常生活语境的人，这种人几乎是不存在

---

① 沃尔特斯托夫：《艺术和美学：宗教的维度》，载基维主编：《美学指南》，彭锋等译，第 285—286 页。
② 同上书，第 286 页。
③ 同上书，第 286 页。

的。后现代主义美学强调让艺术介入社会生活之中，强调正视艺术的政治、经济、文化等方面的功能，在一定程度上是对以克莱夫·贝尔为代表的现代主义美学的纠正，是向艺术的日常理解的回归。

思考题

1. 为什么说审美从宗教中独立出来之后仍然保持着与宗教的联系？
2. 如何理解克莱夫·贝尔的“有意味的形式”？
3. 克莱夫·贝尔是如何对艺术做宗教化的理解的？
4. 你同意沃尔特斯托夫关于宗教艺术的理解吗？

推荐书目

沃尔特斯托夫：《艺术和美学：宗教的维度》，载基维主编：《美学指南》，彭锋等译，南京大学出版社，2008年。

克莱夫·贝尔：《艺术》，周金环、马钟元译，中国文联出版公司，1984年。

Piet Mondrian, *The New Art-the New Life: The Collected Writings of Piet Mondrian*, edited and translated by Harry Holtzman and Martin James, Boston: Da Capo Press, 1986.

John Golding, *Paths to the Absolute*, London: Thames & Hudson, 2000.

Hilary Fraser, *Beauty and Belief: Aesthetics and Religion in Victorian Literature*, Cambridge: Cambridge University Press, 1986.

Jerome Stolnitz, "On the Origins of 'Aesthetic Disinterestedness'", *Journal of Aesthetics and Art Criticism*, 20, winter, 1961.

蔡元培：《蔡元培美学文选》，北京大学出版社，1983年。

卡西尔：《人论》，甘阳译，上海译文出版社，1985年。

张志刚：《宗教哲学研究》，中国人民大学出版社，2003年。

第十一章　审美与自然

本章内容提要：自然美是人们普遍的欣赏对象。人们通常喜欢将自然物视为某些道德品质的象征，或者将自然景色视为如画的艺术作品。随着现代美学对人的精神的强调，自然美逐渐退出美学家的研究范围，或者处于美学研究的边缘。20世纪后半期，随着环境美学的兴起，自然再一次成为美学研究的焦点。新兴的环境美学或自然美学将关于自然的美学思考推向了一个新的高度，对自然的美学思考触及了一些根本的美学和哲学问题。

在自然中获得审美享受，这本来是一种再正常不过的现象。然而，从历史上看，这种正常现象并没有引起美学家们的普遍重视，一些美学家公然否认自然物中有美，或者贬低自然美为低级的美。根据阿多诺的观察，自然美在康德的美学中曾经占据重要的地位，但是经过谢林和黑格尔等人的发展之后，自然美从美学研究中消失了。黑格尔曾经断言："我们可以肯定地说，艺术美高于自然。因为艺术美是由心灵产生和再生的美，心灵和它的产品比自然和它的现象高多少，艺术美也就比自然美高多少。"[①]"心灵和它的艺术美高于自然，这里的'高于'却不仅是一种相对的或量的分别。只有心灵才是真实的，只有心灵才涵盖一切，所以一切美只有涉及这较高境界而且由这较高境界产生出来时，才真正是美的。就这个意义来说，自然美只是属于心灵的那种美的反映，它所反映的是一种不完全、不完善的形态。"[②]在阿多诺看来，自然美之所以遭到美学家们的忽视或者贬低，原因是"自然美的继续出现，将触动一个痛点，所有作为纯粹的人工制品的艺术作品，都是对自然美的犯罪。整个人造的艺术作品，在根本上与非人造的自然

---

① 黑格尔：《美学》第一卷，朱光潜译，商务印书馆，1991年，第4页。
② 同上书，第5页。

对立"[1]。"自然美从美学中消失,是因为人的自由和尊严概念膨胀至极端的结果。"[2]

一、对自然美的热情

美学家们对自然美的贬低,并没有影响人们对自然美的热情。具有讽刺意味的是,在谢林和黑格尔将自然美驱除出美学研究领域的同时,英国浪漫主义诗人们却沉浸在对自然的浪漫遐想之中。勃兰兑斯(George Brandes, 1842—1927)在他的名著《十九世纪文学主流》中,将英国文学卷标上了"英国自然主义"的小标题,突出了英国诗人对自然的热爱:

英国诗人全部都是大自然的观察者、爱好者和崇拜者。喜欢把他的癖好展示为一个又一个思想的华兹华斯,在他的旗帜上写上了"自然"这个名词,描绘了一幅幅英国北部的山川湖泊和乡村民居的图画,这些图画尽管工笔细描,却自有一番宏伟景象。司各特根据细致入微的观察,对大自然所作的描写是如此精确,以致使一个植物学家都可以从这类描写中获得关于被描绘地区的植被的正确观念。济慈尽管对古代风格和希腊神话非常热爱,却是一个感觉主义者,天生具有最敏锐、最广阔和最细腻的感受能力;他能看见、听见、感到、尝到和吸入大自然所提供的各种灿烂的色彩、歌声、丝一样的质地、水果的香甜和花的芬芳。穆尔是纯粹精神化的敏锐感觉的化身;这位既被别人纵容而自己又对别人持纵容态度的诗人,仿佛生活在大自然一切最珍奇、最美丽的环境之中;他以阳光使我们目荡神迷,以夜莺的歌声使我们如醉如痴,把我们的心灵沉浸在甜美之中;我们和他生活在一个由羽翼、花朵、彩虹、红晕、眼泪、接吻——永远接吻——所织成的永无止境的梦中。甚至像拜伦的《唐璜》和雪莱的《倩契》那种作品的最强烈的倾向,实际上也都是自然主义。换言之,自然主义在英国是如此强大,以致不论是柯勒律治的浪漫的超自然主义、华兹华斯的英国国教的正统主义、雪莱的无神论的精神主义、拜伦的革命的自由主义,还是司各特对以往时代的缅怀,无一不为它所渗透。它影响了每个作家的个人信仰和文学倾向。[3]

---

① T. W. Adorno, *Aesthetic theory*, trans. by C. Lenhardt, New York: Routledge & Kegan Paul, 1984, p. 91.

② 同上书,第92页。

③ 勃兰兑斯:《十九世纪文学主流第四分册:英国的自然主义》,徐式谷等译,人民文学出版社,1984年,第6—7页。

尤其是诗人华兹华斯(William Wordsworth, 1770—1850),在他的作品中充分地表达了他对自然强烈而真挚的爱。在华兹华斯的诗歌中,“十八世纪所推崇和颂扬的有教养的人失去了踪影,却出现了被新时代认为和飞禽走兽草木岩石同出一类的人类。基督教要人们热爱自己的同类,泛神论却要人们爱最卑微的动物”①。勃兰兑斯还指出,“由于他[华兹华斯]自己对一切外在的自然现象天生具有特殊的感受能力,因此禁不住要大声疾呼:‘大自然啊!大自然啊!’以此作为他的口号”②。

华兹华斯等英国浪漫主义诗人对大自然的爱是全方位的,他们表达了一种全面而浓烈的对自然的虔敬,而不是在自然物中进行美丑区分,对所谓的“自然美”表达出一种特别的钟爱。他们对自然的描述是如此全面而写实,以至于他们的作品可以当作博物学和地理学的著作来阅读。

当然,19世纪浪漫主义文学思潮中对自然的钟爱,不仅体现在英国的诗人那里,而且体现在所有的欧洲诗人那里。因此,勃兰兑斯说:“对于大自然的爱好,在十九世纪初期像巨大的波涛似地席卷了欧洲。”③

这种自然全美的情绪,不仅体现在诗人那里,而且体现在风景画家那里。在18世纪末到19世纪初的欧洲,自然美曾经被当作绘画艺术的标准④。在19世纪景观艺术家的作品或其他一些有关自然的文本中,对自然的全面审美肯定的观点已经表现得十分清楚了。例如风景画家康斯特布尔(John Constable, 1776—1837)1821年说过的一句名言,曾经被广泛引用:“在我的一生中我从来没有看见一件丑的东西。”⑤在那时,人们之所以有将自然看作本质上美丽的观念,部分原因是他们越来越认识到人类对自然的干预所产生的负面效果。1857年英国著名文艺批评家罗斯金(John Ruskin, 1819—1900)曾对当时的风景画家们发出这样的忠告:只有在超越人类所及的自然中,才能发现确定无疑的美。他说:

掠过天空,你会注意到那里有非常奇特的东西,全然不同于地上的景象,——那些不易为人类所干扰的云彩总是很美地排列着。在景观的任何其他方面都不可能发现这样美的东西。那些对山景效果产生特别重要影响的岩石,

---

① 勃兰兑斯:《十九世纪文学主流第四分册:英国的自然主义》,徐式谷等译,第44页。
② 同上书,第40页。
③ 同上书,第41页。
④ 参见 Arthur Lovejoy, “‘Nature’ as Aesthetic Norm”, *Modern Language Notes*, Vol. 42 (1927), pp. 444 - 450。
⑤ 转引自 Allen Carlson, *Aesthetics and the Environment*, London and New York: Routledge, 2000, p. 72。

总是恰好为修路者所毁坏，或者为山地所有者所挖掘。那些大自然在黑森林边缘留下的具有特殊目的小块绿地，总是被农夫所耕种或者在上面盖上房子。可是那些云彩……是不能被开采或者为建筑物所覆盖的，因此它们总是辉煌地排列着……所有的云朵都在一种不可思议的和谐中一起运动着发着光；没有一片云彩离开它指定的位置，或者弄错了它的角色。①

康斯特布尔还主张，绘画要像科学那样，对自然进行纯客观的描绘："绘画是一种科学，应该像探究科学规律那样来从事绘画。"②客观自然本身就是美的，艺术家要做的工作就是尽力将自然的美客观地再现出来，而不要画蛇添足，加上个人主观的东西，因为那些添加的东西相对于自然的美来说，往往会被证明是丑的。

不仅19世纪英国和欧洲的诗人们和画家们对自然美倾注了巨大的热情，而且对自然美的欣赏在古今中外都相当普遍。问题不在于自然美是否存在上，而在于对自然美的理论解释上。

二、分离模式

今天有关审美欣赏的主导看法，是18世纪欧洲美学家确立起来的"无利害静观"(disinterested contemplation)。由于无利害静观要求我们与审美对象保持适当的心理距离，不陷入审美对象之中，因此这种欣赏模式被概括为分离模式或者超然模式。一般说来，分离模式比较适合于对艺术作品的欣赏，因为艺术作品往往给我们提供一个独立自足的想象世界，与日常生活世界没有牵扯，要欣赏艺术作品所展示出来的想象世界，就需要一种与我们对待日常生活世界的方式不同的方式。如果我们对待日常生活世界的方式是介入式的话，那么我们对待艺术世界的方式就是分离式的。由于现代美学的主要研究对象是艺术而非自然，因此在对待自然的审美问题上，现代美学往往参照针对艺术的审美样式。换句话来说，我们需要用欣赏艺术的方式来欣赏自然，由此形成了两种针对自然的审美模式，卡尔松称之为客体模式或对象模式(the object model)和景观模式(the landscape model)。对象模式将自然环境视为雕塑，景观模式将自然环境视为绘画。我们在用对象模式来欣赏自然环境的时候，喜欢关注某些特别突出的自然对象(比如奇松异石)，用物理的方法(比如加上围栏)或者从心理上将它

---

① John Ruskin, *The Elements of Drawing* [1857], New York: Dover, 1971, pp. 128 - 129.
② 转引自 Ronald Rees, "John Constable and the Art of Geography", *Geographical Review*, 1976, Vol. 66, p. 59。

们从周围环境中完全孤立出来，欣赏它们的形式特征。我们在用景观模式来欣赏自然环境的时候，则力图将自然环境视为“如画的”(picturesque)。如同“如画的”这个词语在字面上所意味的那样，我们需要将自然环境看作一幅图画。除了从心理上将自然环境加上边框以便它能从更大的环境中突现出来之外，我们还要学会将它视为二维的画面。与对象模式一样，景观模式也着重关注自然的形式特征①。

由于对象模式和景观模式都关注自然物的形式，因此它们都可以被归结到形式主义美学的范围之内。关于自然美的形式主义解释，在美学史上非常普遍，而且影响到一般欣赏者对自然美的看法。比如，前一章引用的马克·吐温对密西西比河的风景的欣赏，就是一种典型的形式主义美学的欣赏。

还有一种对自然美的有影响力的解释，即有关自然美的“比德”理论，它比形式主义美学的解释更古老，我们可以称之为伦理学的解释。尽管“比德”理论不一定能够归入分离模式，但由于它是一种古老的理论，我们将它放到这里来介绍。

“比德”理论是中国古典美学中解释自然美的一种主要理论。所谓“比德”，就是将自然物的某些特征与人的某些品德相比附。比如，《论语·雍也》记载孔子言论：“知者乐水，仁者乐山。知者动，仁者静。知者乐，仁者寿。”这里就是通过“动”将水和智者联系起来，用水来比附智者的品德；通过“静”将山和仁者联系起来，用山来比附仁者的品德。其实山水的动静与仁智的动静属于不同的类，前者指的是一种物理特征，后者指的是一种心理特征或道德品质。古代中国人的思维似乎不太受到“类”的限制，可以进行比较自由的比附②。用“比德”方式欣赏自然美，从积极的方面来看，有助于我们理解自然的特征和人的品德，从消极的方面来看，有可能对自然造成遮蔽，我们欣赏的似乎不是自然，而是人的品德，用杜夫海纳的话来说，这里“仍然是人在向他自己打招呼，而根本不是世界在向人打招呼”③。

三、介入模式

当代环境美学家都不太赞同用欣赏艺术作品的方式来欣赏自然环境，因为

---

① Allen Carlson, *Aesthetics and the Environment*, p. 6.

② 关于这种自由比附的思维方式的美学意义的分析，见彭锋：《诗可以兴》，安徽教育出版社，2003 年，第 101—104 页。

③ 杜夫海纳：《美学与哲学》，孙非译，中国社会科学出版社，1985 年，第 33 页。

如果这样的话就不是将自然作为自然来看待。当代环境美学家从而从不同角度对自然审美的分离模式进行了批判，力图确立一种适合自然审美的新的审美模式。当代环境美学家所确立的新的自然审美模式，就是所谓的介入模式。柏林特(Arnold Berleant)是这种审美模式的有力倡导者。如上所述，分离模式强调审美主体与审美对象保持距离。作为与分离模式相反的介入模式，强调审美主体要全面介入对象的各个方面，与对象保持最亲近的、零距离的接触。

事实上，在现代美学中，早就存在两种审美模式的对立。比如，朱光潜在《文艺心理学》中采用德国美学家弗莱因斐尔斯(Mueller Freienfels, 1882—1949)的说法，将审美者分成两类，一类为“分享者”(participant)，一类为“旁观者”(contemplator)。“‘分享者’观赏事物，必起移情作用，把我放在物里，设身处地，分享它的活动和生命。‘旁观者’则不起移情作用，虽分明觉察物是物，我是我，却仍能静观其形象而觉其美。”①这里的“旁观者”与“分享者”之间的区分，大致相当于当代环境美学中的分离模式与介入模式之间的区分。现代美学的主要任务，是剔除“分享者”的审美模式，维护“旁观者”的审美模式。因此，全面继承了西方现代美学的一般观念的朱光潜，表面上把这两种审美者看得同等重要，但实际上是重视“旁观者”的。朱光潜引用罗斯金、狄德罗等人的观点，说明“旁观者”要比“分享者”高一个层次。分享者“这一班人看戏最起劲，所得的快感也最大。但是这种快感往往不是美感，因为他们不能把艺术当作艺术看，艺术和他们的实际人生之中简直没有距离，他们的态度还是实用的或伦理的。真正能欣赏戏的人大半是冷静的旁观者，看一部戏和看一幅画一样，能总观全局，细察各部，衡量各部的关联，分析人物的情理”②。

为了不至于引起术语上的混乱，让我们将“旁观者”的审美模式称之为现代审美模式，因为这种审美模式是以哈奇森和康德为代表的西方现代美学家所极力维护的一种审美模式，而将现代美学家们批判的“分享者”的审美模式，称之为前现代审美模式。显然，当代环境美学所倡导的介入模式是对“旁观者”的现代审美模式的反拨、对“分享者”的前现代审美模式的回归。不过，考虑到介入模式不是简单地回归“分享者”模式，因此我们可以将介入模式称之为后现代审美模式。

与属于哲学阵营的环境美学家喜欢用介入与分离来表达两种审美模式之间的差别不同，属于人文地理阵营的景观美学家则喜欢用内在者与外在者来表达这种差异。比如，布拉萨(Steven Bourassa)在《景观美学》中就强调内在者与外

---

① 朱光潜：《文艺心理学》，安徽教育出版社，1996年，第52页。
② 同上书，第53页。

在者的区别。内在者通常被认为是长期生活在某个地方的本地居民，他们与周围环境有一种存在论上的密切关系；外在者通常被认为是旅游观光者，他们只是某处自然景观前的匆匆过客。人文地理学者强调内在者的感受具有优先性，因为我们毕竟更多时候是作为居民生活在某个环境之中，观光客不是我们的正常生存方式①。

显然，导致柏林特主张介入的审美模式是这样一个事实：我们无法将环境作为对象来静观。将环境作为对象来静观需要我们站到环境之外，就像我们必须在一幅绘画的对面才能静观这幅绘画一样，但我们不可能在环境之外，我们总是在环境之中。因此，如果说我们可以采取分离模式来欣赏一幅绘画的话，我们绝不可以采取分离模式来欣赏环境，这就迫使我们去寻找适宜于环境的审美模式，在柏林特看来，这种适宜于环境的审美模式就是他所倡导的介入模式。

但是，柏林特走得更远。由于环境美学的启示，柏林特试图彻底推翻分离模式。也就是说，介入模式不仅适合于环境的审美欣赏，而且适合于艺术的审美欣赏，以康德为代表的那种现代美学的分离模式在根本上是一个错误。显然，柏林特试图通过环境美学确立起一种全新的审美模式，即他的具有后现代色彩的介入模式。这就是我们一再强调的，对于环境美学的研究往往会涉及一般美学理论的变革。不过，柏林特的这个主张显然过于鲁莽，因为某些场合的艺术审美明显是分离式的，比如在音乐厅里安静地欣赏古典音乐或者在画廊里欣赏绘画作品。有鉴于此，柏林特提出了一种想象式的介入进行补救，也就是说，所有的欣赏至少都应该是想象式的介入。但是，柏林特的这种过于鲁莽的主张掩盖了将自然物作为环境来欣赏的独特性，进而掩盖了他的介入模式的独特性。想象一幅绘画作品中的花香跟在大自然中闻到真正的花香是截然有别的，由此就不难明白想象式的介入与真正的介入是不能混为一谈的②。

尽管柏林特反复申述他的介入模式的主张，但他似乎始终没有明确介入的对象。如果他的介入模式是直接反对康德的无利害性的静观，那么需要介入的就是功利、概念、目的，如果果真是这样的话，审美与非审美之间如何区别？当然，柏林特可以用杜威的连续性来回应这种责难。根据杜威，审美经验与日常经验没有本质上的区别，只有程度上的差异。与日常经验相比，审美经验只不过显得更强烈、更集中、更完满而已。如果果真是这样的话，柏林特就完全没有必要

---

① 关于内在者和外在者经验的区分，参见 Steven Bourassa, *The Aesthetics of Landscape*, London and New York: Belhaven Press, 1991, p. 27。

② 柏林特对于介入模式的论述，见 Arnold Berleant, "The Aesthetics of Art and Nature", in S. Kemal and I. Gaskell eds., *Landscape, Natural Beauty and the Arts*, Cambridge: Cambridge University Press, 1993, pp. 228 - 243。

用介入一词,尤其是没有必要用“欣赏者不可以从环境中超越出来”这个论据,来论证他的介入模式,因为对于一个完全外在于欣赏者的对象,欣赏者也可以用有功利、有目的、有概念的眼光来看它,也可以介入到它的功利、目的和概念之中,就像某些人用色迷的眼光盯着墙上的一幅裸体绘画一样。更重要的是,即使在对象之中,也能做到分离式的欣赏。比如,一个钢琴演奏家完全沉浸在他的演奏之中,他不可能从他的演奏之中超脱出来,但他仍然可以对他演奏的音乐做一种无利害的静观①。

四、自然环境模式

卡尔松也明确反对分离模式,主张介入模式。但是,卡尔松在许多方面与柏林特不同。他将自己设想的审美模式称之为自然环境模式(the natural environmental model)或简称为环境模式(the environmental model)。而且,在具体论证上,卡尔松比柏林特要严密和细致得多。

卡尔松反对当代环境美学中流行的形式主义主张,即对自然的审美欣赏主要是欣赏自然物的形状和颜色等外在形式,他认为对自然的审美欣赏主要是欣赏自然物的表现性质,比如,我们对鲸的欣赏不是欣赏它的优美曲线,而是欣赏它的宏伟。卡尔松进一步主张,为了正确地欣赏自然物的表现性质,我们需要有关于自然物的相关知识,需要将自然物放在它的正确范畴下来感知。比如,我们只有将鲸放在“哺乳动物”的范畴下来感知,才能感受到它那宏伟的表现性质,如果将它放在“鱼”的范畴下来感知,我们就会感到笨拙和可怕。那么,是什么东西决定鲸的正确范畴是“哺乳动物”而不是“鱼”? 卡尔松认为,是自然史和自然科学,尤其是生物学和生态学②。

显然,卡尔松的这个环境模式也不同于现代美学的分离模式。因为根据康德,审美是与概念无关的,而卡尔松的环境模式却依赖正确的范畴,正是在这种意义上,我们将卡尔松的环境模式归入后现代的介入模式之中。

事实上,在环境美学家之前,当代艺术哲学家就致力于突破康德为代表的现代美学的分离模式,而卡尔松的环境模式明显受到瓦尔顿(Kendall Walton,

---

① 对于柏林特的介入模式的反驳,见 Malcolm Budd, “Aesthetics of Nature”, in J. Levison ed., *The Oxford Handbook of Aesthetics*, Oxford: Oxford University Press, 2003, p. 118。

② 卡尔松对环境模式的论述,见 Allen Carlson, “Nature, Aesthetic Judgement, and Objectivity”, *Journal of Aesthetics and Art Criticism* 40 (1981), pp. 15 – 27。

1939)和丹托(Arthur Danto, 1924)等艺术哲学家的影响。当代艺术哲学家之所以普遍采取介入模式,是因为20世纪出现的现代主义艺术和前卫艺术明显抵制分离式的欣赏。如果我们用无利害的静观去欣赏杜尚的《泉》(图15),我们所欣赏的就只是一只小便池而不是一件艺术作品。要将《泉》作为艺术作品来欣赏,必须将它放到艺术史的上下文中,必须确立好它在艺术语境中的位置,这就相应地需要关于《泉》是一件怎样的艺术作品的知识,需要介入艺术史、艺术理论、艺术评论等所构成的理论氛围之中,需要介入"艺术界"(artworld)之中。

然而,如果仔细分析起来,以丹托为代表的艺术哲学所推崇的这种介入模式,并不是真正的介入。因为丹托强调的是介入由艺术史、艺术理论和艺术批评等组成的"艺术界",而不是介入艺术作品本身。在我们介入"艺术界"的条件下,我们还是可以保持对艺术作品做分离式的欣赏。以欣赏音乐为例,无论我们是否介入"艺术界",也就是说,无论我们是否能够确定贝多芬的第九交响曲在"艺术界"中的位置,我们都可以安静地坐在音乐厅里欣赏它。这种安静地坐在音乐厅里的欣赏方式,就是一种标准的分离式的欣赏方式。与这种安静地坐在音乐厅里的欣赏方式相区别的,是欣赏爵士乐或摇滚乐时的起舞和吟唱。这种伴随音乐的起舞和吟唱才是真正的介入式的欣赏,因为欣赏者完全介入到音乐作品之中。

由于受到当代艺术哲学的影响,卡尔松主张对自然的审美欣赏既需要介入到自然环境之中,也需要介入关于自然的历史和科学知识之中。与柏林特相似,卡尔松也强调欣赏者无法从自然环境中超越出来将自然作为对象来静观;与柏林特不同,卡尔松还强调我们需要将自然放在适当的范畴下来感知;由此我们可以说,卡尔松的环境模式中的介入比柏林特的介入模式中的介入要更深刻,同时他也说出了比柏林特要远为丰富的内容。

然而,对于是否需要介入关于自然物的历史和科学知识是有争论的。如果对自然物的恰当的审美欣赏需要有关该自然物的历史和科学知识,那么就只有博物学家、生物学家、地理学家、地质学家、生态学家等专家才有资格欣赏自然美,但这种推论显然违背常识。事实上,了解花是植物的生殖器官并不会有助于增进我们对花的审美经验。卡尔松通过适当范畴来确保欣赏者感受到自然物的表现性质,这一点是十分可疑的,至少有多此一举之嫌,因为我们在缺乏关于自然物的历史和科学知识的情况下也可以感受到自然物的表现性质。

五、情感唤起模式

就主张我们在自然物那里欣赏的是表现性质而不是形式特征来说,卡罗尔与卡尔松是一致的。卡罗尔主张，我们对自然的审美经验的关键，在于我们在情感上被自然物所打动，或者自然物唤起了我们心中的某种情感。我们可以将卡罗尔的这种自然审美模式简称为唤起模式（the arousal model）。与卡尔松不同的是，这种情感的唤起不必要求建立在对自然物的科学认识的基础之上。卡罗尔经常举的一个例子是对瀑布的经验，他说："我们可以发觉自己站在某条雷鸣般的瀑布下面而为它的宏壮所振奋。"①"……站在飞流直下的瀑布附近，我们的耳朵回响着飞落之水的咆哮，我们被它的宏壮所征服并为之感到振奋。人们通常都想获得这种经验。他们是某种前理论的欣赏自然的形式。而且，在卷入这种经验的时候，我们的注意力不是集中在其他方面，而是集中在自然的浩瀚的某些方面，如瀑布的明显可知的力量、它的高度、水量、它改变周围空气的方式等等。"②需要指出的是，卡罗尔在这里说的力量、高度、水量都不是指某种可以具体量化的指标，而是指瀑布的高、大、强和因此给人造成的宏壮感③。

我们对瀑布的审美是感受到瀑布的宏壮，也就是感受到瀑布的表现性质，而不是感受到瀑布的形式，在这一点上卡罗尔与卡尔松相似，不同的是：卡尔松主张这种表现性质不是所有人能够感受得到，只有那些了解跟瀑布有关的地理、地质、水文等科学知识的人才能正确地感受到瀑布的表现性质；而卡罗尔主张这是每个人天生就能感受到的东西，它无须借助科学知识的帮助，甚至不受文化知识的影响。卡罗尔说："这不需要专门的科学知识。也许它只是要求作为一个人，具有我们所拥有的感觉，觉得[自己]渺小并能够直觉到咆哮的水流相对于像我们这样的生物所具有的巨大力量。这也不需要我们一般的文化知识来发挥作用。可以想象，来自其他没有瀑布的星球的人们也能够分享我们这样的宏壮感。"④

我们很难将卡罗尔的唤起模式简单地归入介入模式还是分离模式。首先，卡罗尔的唤起模式中缺乏对关于自然物的历史和科学知识的介入。其次，它也可以不必介入自然环境之中。对于卡罗尔所说的那种关于瀑布的宏壮感，除了我们亲临现场之外，似乎还有某些其他途径可以感受得到，比如观看有关瀑布的电影或者图片。如果是这样的话，卡罗尔的唤起模式并不与分离模式相矛盾。当然，卡罗尔可以通过强调我们视听之外的感觉（如触觉和嗅觉）的重要性，来突出我们只有亲临现场才能获得那种宏壮感。由于这些感觉只有介入自然环境之

---

① Noël Carroll, "On Being Moved by Nature: Between Religion and Natural History", in Noël Carroll, *Beyond Aesthetics*, Cambridge: Cambridge University, 2001, p. 369.

② 同上书，第 373 页。

③ 具体分析见 Malcolm Budd, "Aesthetics of Nature", p. 131。

④ Noël Carroll, "On Being Moved by Nature: Between Religion and Natural History", p. 373.

中才能获得，因此卡罗尔的唤起模式又可以归入介入模式之中。

六、显 现 模 式

关于环境的审美模式，在当代环境美学中引起了激烈的争论，出现了许多观点。不过，总起来可以归结为介入模式和分离模式两大类。我们前面讨论的柏林特、卡尔松，甚至包括部分卡罗尔，都可以归入介入模式一类。而代表分离模式的是环境美学中的形式主义一派，它包括某些哲学家和绝大多数景观设计师，因此具有极强的影响力。由于形式主义者强调将环境作为一个孤立的对象从形式美的角度来欣赏，它本身并没有什么需要澄清的地方，因此我在这里就不再复述①。我想指出的是，尽管关于环境的审美模式的争论已经非常深入，但似乎并没有让人看到有解决问题的希望。无论是介入模式的阵营还是分离模式的阵营，似乎都没有触及问题的核心。这里，我试图从在场（presenting）或显现（appearing）美学的角度，来尝试解决介入模式与分离模式的争论。

就分离模式来说，卡尔松已经成功地批判了作为其代表的形式主义者的观点，因为这种注重自然物的外在形式的审美模式，没有将自然作为环境来看，进而没有将自然作为自然本身来看。这种欣赏模式与其说欣赏的是自然物的审美特征，不如说欣赏的是我们在文化世界中形成的某种习惯，换句话说，是我们将文化世界中的形式美的标准强加到自然物之上，借用杜夫海纳的话来说，"仍然是人在向他自己打招呼，而根本不是世界在向人打招呼"②。

就介入模式来说，卡罗尔已经成功地批判了所谓的深层介入，即卡尔松所要求的对关于自然物的历史和科学知识的介入，赫伯恩（Roland Hepburn）则批判了所谓浅层的介入，即柏林特和卡尔松共同要求的必须介入环境之中而不能超出环境之外③。我这里想强调的是，我们首先必须界定介入的内容，才能判断是否需要介入，也就是说，我们必须澄清究竟需要何种意义上的介入，又应该避免何种意义上的介入。一个明显的事实是：无论是布拉萨的内在者意义上的本地

---

① 关于形式主义的主张的描述和评价，见 Allen Carlson，"Formal Qualities in the Natural Environment"，*Journal of Aesthetic Education* 13（1979），pp. 99－114。另见 Malcolm Budd，"Aesthetics of Nature"，pp. 118－120。

② 杜夫海纳：《美学与哲学》，孙非译，第 33 页。

③ 在赫伯恩看来，人们在环境之中也可以用分离模式来欣赏环境，换句话说，介入环境之中并不是采取介入模式而拒绝分离模式的充分条件。有关批评，见 Roland Hepburn，"Nature Humanised: Nature Respected"，*Environmental Values* 5（1998），pp. 267－279。

居民，还是卡尔松的环境科学专家，他们虽然都在不同程度上介入到环境之中，但他们并不因此就必然处在对环境的审美感知之中，就必然拥有对环境的适当的审美经验。因此，如果说介入是环境审美的一个必要条件的话，那么它至少不是充分条件，我们要获得对于环境的审美经验，还需要其他的条件。

现在，让我从在场美学或显现美学的角度来挽救介入模式。我曾经从中国传统美学和现象学美学的角度指出，“美学意义上的美，不是日常意义上的美或漂亮，而是事物所呈现的另一种样态，一种不同于日常样态的本然样态，中国美学常用‘意象’、‘意境’、‘境界’等词来指称这种本然样态，因此，美学意义上的美，是一种境界美”①。与这种美学意义上的美相应的审美经验，是呈现经验而不是再现经验②。最近，马丁·泽尔（Martin Seel）提出了一种“显现美学”（aesthetics of appearing），认为美不在于事物的本质，也不在于事物的外观，而在于事物的显现过程，在于事物显现为事物的那一刹那③。现在，让我举一个大家都很熟悉的例子来说明这种显现美学的要义。王阳明《传习录》中记载一个这样的故事：

先生游南镇，一友指岩中花树问曰：“天下无心外之物，如此花树，在深山中自开自落，于我心亦何相关？”先生曰：“你未看此花时，此花与汝心同归于寂。你来看此花时，则此花颜色一时明白起来。便知此花不在你的心外。”④

叶朗较早用这个例子来阐明美的“显现”特征，认为王阳明的这一回答说明了“审美体验就是‘照亮’，就是‘唤醒’。在审美体验中不存在没有‘我’的世界，世界一旦显现，就已经有了我”⑤。

我想着重指出的是，这颜色一时明白起来的花，就是这棵花树所显现的美。这里的关键不在于“颜色”，而在于“明白”。在人们未看此花的时候，此花也有颜色，但那时的颜色是不显现的，因而是不“明白”的。当然，“明白起来”的不仅有花的颜色，还有花的形状，有花的芳香，花的妩媚，花的娇柔等等一系列的感觉特征。这一时明白起来的花具有各个方面的饱满的或充盈的感觉性质。用鲍姆加通的术语来说，这是一种明晰的（clear）明白，而不是明确的（distinctive）明白。

---

① 彭锋：《美学的意蕴》，中国人民大学出版社，2000年，第51页。读者还可以参见彭锋：《完美的自然——当代环境美学的哲学基础》，北京大学出版社，2005年，第82—91页。

② 有关这方面的详细论述，见彭锋：《审美经验作为呈现经验》，载高建平、王柯平主编：《美学与文化·东方与西方》，安徽教育出版社，2006年，第609—629页。

③ 有关泽尔的观点，见 Martin Seel, *Aesthetics of Appearing*, trans. John Farrell, Stanford: Stanford University Press, 2005, pp. 19-139。

④ 《王阳明全集》上，上海古籍出版社，1992年，第107—108页。

⑤ 叶朗主编：《现代美学体系》第二版，北京大学出版社，1999年，第456页。

明晰的明白具有感觉上的饱满性但不具备分析上的确定性，明确的明白具有分析上的确定性但不具备感觉上的饱满性。一个从来没有见过大海的化学家可以通过实验知道海水的确切成分，从而获得一种对海水的明确的明白；一个从来没有进过实验室的渔民可以通过经验知道海水的确切样子，从而获得一种对海水的明晰的明白①。

这棵一时明白起来的花树的感觉特征不仅是饱满的，而且是不确定的，因而是难于分析的。这里的不确定不仅指比如说花的颜色的细微差别从理论上很难识别出来，而且指它同时呈现了各种各样的感觉特征，它们以远远超过任何形式的分析所能容忍的密度同时出现。

不确定性不仅是因为饱满的感觉特征，而且是因为刹那在场性。这棵一时明白起来的花树，是在某人的某一时刻的观照中刹那显现出来的花树，它不能从某人某一时刻的观照中超越出来成为一棵一成不变的客观存在的花树。这种刹那在场性使得花树的饱满的感觉特征不容有分析性的分说，它只是兀自在场，呈现为一个不可条分缕析的感觉整体。

这种饱满的、不确定的、刹那在场的感觉整体，用中国古典美学的术语来说，就是"象"。"象"本身就包含有"显现"的意思，《周易·系辞上》就有"见乃谓之象"的说法。作为"显现"的"象"包含有"照亮"的意思，宗白华说："'象'如日，创化万物，明朗万物！"②在宗白华看来，"象"不仅具有"显现"、"照亮"的意思，而且自身是一个不可分割的整体，是一个艺术的和审美的对象。宗白华说："象是自足的，完形，无待的，超关系的"③，"是空间之意象化，表情化，结构化，音乐化"④。

在简单地交代了这个理论背景之后，现在我们可以来尝试解决当代环境美学中的介入模式与分离模式的争论。根据这种显现美学的构想，环境的美不在于环境的形式、功用或物理特征，而在于环境在与观察者遭遇时刹那现起的"象"，因此如果像柏林特和卡尔松主张的那样，介入指的是介入环境的物理存在之中，或者像卡尔松别出心裁地主张的那样，介入指的是介入有关自然物的历史和科学的知识之中，那么就无法解释我们对环境的审美经验，无法解释环境审美区别于一般有关环境的实践活动的独特性，介入只能指介入到"象"的创造之中，也就是说，环境之美是欣赏者亲自参与构成的。由于人们总是倾向于关注那些

---

① 关于鲍姆加通对明晰的明白和明确的明白之间的区分的分析，见 Nicholas Davey, "Alexander Baumgarten", in David Cooper ed., *A Companion to Aesthetics*, Oxford: Blackwell, 1997, pp. 40 - 41。

② 宗白华：《形上学（中西哲学之比较）》，《宗白华全集》第一卷，安徽教育出版社，1997 年，第 643 页。

③ 同上。

④ 同上书，第 636 页。

一成不变的东西,因此要将我们的注意力集中到刹那现起、稍纵即逝、幻化生成、活泼泼的“象”,我们就必须将某些东西分离出去,尤其是将我们理解事物的根深蒂固的、一成不变的观念分离出去。分离的目的不是像现代美学家主张的那样,让我们对事物的形式保持一种有距离的、冷静的观照,而是参与事物之“象”的创构之中。只有分离,我们才能更好地介入,这就是我们对当代环境美学关于环境审美的分离模式与介入模式之争的一种辩证的解决,而这种解决方案是那些沉浸在这场争论中的环境美学家们很难想到的。

七、自然美的启示

当代环境美学关于环境审美模式的争论,不仅扩大了审美范围,而且修正了审美方式。当代环境美学对美学基本理论的贡献,不仅在于将现代美学系统中处于边缘地位的自然美变成了美学讨论的中心问题,更重要的是要求我们将自然作为环境而不是作为雕塑或绘画来看待。在现代美学系统中,我们通常用对象化的欣赏方式来看待作为艺术作品的雕塑或绘画,也就是说,雕塑或绘画作品是在我们面前的、与我们相对的、能够从周围其他事物中孤立出来的对象。为了突出艺术作品作为独立的对象的特征,我们给绘画加上了边框,给雕塑加上了基座,为艺术作品修建了博物馆、音乐厅、影剧院。我们对自然的审美欣赏,也受到现代美学这种对象化欣赏方式的影响。我们会像对待绘画或雕塑那样,在想象中给某处自然风景加上边框或基座,让它成为独立的艺术作品。由于自然物本身并没有边框或基座,因此当我们在想象中给它加上边框或基座时,会面临无数的选择,而不同的选择会影响我们对它的欣赏经验。就像一些生态美学家所指出的那样,如果我们孤立地看待某个自然物,它可能是不和谐的,但是,如果我们将它放到更大的生态系统中去看,它可能又变得和谐了。环境美学不仅要求我们不断扩大欣赏范围,尽量做到“以大观小”,将某个自然物放到它的大的处所中来观看;更重要的是,环境美学要求我们改变观看方式,将自然物不是作为对象而是作为环境来观看。环境是围绕着我们的“周遭”。我们始终在环境之中,我们无法从环境之中抽身而出进而与环境相对。由于环境具有“周遭”的特征,因此我们不能仅仅用眼睛去观看,尤其是不能按照焦点透视所要求的用固定一只眼睛的方式去观看。我们不仅要仰观俯察,“身所盘桓,目所绸缭”(宗炳:《画山水序》);而且要充分调动听觉、嗅觉、触觉等各种感官,全方位感受自然环境。与大多数美学家注重环境美学在审美范围上的拓展不同,我更注重将自然作为环境来看待时所导致的观看方式上的改变,即由对象化的观看方式转变为寓居式的观看方式。我认为这种观看方式不仅适应于作为生存环境的自然，而且适应于作为精神环境的文化。因此，我认为由当代环境美学所发展起来的寓居式的观看方式，可以适当地从自然领域扩展到艺术乃至整个文化领域。鉴于我们还很少在将文化作为对象来看待与将文化作为环境来看待之间进行区别，因此我这里想做一点深入的说明。

随着全球化的深入发展，文化身份问题成为思想界一个十分敏感的问题。事实上，自从 19 世纪中期中国的国门被西方殖民者的坚船利炮轰开以来，如何看待中西文化的关系问题就一直困扰着中国思想界。东方与西方、中国与外国、国粹与国际等等之间的二元对立，构成了我们的思维定式。这种思维定式常常让我们陷入厚此薄彼的争论之中：对于国粹主义者来说，凡是中国的就是好的；对于国际主义者来说，凡是中国的就是坏的。不过，也有相反的现象：越是国际化的，越推崇国粹；越是本地化的，越推崇西方。留学德国的宗白华曾经感叹："有许多中国人，到欧美后，反而'顽固'了"①，纷纷由西化主义者变成了国粹主义者。

这两种现象表面上看起来相互矛盾，实际上背后潜在的思维模式是一样的，即都是一种二元对立的思维模式，都在用他者的或外在者的眼光看文化，将文化视为可供欣赏或批判的对象。从这种对象化的思维方式来看，将中国文化视为美好对象与将中国文化视为邪恶对象并没有什么两样；它们之间的区别在于，前者因为友好而掩盖了外在者的态度，后者由于敌对而凸显了外在者的态度。事实上，对于前者那种隐含的外在者的态度，我们更需要有清醒的意识。

我们在对中国文化抱有好感的外国人那里，容易发现那种隐含的外在者的态度；在对中国文化的发扬光大有使命感和危机感的中国人那里，也容易发现这种隐含的外在者的态度。这种中国人往往具有很高的国际化程度，在跟外来文化的频繁交往、对照、冲突的过程中，产生文化的危机感和使命感。这种中国人身上的外在者的态度，具有双重的隐蔽性，尤其是他们的内在者的身份成了其外在者的态度的最好遮幛。

如同我们前面讨论过的那样，置身局外反而更容易发现局中事物的美，这是西方现代美学确立的一项基本原则。布洛曾经力图从心理学上做出证明，审美需要适当的距离。其实，对于布洛所说的距离，苏轼（1037—1101）更早就有更加精炼的表达："不识庐山真面目，只缘身在此山中。"尽管对苏轼的诗句可以做更宽泛的认识论上的理解，也就是说保持距离有助于对事物真相的认识，而不仅仅

① 《宗白华全集》第一卷，第 336 页。

是对美的认识。但是，考虑到诗句出现的语境，苏轼实际上要表达的观点跟布洛的距离说基本一致：保持距离只是有助于对美的认识。由此，我们就不难理解，为什么那些对中国文化保有距离的人，更容易发现她的美了。

然而，这种浪漫主义的怀旧式的感伤，是一种恰当的审美态度吗？在这种态度下发现的美，真的具有审美价值吗？布洛的心理学美学从20世纪中期开始就遭到全面的质疑，人们不相信有那种神秘的心理距离，同时不满足于将审美等同于雾里看花。尤其是经过了两次世界大战之后，浪漫主义的怀旧式的感伤已然不合时宜，因为人们面对荒诞现实的正常反应只能是惊愕和恶心。艺术和审美不再满足于自我陶醉，而强调对社会的介入。

如同我们前面分析过的那样，分离模式相当于外来游客看风景，介入模式相当于当地居民过日子。"看风景"与"过日子"的最大区别在于：前者只有一种外在的认识论上的关联，后者还有一种内在的生存论上的关联。生存论上的关联是只可意味的，认识论上的关联是还可言传的。因此，跟看风景的游客喜欢对异域文化评头品足不同，过日子的居民对于本地文化只有默默地承受，用陶渊明(365—427)的诗句来说，就是"此中有真意，欲辩已忘言"。当代环境美学强调"过日子"的居民的经验要优先于"看风景"的游客的意见，这是容易理解的，因为谁都不希望自己的文化成为一种只可观赏而不堪承受的文化。任何只可观赏而不堪承受的文化，都将因为缺乏内在生命力而走向死亡。

不过，我这里并非要推举内在者而排斥外在者。当代美学在用内在者的一元的生存经验消解外在者二元的认识模式的同时，不知不觉中又陷了另外一种二元对立：内在者与外在者之间的对立。要克服这种对立，需要内外交错，需要让内在者的承受与外在者的观看都运动起来，让它们进入相互交织的动态过程之中。只有让思想运动起来，我们才能更好地把握文化的实质，因为任何有生命力的活文化，都在吸收其他文化的优秀成分，都处在内外交织的发展演变之中。如同我们在第七章讨论虚构的悖论时所指出的那样，审美的一个重要的目的，就是训练我们心身的自由切换，培养我们用内外交织或交叠的方式来观察世界，从而突破根深蒂固的对象化的观看方式。对象化的观看方式不仅会曲解自然，而且会曲解文化，从而引起生态危机和文化冲突。要摆脱生态危机和文化冲突，就需要培养起另一种观看世界的方式，一种非对象化的方式，一种内外交织的、寓居的观看方式。

思 考 题

1. 如何理解有关自然审美的分离模式？

2. 如何理解有关自然审美的介入模式?
3. 如何理解有关自然审美的环境模式?
4. 如何理解有关自然审美的情感唤起模式?
5. 有关自然的美学思考给我们提供了怎样的启示?

推荐书目

康德:《判断力批判》上卷,宗白华译,商务印书馆,1964年。

黑格尔:《美学》第一卷,朱光潜译,商务印书馆,1991年。

T. W. Adorno, *Aesthetic Theory*, trans. C. Lenhardt, London, Boston & Melbourne: Routledge & Kegan Paul, 1984.

Allen Carlson, *Aesthetics and the Environment*, London and New York: Routledge, 2000.

Steven Bourassa, *The Aesthetics of Landscape*, London and New York: Belhaven Press, 1991.

Arnold Berleant, "The Aesthetics of Art and Nature", in S. Kemal and I. Gaskell eds., *Landscape, Natural Beauty and the Arts*, Cambridge: Cambridge University Press, 1993.

Malcolm Budd, "Aesthetics of Nature", in J. Levison ed., *The Oxford Handbook of Aesthetics*, Oxford: Oxford University Press, 2003.

Noël Carroll, "On Being Moved by Nature: Between Religion and Natural History", in Noël Carroll ed., *Beyond Aesthetics*, Cambridge: Cambridge University, 2001.

Roland Hepburn, "Nature Humanised: Nature Respected", *Environmental Values* 5, 1998.

Martin Seel, *Aesthetics of Appearing*, trans. John Farrell, Stanford: Stanford University Press, 2005.

宗白华:《形上学(中西哲学之比较)》,《宗白华全集》第一卷,安徽教育出版社,1994年。

杜夫海纳:《美学与哲学》,孙非译,中国社会科学出版社,1985年。

第十二章　审美与社会

本章内容提要： 社会生活也是审美的广大领域。本章着重讨论在审美化时代条件下日常生活所发生的变化，也就是日常生活审美化现象，并分析这种现象产生的社会条件、哲学背景，以及对这种变化的评价。

在美学原理教科书中，经常会讨论到社会美。所谓社会美，主要指的是表现在社会生活中的美，“是社会生活领域中的意象世界”①。然而，在一些美学理论中，社会生活中体现出来的美，不是被贬低就是处于极端边缘的位置。比如，康德的美学主要讨论自然和艺术，尤其是天才艺术，很少讨论日常生活中的美。康德将日常生活中的美，视为迎合社交乐趣的美而加以贬低。再如，阿多诺的美学也对日常生活中的美持敌视态度。在阿多诺看来，美学研究的对象是体现“非同一性”(non-identity)的现代主义艺术，以及保留着“非同一性”残余的自然美。社会生活中的美主要体现为文化工业，是阿多诺美学批判的对象。康德和阿多诺之所以否定社会美，原因在于我们的审美理想很难渗透到日常生活之中。然而，随着日常生活审美化时代的来临，我们的审美理想可以现实地在日常生活中实现，而不只是虚拟地在艺术作品中实现，由此社会美开始成为美学研究的重要领域。

所谓日常生活的审美化，就是根据美的标准对日常的社会生活的各个方面加以改造。一般说来，日常生活审美化可以区分出许多不同的层面，有些比较浅显直观，有些比较深入隐晦。比如，个人美容、家居装饰、城市景观等，属于日常生活审美化的外显层面；经济生活中符号价值的凸显、新闻媒体对社会现实的改造、基因技术对动植物世界的改造、新材料技术对物质世界的改造，以及人们在哲学上认识到整个世界是由“解释”而不是“事实”构成的，如此等等相对就比较

① 叶朗：《美学原理》，北京大学出版社，2009年，第203页。

深入隐晦，也不容易为人发现甚至接受①。

一、日常生活审美化发生的社会条件

对于今天的社会所发生的变化，不同的学科看到了不同的侧面。从总体上说，经济学家喜欢称之为消费社会，社会学家喜欢称之为大众社会，政治学家喜欢称之为民主社会，也有人喜欢从科学技术的角度称之为信息社会，或者从哲学的角度称之为后结构主义或后现代主义社会。如果从美学的角度来看，今天的社会最好是称之为审美化的社会。

尽管不同的学科对于我们今天所处的社会的称呼不同，但学者似乎都承认，与过去任何时代的社会相比较，我们今天所处的社会变得更加柔软，几乎所有的东西都变得可以塑造和虚拟。比如，从消费的角度来说，产品的符号价值已经超过了使用价值而成为人们消费的主导价值。如果说使用价值是"实"，符号价值就是"虚"。如果说产品本身是"硬件"，产品的外观、商标、理念等等就是"软件"。在今天的经济生活中，"虚"超过"实"，"软件"超过"硬件"已经是一个不争的事实。就社会现实的角度来说，媒体的报道变得比事实本身更为重要，甚至更为真实。我们都是通过媒体来了解社会现实，都相信媒体报道的真实性，以致当真正的社会现实出现的时候反而让人不敢相信。一些思想家甚至过激地主张，在今天这个媒体的时代，根本就不存在社会现实，存在的都是被媒体解释和虚构的叙事。从科学技术的角度来说，科学家发现物质的基本形式是相互联系的能、信息或者意义，而不是牛顿式的孤立的实体。离开物质与物质之间的关系，离开物质与意识之间的关系，我们就无法理解物质。从哲学的角度来看，我们已经没有永恒不变的唯一实在，只有相互竞争的各种解释。这一系列现象表明，我们今天所处的社会已经被高度虚拟化了，已经变得越来越柔软和虚幻。这种由"硬件"向"软件"的转变，被罗蒂、舒斯特曼、威尔什等人概括为由以科技为主导的现代化向由艺术为主导的审美化的转变②。

这些哲学家的概括无疑是有道理的。从柏拉图以来，艺术就被认为是对社会现实的模仿，是一个可以让人们驰骋想象的虚构的领域。如果说今天的社会本身就是一个虚拟的世界，那么今天的社会现实本身就成了艺术作品，艺术与现

---

① 关于日常生活审美化的不同层次的描述和分析，见 Wolfgang Welsch, *Undoing Aesthetics*, trans. Andrew Inkpin, London: SAGE Publications, 1997, pp. 2-6, 38-47。

② 舒斯特曼明确表明，社会由现代向后现代的转向，实质上就是由理性向审美的转向，见 Richard Shusterman, *Practicing Philosophy*, New York: Routledge, 1997, p. 113。

实之间的边界就彻底模糊了。正是在这种意义上,罗蒂等人将社会的虚拟化概括为审美化。

由此可见,日常生活审美化是一个特定的概念,专指20世纪后半期发生的一种特别的现象,即整个社会由实在向虚拟发展的现象。由此,我们就不难理解,为什么不是所有的现实生活的艺术化现象都可以被当作日常生活的审美化来看待。比如,在前现代社会,贵族阶级的生活可能是艺术化的,他们日常生活中的器具本身就是艺术作品,但这种生活的艺术化不能被称之为日常生活的审美化,因为在贵族们的生活世界中,连艺术作品也被当作实在对象来看待。再如,在现代社会,某些前卫艺术家用现成品艺术模糊了艺术与现实的区分,将社会现实中的器物当作艺术作品来看待,这种艺术的生活化也不能被称之为日常生活的审美化,因为根据前卫艺术家的反抗逻辑,社会生活中的现成品之所以成为艺术,正因为它们不是艺术。为了叙述的方便,我将前者称之为"生活艺术化",将后者称之为"艺术生活化"。

后现代社会日常生活审美化与前现代社会"生活艺术化"和现代社会"艺术生活化"的最大区别,在于前者是一种普遍现象,后两者都是一种特殊现象。在前现代社会,只有极少数的贵族阶级可以享受生活的艺术化;在现代社会,同样只有极少数的前卫艺术家将现成品视为艺术作品,将艺术生活化;但在后现代社会,审美化是一种普遍的大众现象,是消费社会的一种基本特征。我们还可以根据对待美的态度的不同,将这三种现象区别开来:在追求生活艺术化的前现代社会中,贵族阶级视艺术为美的结晶,以区别于丑陋的现实;在追求艺术生活化的现代社会中,前卫艺术家维持了艺术美与现实丑之间的区分,只不过力图通过将现实中丑的东西转化为艺术作品来模糊艺术与现实之间的界线;后现代社会的日常生活审美化则将社会现实本身变成了美的商品。社会现实本身是美的,社会大众都可以享受美的生活,这是后现代社会日常审美化与前现代社会和现代社会发生的某些类似于审美化的现象的最大区别。

二、日常生活审美化的哲学解释

对于今天这个时代全面的审美化情形,我想借用结构主义符号学的方法来加以说明。梅勒用结构主义符号学的方法对前现代、现代和后现代做出了比较成功的区分。这种区分有助于我们理解为什么在后现代时代会发生日常生活审美化的现象。

梅勒认为前现代具有存有性的符号学结构,侧重于所指和存有;现代具有代表性的符号学结构，侧重于能指与所指、存有与标记之间的关系；后现代具有标记性的符号学结构，侧重于能指和标记[①]。后现代之所以在总体上具有审美化的外观，原因就在于后现代的一切都在标记领域，都是可以虚拟的符号，都服从审美化。无论是罗蒂还是威尔什，他们都是在这种意义上来断定后现代在总体上具有审美化的外观。

为了更进一步理解这种审美化倾向，我们可以简要回顾一下罗蒂的伦理生活审美化的构想。正是基于后现代主义的哲学立场，罗蒂从两个方面来构想伦理生活的审美化。首先，由于缺乏意义作为行为价值的基础，善的生活就不是某种特殊的生活(符合某种道德理念)，而是不断丰富和不断创新的生活。其次，这种不断丰富和不断创新的善的生活，可以采取语言叙述的形式，而不必采取真的实际生活的形式。总之，罗蒂构想的后现代伦理生活是在语言领域(而不是在实践领域)中进行的词语丰富和词语创新的"生活"。根据罗蒂的设想，这种伦理生活的典范有两种：一种是"十足诗人"(the strong poet)，另一种是"讽刺家"(the ironist)或文学批评家。讽刺家是通过无止境地占有更多语言来实现自我丰富，十足诗人是通过创造性地制造彻底新异的语言来实现自我创造[②]。

罗蒂的确有充分理由将这两种伦理生活的典型称之为审美大师。首先，诗人和批评家被人们普遍尊奉为审美的代表，诗人代表了旺盛的审美创造力，批评家代表了高雅的审美趣味。其次，从真实的实践领域向虚拟的语言领域的转移，也可以被视为是一种生活的审美化进程。因为自从柏拉图以来，审美和艺术就被典型地视为对现实生活的模仿，被视为现实生活的影子，同现实生活的实在性相比，审美和艺术显得要虚幻和柔软得多。将生活由刚性的现实领域转移到柔性的语言领域，刚好符合西方美学对艺术和审美的传统定义。

通过上述关于后现代社会的审美化进程的简要分析，我们对后现代的基本特征有了更明确的把握。后现代就是要将生活本身虚拟化为艺术形式，或者根据审美原则来重新构造现实。现实在根本上是被构造的、被虚拟的，这是后现代与现代和前现代根本不同的地方。也正因为如此，后现代社会从总体上呈现出审美化的外观，而不是少数人的"生活艺术化"和"艺术生活化"。

后现代哲学家还经常将其历史源头追溯到尼采。正如威尔什所说，"尼采，这位可能是最杰出的美学思想家，从三个方面将审美化推向了极端。首先，他表明现实整个地(而不仅仅是它的先验结构)是被'造就'的：事实是'与事实有关

---

① 见本书第一章的说明。

② Richard Rorty, *Contingency*, *Irony*, *and Solidarity*, Cambridge: Cambridge University Press, 1989, pp. 24, 73 - 80.

的’。其次，他指出，现实的产生是通过虚构的方式进行的，即通过直觉、基本意象、导向隐喻、幻想等等形式发生的。第三，他冲破了个别和一般世界的界限：如果说现实是生产的结果，那么可变世界的突现就必须得到认真考虑。”①

威尔什尤其重视尼采的早期文献《非道德意义上的真理与谎言》，认为在这篇文章中，尼采明确地表达了我们的现实都是审美地构成的这种典型的后现代观念。“根据尼采，我们对现实的描绘不仅包含了根本的审美因素，而且完全是从审美的角度量体裁衣式地做成的：它们是制作性地生成的，由虚拟的方式结构的，在整个存在模式上具有那种悬搁的、易脆的性质，传统上这种性质被证明或认为只有对审美现象才是可能的。由于尼采，现实和真理在总体上变成审美的了。”②

尼采之所以被后现代哲学家复活为他们的先驱，其中的重要原因就是他主张现实是审美地或解释地构成的。在尼采看来，根本不存在实在论所断定的那种真实，我们只是通过解释的幕帐去看每一个事物。由于透过解释的幕帐去看事物的说法还隐含着存在着真实的事物，因此更准确的表达应该是每一个事物都是由解释构成的，不存在独立于解释之外的事物。也正是在这种意义上，舒斯特曼和内哈玛斯（Alexander Nehamas）等人都将尼采视为后现代哲学的鼻祖③。

事实上，尼采的这种思想并不像人们想象的那样古怪和偏激，在今天最为严肃的科学哲学家和科学家那里，也出现了许多与尼采非常近似的观点。正如威尔什指出的那样，“可以发现，甚至是科学哲学家，他们确实不想成为尼采式的，当他们处理基本问题时，也无法避免给人听起来像尼采一样的感觉。现实具有审美的构造，不仅是少数美学家的看法，而且是这个世纪所有对现实和科学进行反省的理论家的看法。这的确是一个应得的洞见。”④

在今天流行的科学哲学中，科学被审美化了。越来越多的科学哲学家承认，科学事实并不是纯粹被给予的客观实在，而是在科学范式中被构造起来的东西。就像艺术家在一定范式中虚构他的作品一样，科学家也在一定的范式中虚拟他的对象。比如，费耶阿本德就明确指出，科学行事在根本上与艺术没有不同，因为二者都根据样式（style）来工作，科学中的真理和事实正如艺术中的真理和事实一样是与样式有关的⑤。即使是像卡尔松这样比较慎重的哲学家，也看到科学与艺术之

---

① Wolfgang Welsch, *Undoing Aesthetics*, trans. Andrew Inkpin, p. 41.

② 同上书，第42页。

③ 见舒斯特曼：《实用主义美学》第4—5章；另见 Alexander Nehamas, *Nietzsche: Life as Literature*, Cambridge, Mass.: Harvard University Press, 1985, pp. 66, 70, 72。

④ Wolfgang Welsch, *Undoing Aesthetics*, trans. Andrew Inkpin, p. 21.

⑤ Paul Feyerabend, *Wissenschaft als Kunst*, Frankfurt a. M.: Suhrkamp 1984, p. 77. 转引自 Wolfgang Welsch, *Undoing Aesthetics*, trans. Andrew Inkpin, p. 46。

间的密切关系,认为"在科学进程中,审美在一定程度上扮演了标准的角色"①。

科学与审美的密切关系,在以相对论、量子力学、热力学为代表的新物理学中表现得更为明显。今天的科学所处理的物质世界,已经软化成了信息和能,并且是与人的意识相关的。在这种意义上,可以说科学和艺术一样,都是在讲述有关世界的故事,而不就是给出世界的事实本身②。

在今天全面的审美化情形中,不仅包括科学在内的日常生活的各个方面都发生了根本的变化,艺术也相应地发生变化。由于今天的现实变得越来越柔软,越来越服从审美化或艺术改造,艺术和审美就突破了传统的美的艺术的范围,开始进入广大的现实生活领域。与此相应,美学不再是少数知识精英盘踞的象牙塔,而成了一般大众的生存策略③。也正是在这种意义上,威尔什说目前正在发生全球性的审美化进程,进而主张将美学从对美的艺术的狭隘关注中解放出来,使之成为一种更一般的理解现实的方法。威尔什说:"美学已经失去作为一门仅仅关于艺术的学科的特征,而成为一种更宽泛更一般的理解现实的方法。这对今天的美学思想具有一般的意义,并导致了美学学科结构的改变,它使美学变成了超越传统美学、包含在日常生活、科学、政治、艺术和伦理等之中的全部感性认识的学科。……美学不得不将自己的范围从艺术问题扩展为日常生活、认识态度、媒介文化和审美-反审美并存的经验。无论对传统美学所研究的问题,还是对当代美学研究的新范围来说,这些都是今天最紧迫的研究领域。更有意思的是,这种将美学开放到超越艺术之外的做法,对每一个有关艺术的适当分析来说,也证明是富有成效的。"④

三、日常生活审美化的社会-政治批判

以罗蒂为代表的自由主义者欢呼审美化时代的来临。在罗蒂看来,审美化给人类追求的自由民主提供了必要的条件,只有在审美化的社会里,人类的最终解放才有可能,因为在一个完全虚拟的社会里,人与人之间可以完全平等,人可以像写小说一样自由地叙述自己的生活,而用语言叙述的生活就是真实的生活,

---

① Allen Carlson, *Aesthetics and the Environment: The appreciation of Nature, Art and Architecture*, New York: Routledge, 2000, p. 93.

② 参见 Asghar Talaye Minai, *Aesthetics, Mind, and Nature: A Communication Approach to the Unity of Matter and Consciousness*, Westport: Praeger Publishers, 1993, pp. 2-3。见本书第八章的讨论。

③ 有关美学作为大众的生存策略的初步分析,见彭锋《美学的意蕴》,中国人民大学出版社,2000 年,第 27—28 页。

④ Wolfgang Welsch, *Undoing Aesthetics*, trans. Andrew Inkpin, p. ix.

语言叙事取代了社会实践。

罗蒂等人的这种构想，遭到了西方许多新马克思主义者的批判。这些新马克思主义者发现，如果放到全球的范围里来看，日常生活的审美化仍然是一种局部现象，是少数人的奢侈生活，建立在大多数人的贫穷和痛苦的基础上。由于剥削与被剥削、压迫与被压迫的关系由同一个社会之内的阶级与阶级之间的关系或个体与个体之间的关系转化成了不同社会、不同国家、不同文化之间的关系，人们就会因为无法直观到剥削和压迫而盲目乐观地认为它们已经不复存在。新马克思主义者所洞察到的这种转化在今天的全球化过程中的确存在。我们完全可以用马克思主义的阶级分析理论来批判今天的日常生活审美化现象。

不过，更多的人发现，即使在享受日常生活审美化成果的社会中，也并不像罗蒂所主张的那样，人民已经获得了彻底的民主和自由。相反，他们发现，审美化只不过是资本主义的一种新的统治形式，在表面的自由背后隐藏着意识形态的控制、资本的控制和技术的控制。让我们以网络世界为例对此做些简要的说明。在网络世界中，网民们的确获得了在现实世界中无法获得的民主和自由，在那里人与人之间是完全平等的，没有种族、文化、国家、地区、年龄、性别、真假、贵贱等一系列的社会差别。但是，不是所有的网站都能访问，不是所有的言论都能流通，这就体现了意识形态的控制；不是所有人都有钱买计算机利用网络资源，不是所有人都有钱建立自己的网站，这就是资本的控制；不是所有人都懂得使用电脑，没有任何人能够在不遵守技术规定的情况下享受网络资源，这就是技术的控制；不是所有人都懂英语，因而不是所有人都能充分利用网络资源，这就体现了文化的限制。这些控制或限制被巧妙地隐藏在表面的自由背后，从而使被控制者失去对控制的意识。

西方一些左翼思想家将这种控制追溯到18世纪美学兴起的时候，他们通过历史考察发现，美学与资本主义同时兴起，成为资产阶级启蒙教育的核心。与传统的贵族社会强调固定的等级秩序不同，资产阶级主张打破固有的等级秩序，强调个人成功的决定性因素是个人的聪明才智和勤劳努力，而不是家庭出身。资产阶级意识形态的核心是自由，资产阶级意识形态的秘密是自由地尊重权威，让个体对规则和秩序的服从成为发自内心的自觉要求。个人自由与尊重权威之间的矛盾，是资产阶级启蒙教育要解决的一个重要难题，而解决这个难题的主要方法就是实施审美教育①。

---

① 关于审美教育的详细讨论，见本书第十五章。

为什么说审美教育可以解决个人自由与尊重权威之间的矛盾呢？众所周知，审美教育的目的是培养起人们对美和作为美的结晶的天才艺术作品的欣赏和鉴别能力。根据美学理论，人们对美和艺术的欣赏是完全发自内心的自觉要求，体现的是无利害性，不是任何外在力量强迫的结果。美学研究的一个重要的目的，就是发现或者确立美和艺术的基本规则。根据18世纪确立起来的美学的构想，人们对于美和艺术的欣赏是自由的，美和艺术又是有规则的，因此审美教育就能够将个人自由与尊重权威这个矛盾统一起来，从而在根本上解决资产阶级启蒙教育的难题。当一个人的审美领域中培养起了自由地尊重权威和规则的习惯，他在社会上就也能够在享有个人自由的同时尊重社会权威和规则。正是在这种意义，一些思想家将自由地尊重权威和规则看作资产阶级意识形态的秘密，看作资产阶级启蒙教育的最高理想。

然而，人们在欣赏美和艺术的时候所享有的自由是真正的自由吗？一些美学家通过对18世纪美学学科的确立过程的考察发现，现代美学所倡导的审美无利害性其实隐含着更大的功利目的，人们在审美经验中所享有的自由实际上是阶级压迫的结果。让我们对这些观点做些具体的解释。

审美无利害性是现代美学的核心概念，正是通过审美无利害性，美学得以区别于伦理学和认识论而成为独立的学科。但是，从另一个角度来看，正是因为美学学科的独立，因为全面推行审美教育，人们才将无利害性态度视为唯一合法的审美态度。在18世纪之前，人们对待美和艺术作品的态度各式各样，美和艺术在政治宣传、道德教化、宗教信仰、科学认识等方面都能发挥重要作用。在18世纪美学独立之后，美和艺术的这些外在功用遭到了抑制，自律的美和艺术的目的，成了一种无利害的愉快，一种无目的的游戏。然而，一些社会学家发现，审美无利害性概念背后隐含着更大的功利考虑，是贵族阶级积累文化资本的一种策略①。无利害的静观是贵族阶级内部长期培养起来的一种审美态度，在18世纪之前并不享有主导地位。18世纪随着美学的独立，无利害的态度被确立为唯一合法的审美态度，与此相应，某些适合于无利害静观的艺术形式被抬高为美的艺术或高雅艺术，而那些不适合无利害静观的艺术形式被贬低为手工制品或低俗艺术，这种区分为进一步赋予美的艺术或高雅艺术以巨大的经济价值奠定了基础。由此，本来是贵族阶级用来消遣的东西，或者贵族阶级的消遣方式本身，通

---

① 正是在这种意义上，布尔迪厄指出，审美冲突实际上是一场政治冲突。见 Pierre Bourdieu, "The Production of Belief", in R. Collins et al., *Media, Culture, and Society: A Critical Reader*, London: Sage, 1986, pp. 154 - 155；另见 Pierre Bourdieu, *Distinction: A Social Critique of the Judgement of Taste*, Cambridge, Mass.: Harvard University Press, 1984, p. 41。

过被确立为唯一合法的审美对象和审美态度而获得了巨大的经济价值。与此相对,劳动人民用来消遣的东西,或者劳动人民的消遣方式本身,由于被排除在审美领域之外而变得一钱不值。正是在这种意义上,一些社会学家认为,美学的独立和艺术的自律,是统治阶级的一种新的压迫和剥削形式。这种压迫和剥削形式,是通过在完全个人化的、平等的消遣领域中确立某种标准和权威而实现的。这种新的压迫和剥削方式的目的,是让被统治阶级心甘情愿地接受统治阶级的统治。

如同我们在第七章中已经讨论过的那样,趣味是18世纪确立起来的现代美学中的核心问题。通过对趣味问题的分析,我们可以进一步看清楚统治阶级通过审美教育来积累文化资本的"阴谋"或"丑闻"①。18世纪的美学家力图解决的一个关键问题,就是所谓的趣味悖论:一方面趣味完全是个人的自由选择,其中没有任何标准和权威;另一方面人们对美和伟大的艺术作品表现出一致的赞同,这又表明趣味是有标准的。由于趣味的标准没有先天的或自然的基础,18世纪的美学家几乎不约而同地将某些人的趣味确立为趣味的标准。这些人就是体现贵族阶级的趣味的批评家或鉴赏家。18世纪的美学家在论证精英的趣味作为大众的趣味的标准时采用的共同策略是:精英的趣味是自然的,大众的趣味是病变的。事实上,比较起来说,大众的趣味更加自然,因为大众更少受到文化教养的干预;精英的趣味更加病态,因为精英身上有更多的文化教养的矫饰。由此,这种诉诸自然与病态之间的区别的论证,不能成功地证明将少数精英的趣味当作多数大众的趣味的标准的正当性。事实上,与其说是多数大众自由地接受了少数精英的趣味,还不如说是少数精英将自己的趣味强加给多数大众。只不过这种强迫性是以非常隐秘的形式进行了,即通过在学术上确立少数精英的趣味为唯一合法的审美趣味的形式进行的,通过大规模的合法的审美教育进行的。正是在这种意义上,一些美学家认为,18世纪美学将无利害的态度确立为唯一合法的审美态度,将少数精英的趣味确立为唯一合法的审美趣味,事实上是统治阶级为自身积累文化资本的一场"阴谋"或"丑闻",其中隐含着更大的功利考虑。通过将本来属于文化偏见的审美确立为每个人的自然本性和自由行为,从而实现了将文化偏见或权威内化到个人自由和本性之中。由此,通过审美教育,大众对权威的服从被驯化为每个人的自由自愿的选择。由此,对于启蒙主义的调和个人自由与尊重权威的难题来说,没有比审美教育更好的解决方案了。由于看到了审美

① 对于审美教育作为统治阶级的一种新的统治形式的详细分析,见 Richard Shusterman, "Of the Scandal of Taste", in Paul Mattick ed., *Eighteenth-Century Aesthetics and the Reconstruction of Art*, Cambridge: Cambridge University Press, 1993, pp. 105 - 110。

教育是一种新的统治形式,一些美学家甚至不无夸张地称之为一种“霸权”①。

四、日常生活审美化的美学批判

不过,也有人认为西方新马克思主义者对日常生活审美化的政治-社会批判既不得要领又过于夸张。首先,新马克思主义者担心审美化背后隐藏着的控制事实上并没有他们想象的那么严重,至少跟前审美化时代相比较,所谓的意识形态控制、资本控制和技术控制都得到了不同程度的缓解,而且随着技术的进步这些控制也会愈来愈弱。新马克思主义者对控制的担忧是多余的。其次,一些人左翼思想家将审美自律视为资产阶级积累文化资本的“阴谋”或“丑闻”有些过于夸张,事实上在不同传统的审美文化中都体现了对限制的强调。比如,中国儒家文化中君子所追求的“从心所欲而不逾矩”的理想境界,也存在外在权力或权威内化为个人自由的现象。这种现象是所有文化教养的一般性特征,而不是资产阶级意识形态的专利。再次,这些批判都没有从美学上击中日常生活审美化的要害,它们都暗中承认日常生活审美化的现象是美的,我们能够从这些美的现象中获得审美享受,日常生活审美化现象之所以要遭到批判是因为我们在这种审美享受中受到了控制,但这并不否认我们对日常生活审美现象的享受是一种真正的审美享受。我认为这种批判在美学上强化了日常生活审美化现象的欺骗性,因为这种批判容易让人们得出这样的结论:日常生活审美化现象是美的,只不过这种美背后潜在的东西是恶的。这种批判并不能帮助人们有力地摆脱对日常生活审美化现象的迷恋,尤其是对那些只追求审美享受的人来说,这种批判就更是不得要领了。如果我们能够发展出一种构想,证明日常生活审美化现象并不美,对这种现象的享受并不是真正的审美享受,那么就能够彻底揭露日常生活审美化现象的欺骗性。我将依据这种思路发展起来的批判称之为美学批判。

为什么说日常生活审美化现象不是真正的美呢?要回答这个问题,需要对美的概念做点清理工作。在西方,从柏拉图开始就在讨论美是什么的问题。在西方美学史上,的确也出现了许多关于这个问题的颇有影响力的答案,比如美在比例、美在和谐和美在效用就是著名的关于美的定义。但是,迄今为止,没有一个美的定义获得公认,也许这正好表明美是不能定义的。20 世纪的美学家发现,美是什么是个假问题,因为人们在说某物美的时候并不是在指称事物的特

---

① 比如,伊格尔登明确将“审美”(aesthetic)视为一种霸权(hegemony),见 Terry Eagleton, *The Ideology of the Aesthetic*, Oxford: Basil Blackwell Ltd., 1990, p. 106。

性，而是表达主体的感叹。正如维特根斯坦所指出的那样，我们可以用“啊”取代“美”来表达对某物的感叹，但我们不能用“啊”来表达某物的特性比如“红”，我们必须说“花是红的”才能表达花的“红”，但我们说“啊”也能表达花的“美”，由此可见“美”不像“红”一样描述的是花的某种属性①。正是出于这种认识，20 世纪的美学家更喜欢用审美对象（aesthetic object）而不是“美”（beauty）来指称审美欣赏对象。

什么是审美对象呢？或者我们在什么情况下才发出“美”或“啊”的感叹呢？事实上，并不像某些美学家所主张的那样，符合某种美的定义（比如比例）的事物就是审美对象。经验告诉我们，很多符合某种比例的事物并不美，而很多不符合某种比例的事物反而更容易成为我们的欣赏对象。此外，也不像另一些美学家所主张的那样，符合自身概念的事物（比如一头刚好符合鲸的概念的鲸）就是审美对象。如果一个东西与描述它的概念完全吻合，我们只会说它真而不会说它美。只有当一个事物突破我们习惯描述它的范畴而又吻合或愉悦我们的认识能力时，我们才会发出“美”或“啊”的惊叹。审美不是依据概念（无论是美的概念还是事物本身的概念）来审察对象的认识，而是超越任何概念束缚的体验。审美对象是无概念的，这并不是说审美对象是某种人类迄今为止尚未认识的事物，而是指事物在我们尚未用概念来描述它之前的那种活泼泼的状态。正是在这种意义上，我说审美对象不是某种特别的事物，而是任何事物都具有的某种特别的状态②。

让我们对此做些更细致的说明。我们可以区分三种不同的对象：如此这般的事物，事物的概念或名称，以及用事物的概念来描述事物时所获得的关于这个事物的知识。审美对象不是这三种对象中的任何一种。审美对象是“如此这般的事物”在显现为某种适合概念描述的知识或外观而尚未成为确定的知识或外观时的状态，是在显现的途中③。在这种显现状态下，事物可以显现为任何外观却还没有成为任何确定的外观从而具备显现为任何外观的可能性，这是事物最活泼的状态。正是在这种意义上，我们说审美对象不是客观存在的事物，不是事物的某个确定的外观，而是事物的活泼泼的状态。与此相应，审美经验也不是自我的某个确定身份的实现，而是在无任何确定身份而又有可能获得任何身份时

---

① 维特根斯坦的有关分析，见维特根斯坦：《美学讲演》，邓鹏译，载蒋孔阳主编：《二十世纪西方美学名著选》（下），复旦大学出版社，1988 年，第 82 页。

② 见本书第二章有关讨论。

③ 如马丁·泽尔强调，审美对象与对象的某些外观（Erscheinungen）无关，而与它们的显现（Erscheinen）过程有关。见 Martin Seel, *Aesthetics of Appearing*, trans., John Farrell, Stanford: Stanford University Press, 2005, pp. 3 - 4。

的逗留，一种自由的开放状态。我们在第二章和第三章中，已经分别从审美对象和审美经验的角度，对这种美学构想做了详细的阐述。

根据这种美学构想，只有那些对我们依据概念来理解事物的习惯有抵抗力的事物，才容易成为审美对象。天才艺术作品之所以容易成为审美对象，因为我们找不到任何合适的概念来描述它。自然物之所以容易成为审美对象，因为自然物抵制我们对它的概念理解，自然物总是游离于我们的概念理解之外。与此相对，一般的人工产品就不容易成为审美对象，因为一般的人工产品是依据概念制作出来的，总是诱导我们用概念来理解它，从而很难在显现状态下持存或逗留。正是在这种意义上，康德嘲笑迎合社交乐趣的艺术，阿多诺批判文化工业，杜夫海纳强调艺术并不与自然对立，与它们共同对立的是人工制品。

现在，让我们来看看日常生活审美化是如何进行的。与哲学美学家在关于美是什么的问题上争论不休不同，对日常生活进行审美化改造的设计师们对美都有一个十分明确的看法。设计师们通过社会调查、名义测验、计算机数据处理获得美的标准，然后再按照美的标准进行设计，最终生产出完全符合美的标准的产品。我将这种美称之为“平均美”。“平均美”类似于日常语言中的漂亮、甜美，而不是真正的美学意义上的美。如上所述，美学意义上的美或审美对象是不能被抽象成为标准的，它只是每个个体事物直接呈现出来的活泼泼的状态。与我们要积极投入无论是身体上的还是智力上的努力才能介入审美对象不同，“平均美”反过来追逐消费者，消费者不需要投入任何积极的努力，只需完全放松就可以消费它。正是在这种意义上，我们说“平均美”扼杀了我们的审美感悟力。

由设计艺术塑造起来的后现代社会的审美化外观，就是这种“平均美”的外观。这种“平均美”不仅无须欣赏者的任何主动努力，而且具有极强的侵略性，它会主动向消费者进攻。在“平均美”的攻势下，人们逐渐丧失自己的审美判断力，随波逐流，任人摆布。“平均美”不仅具有极强的侵略性，而且具有极强的生命力，这使得它能够在这个残酷竞争的社会最终胜出。我们可以设想一下，如果世界上除了“平均美”不存在任何具有其他特征的事物，那么我们的世界将会是一个怎样的世界？一些思想家已经发出了令人震惊的预见：这将是一个美的荒原！

由此，在这样一个全面审美化的时代，怎样摆脱“平均美”的追逐，就成了一个严肃的问题。我认为唯一摆脱“平均美”追逐的方法，就是用其人之道还治其人之身，即采用真正的审美策略，发现并培养个体的审美敏感和个性。事实上，对感觉和个性的培养，一直是美学和艺术教育的一个重要的方向。因此，今天的艺术具有一种非常特殊的甚至矛盾的重任，那就是要帮助被“平均美”追逐得无所适从的大众，通过真正的审美而进行自我救赎。

今天的艺术如何实施这种救赎？由于今天的现实本身已被虚拟化了，艺术只有不再虚拟才能发挥它的救赎功能。由此，艺术与现实的关系将发生一种奇妙的倒转：在一个在本质上是模仿的现实中，艺术不再模仿；在一个虚幻的现实中，艺术不再虚幻；在一个按照某种规则构造出来的世界中，艺术是“事物本身”。今天的艺术将以展示那个不能被虚拟的存有领域来对抗全面的审美化进程，来拯救人们那业已被审美化所操控或麻痹的感性[①]。

尽管当代美学界关于日常生活审美化的争论已经非常热烈，但是与现实生活中日常生活审美化势不可挡的发展趋势相比，我们的理论反应还是显得过于微弱。面对日常生活审美化这种崭新的现象，理论家们似乎还没有找到有力的思想工具进行解释。在中国当代美学界关于日常生活审美化的争论中，我们见到的更多的是一些意气用事的意见，而不是深入的理论分析。事实上，如同环境美学对于自然美的考虑会推进美学基本理论的发展一样，日常生活审美化的现象也会促进我们对美学基本理论的思考。不过，需要指出的是，它们的方向是刚好相反的。换句话说，我们对于美学基本理论的思考是顺着自然美的方向进行的，但是我们必须逆着日常生活审美化的方向去思考才会殊途同归。这就是我在这里之所以更多地对日常生活审美化现象展开批判的原因。日常生活审美化貌似现实地实现了我们的审美理想，但是它实际上是在窒息我们的审美敏感力。威尔什曾经根据相异性原则反对艺术中的美的回归，原因正在于艺术和审美需要与日常生活保持距离[②]。这倒不是因为日常生活本身就缺乏审美价值，而是因为渗透着概念的日常生活不容易显现自身，或者说不容易进入显现状态。当日常生活在总体上变得美丽的时候，它就变本加厉地掩盖了自己的真身。有时候，为了避免用语上造成的混乱，我将日常生活审美化涉及的美称之为“平均美”，将美学中讨论的审美对象称之为“美学意义上的美”。“平均美”与“美学意义上的美”刚好处于两极。为了达到“美学意义上的美”，有时候甚至需要“丑”。需要用“丑”来刺破“平均美”的外壳。在今天这个享乐主义盛行的时代，我们有时候甚至只能通过“痛”才能确证自己的存在。痛苦，如同罗蒂所说，“是非语言的”，而且几乎威胁着要驱逐作为人最共同的要素的语言。“连接……[个体]和

---

① 对“平均美”的批判，见彭锋：《美学的意蕴》，第 28、180 页。

② 威尔什说：“艺术的任务，不是去颂扬不管以何种方式业已存在的东西。当然，这里面也有艺术的生存的机会。以一种相异的、远离的形式结合到日常生活审美化之中以便唤起批评性的反思，这或许是艺术的另一种选择，而且许多艺术也正在这么做。无论如何，我认为艺术在根本上应该属于一个相异性(alterity)的领域。面对审美化社会的过度刺激的敏感，我们倒更需要麻醉。”Wolfgang Welsch, “The Return of Beauty?” *Pilozofski Vestnik*, No. 2 (2007), p. 22.

族类的其他成员的，不是共同的语言而是对痛苦的敏感，特别是那种残暴者不与人类共享的特殊种类的痛苦”、一种罗蒂在语言上识别但作为语言丧失的痛苦①。换句话说，在社会现实被虚拟成为“美（平均美）”的今天，“美（美学意义上的美）”就有可能是不能被虚拟的真实存在和真实感受。

思 考 题

1. 为什么说社会美只有在日常生活审美化时代才有可能？
2. 日常生活审美化与生活艺术化和艺术生活化有何区别？
3. 如何看待对日常生活审美化的各种批判？

推 荐 书 目

Wolfgang Welsch, *Undoing Aesthetics*, trans. Andrew Inkpin, London: SAGE Publications, 1997.

Asghar Talaye Minai, *Aesthetics, Mind, and Nature: A Communication Approach to the Unity of Matter and Consciousness*, Westport: Praeger Publishers, 1993.

Richard Shusterman, *Practicing Philosophy*, New York: Routledge, 1997.

Richard Shusterman, “Of the Scandal of Taste”, in Paul Mattick ed., *Eighteenth-Century Aesthetics and the Reconstruction of Art*, Cambridge: Cambridge University Press, 1993.

Pierre Bourdieu, “The Production of Belief”, in R. Collins et al., *Media, Culture, and Society: A Critical Reader*, London: Sage, 1986.

Pierre Bourdieu, *Distinction: A Social Critique of the Judgement of Taste*, Cambridge, Mass.: Harvard University Press, 1984.

Terry Eagleton, *The Ideology of the Aesthetic*, Oxford: Basil Blackwell Ltd., 1990.

---

① 引文及相关思想，见 Richard Rorty, *Contingency, Irony, and Solidarity*, pp. 65, 92, 94, 177。

Richard Rorty, *Contingency, Irony, and Solidarity*, Cambridge: Cambridge University Press, 1989.

Hans-Georg Moeller, "Before and After Representation", *Semiotica* 143-1/4, 2003.

第十三章　审美与艺术

本章内容提要：本章将澄清艺术之概念，梳理现代艺术概念的演变历程，介绍艺术的基本定义和艺术史演变规律，讨论艺术终结的问题，着重突出艺术是一个历史概念，不同时代的人们对艺术的理解不同。

艺术与审美密切相关，是审美经验最集中体现的领域。正是在这种意义上，黑格尔主张美学这门学科的恰当名称应该是美的艺术的哲学。在黑格尔那里，艺术与美基本上可以等同起来。但是，黑格尔所用的艺术概念，只是特定历史时期的产物。在某些历史时期，艺术与美没有必然的联系，审美不是艺术的主要功能。正如丹托所指出的："世界上绝大多数艺术是不美的，美的生产也不是艺术的目的。"①当然，艺术性可以与美并行不悖，但这绝不是说艺术必须与美密切相关。"将审美之美(aesthetic beauty)与一种更宽泛意义上的艺术的卓越性(artistic excellence)区别开来极其重要，艺术的卓越性与审美之美根本无关。"②丹托还断言："艺术在根本上被视为是美的，这不是且从来就不是艺术的定数。"③在丹托看来，20世纪艺术哲学的重要贡献，就是将美与艺术区别开来。我们认为，黑格尔和丹托的论述在某种程度上都是正确的，因为他们处于不同的历史时期，所看到的艺术现象有所不同，使用的艺术概念含义有别。从总体上看，我们今天使用的艺术概念是18世纪才确立起来的，在此之前艺术的含义与我们今天的理解非常不同。换句话说，到了18世纪，艺术一词的含义发生了很大的变化，它被专门用来指称一种特殊的艺术类型即所谓的"美的艺术"，由此开始了艺术一词的现代用法。

---

① Arthur Danto, *The Abuse of Beauty: Aesthetics and the Concept of Art*, Open Court, 2003, p. 88.
② 同上书，第107页。
③ 同上书，第36页。

一、现代艺术概念的起源

克里斯特勒(Paul O. Kristeller, 1905—1999)在其著名论文《现代艺术系统:一种美学史研究》中①,对西方艺术概念的演变做了详细的考证。所谓现代艺术系统,通常指的是包括绘画、雕塑、建筑、音乐和诗歌五种艺术形式在内的美的艺术的系统。这个系统直到18世纪才开始确立起来。

古希腊的艺术泛指人的一切活动,包括我们今天所说的手艺和科学在内。这种意义上的艺术既与自然对立,也与我们今天所说的艺术对立,我们今天所说的艺术大致相当于古希腊的模仿。比如,在柏拉图看来,艺术受理性规则的控制,而模仿则是一种非理性的行为。

古希腊有诗歌、音乐、舞蹈、绘画、雕塑、悲剧等概念,但没有将它们统一起来的艺术概念。除了用模仿来统称各种艺术形式之外,古希腊人常常用缪斯女神(Muse)来概说艺术。缪斯是宙斯和记忆女神的女儿,一共有九个,她们分别掌管历史、音乐和诗歌、喜剧、悲剧、舞蹈、抒情诗、颂歌、天文、史诗。即使我们忽略这里所列举的音乐、诗歌、戏剧和舞蹈等艺术形式可能具有的特殊含义,缪斯女神所掌管的东西与我们今天所说的艺术之间还是有很大的差异。比如,无论做怎样的理解,历史与天文在今天都很难说得上是艺术;同时,所有的视觉艺术都在缪斯女神的掌管之外。

古罗马时期出现了另一个与现代艺术有关的概念,即"自由艺术"(liberal arts)。比如,西塞罗(Cicero, 前106—前43)就经常谈及自由艺术以及各种自由艺术之间的相互关系。虽然西塞罗没有明确规定他所说的自由艺术中究竟包含哪些具体的科目,但我们可以有把握地认为西塞罗所说的自由艺术与我们今天所说的艺术是非常不同的。因为在那些明确说出具体科目的自由艺术系统中,没有一种与今天所说的艺术类似。比如,瓦罗(Varro, 前116—前27)的自由艺术系统由九个科目组成,它们是语法、修辞、辩证法、几何、算术、天文、音乐、医学和建筑。凯培拉(Martianus Capella)的系统中则少了医学和建筑,只有语法、修辞、辩证法、几何、算术、天文、音乐等七种。塞克斯图斯(Sextus, 162—210)的系统中又少了逻辑,只有语法、修辞、算术、几何、音乐和天文等六种。大约自4

---

① Paul O. Kristeller, "The Modern System of the Arts: A Study in the History of Aesthetics", in Peter Kivy ed., *Eassys on the History of Aesthetics*, Rochester: University of Rochester Press, 1992, pp. 3-64. 下面关于现代艺术的起源的叙述,主要参考了这篇文章。

世纪起，语法、修辞、逻辑、算术、几何、音乐和天文被固定为“七艺”，成为欧洲高等教育的标准课程。

由此可见，古希腊罗马时代的艺术概念与今天的艺术概念非常不同，许多今天被当作科学的东西，在当时被称作艺术；许多今天被当作艺术的东西，在当时并没有归在艺术的名目之下，或者并没有获得艺术的身份。正如克里斯特勒所说的那样，古希腊罗马时代“没有留下关于审美性质的系统或精心说明的概念，留下来的只不过是许多分散的观念和意见，它们一直影响到现代时代，但必须经过被仔细地遴选、脱离语境、重新整理、重新强调以及重新解释或误解之后，它们才能够被用作美学系统的建筑材料。我们必须同意这个……结论：古代作者和思想家们尽管面对杰出的艺术作品且的确受到它们魅力的感染，但他们既不能够也不急于将这些艺术作品的审美性质从它们的知识的、道德的、宗教的和实践的功能或内容中区别出来，抑或用一种审美性质作为标准将美的艺术集合起来或将它们作为全面的哲学解释的对象。”①

中世纪接受了古罗马的七艺概念，后来又将它们进一步区分为三大学科（语法、修辞、逻辑）和四大学科（算术、几何、天文、音乐）。圣维克托的雨果（Hugo of St. Victor，1078—1141）最早在七种自由艺术的基础上，又增加了七种手工艺术（mechanical arts），它们包括：毛纺（lanificium）、军事装备（armatura）、航海（navigatio）、农艺（agricultura）、狩猎（venatio）、医术（medicina）和戏剧（theatrica）。今天所谓美的艺术被归在不同的类下，如建筑、各种不同形式的雕塑和绘画以及其他几种手艺，被归在军事装备之下，音乐与算术、几何、天文并列，诗歌接近语法、修辞和逻辑。诗歌和音乐两种艺术形式似乎享有较高的地位，因为它们通常是学校里面的教学科目，而绘画、雕塑和建筑则是在工匠的指导下学习，就像药剂师、金匠、木匠和泥瓦匠的学徒在师傅的作坊里接受教育那样。中世纪的艺术家概念所指甚广，既可以指自由艺术的学习者，也可以指一般的工匠。

文艺复兴时期出现了在三大学科基础上扩充起来的人文学科研究（Studia humanitatis），其中包括语法、修辞、历史、希腊文、道德哲学和诗歌，从前曾经作为三大学科之一的逻辑被排除在外。特别值得注意的是，诗歌的地位有了前所未有的提升。在中世纪的三大学科系统中，诗歌被归属在语法和修辞之下，而在人文学科研究中，诗歌不仅成为一门独立的学科，而且在整个系统中处于至关重要的地位。

---

① Paul O. Kristeller, “The Modern System of the Arts: A Study in the History of Aesthetics”, in Peter Kivy ed., *Eassys on the History of Aesthetics*, p. 13.

文艺复兴时期的一个最重要的变化，是绘画、雕塑和建筑等视觉艺术的地位的持续上升。绘画、建筑和雕塑开始组成一个介于自由艺术和手工艺术之间的群体，有了自己的协会和学院。达·芬奇(Leonardo da Vinci, 1452—1519)等人不仅将绘画等视觉艺术的地位从手工艺术提高到自由艺术，而且特别推崇绘画，甚至将绘画提高到超过诗歌、音乐和雕塑的高度，而与数学等科学联系起来。瓦萨里(Giorgio Vasari, 1511—1574)为绘画、雕塑和建筑等视觉艺术创造了一个新的概念，即"图画艺术"(Arti del disegno)。这个概念成为后来美的艺术概念的原型。

由于诗歌与绘画之间的地位竞争，以及对诗歌、绘画和音乐等艺术形式的业余兴趣的兴起，人们开始在这些艺术之间进行比较。通过这种比较，人们发现这些不同门类艺术之间具有两个相同的特征，即模仿和追求愉快。对不同门类艺术之间的相同特征的发现，为后来将它们统一归结在美的艺术之下奠定了基础。

17 世纪开始，欧洲文化中心逐渐从意大利转移到法国。在法国成立了许多学院，其中包括绘画、雕塑、建筑、音乐和舞蹈等学院，但也包括科学和其他文化分支的学院。随着自然科学的独立，人们逐渐意识到艺术与科学的区别：建立在数学演算和知识积累之上的科学可以不断进步，今天的科学一定比过去的科学高明；但建立在个人天才和趣味基础上的艺术则没有进步的历史，今天的艺术不一定比过去的艺术强。在 17 世纪末，佩罗(Charles Perrault, 1628—1703)明确将美的艺术与自由艺术区别开来，将艺术与科学区别开来。在佩罗的美的艺术系统中，包括雄辩术、诗歌、音乐，建筑、绘画、雕塑以及光学和机械力学等。如果没有后两种科目，佩罗的系统就非常接近现代艺术系统了。

18 世纪随着对视觉艺术、音乐和诗歌的业余兴趣的兴起，逐渐出现了将不同的艺术形式统一为一个总类的现代美的艺术概念。其中有这样一些人物需要提及。

1714 年，克鲁萨(J. P. de Crousaz, 1663—1750)关于美的论文被认为是法语最早的现代美学论文。他讨论了视觉艺术、诗歌和音乐，并且力图从哲学上解释美与善的不同。但他并没有确立现代美的艺术的系统，而且对美与善、艺术与手艺的区别也不太很清楚，比如他明确提到宗教的美。

1719 年，杜博斯的著作《对诗歌、绘画和音乐的批判反思》在现代美学的历史上具有重要的意义。(1) 杜博斯不仅讨论了诗歌与绘画之间的相似，而且讨论了它们之间的差异，更重要的是，他的讨论的目的不是证明哪种艺术更高明，就像以前讨论这个主题的所有作者那样，而是证明艺术的共同本性。(2) 杜博斯开始用业余爱好者的眼光来讨论绘画，他强调在对绘画和诗歌等的评判中，有教养的公众比职业艺术家更准确。这为从鉴赏者的角度寻找艺术的共同本质奠定了基础。(3) 虽然杜博斯没有发明美的艺术(beaux-arts)这个概念,也不是首先将它运用在视觉艺术之外的人,但他的确让诗歌也是一种美的艺术这个观念变得更加普遍了。(4) 杜博斯明确将艺术与科学区别开来,前者有赖于天才,后者有赖于知识的累积。不过,尽管杜博斯在现代艺术系统的确立过程中起了很大的推动作用,但他并没有确立完善的现代艺术系统。

在安德烈(Pére André)于1741年关于美的论文中,有了现代艺术系统的雏形。安德烈分别讨论了视觉美(包括自然和视觉艺术)、道德美、精神作品的美(包括诗歌和雄辩术)以及音乐美。如果没有道德美,安德烈的艺术系统就是标准的现代美的艺术系统。

在现代艺术系统的确立过程中迈出关键一步的是巴特(Abbé Batteux, 1713—1780)发表于1746年的著作《内含共同原理的美的艺术》,在这部著作中,巴特差不多确立了标准的现代美的艺术系统。这个系统包括音乐、诗歌、绘画、雕塑和舞蹈五种艺术形式。巴特将美的艺术确立为以愉快为目的的艺术,以此与手工艺术区别开来;同时将雄辩术和建筑视为包括愉快和有用性的第三类艺术;戏剧被认为是所有艺术的综合。

百科全书派的代表人物狄德罗并不赞同巴特的美的艺术概念,而沿用自由艺术和手工艺术的区别,但他十分强调手工艺术的重要性。百科全书派的另一位代表人物达兰贝特在哲学和模仿知识之间作了区别,前者包括自然科学、语法、雄辩术和历史,后者包括绘画、雕塑、建筑、诗歌和音乐。他反对自由艺术与手工艺术的区别,将自由艺术区分为以愉快为目的的美的艺术和以有用为目的的自由艺术如语法、逻辑和道德。他还将所有的知识区别为哲学、历史和美的艺术三大类。经过达兰贝特的区分,现代艺术体系最终确立起来了。

在18世纪中期《百科全书》出版以后,美的艺术概念在法国乃至整个欧洲流行开来。比如,当时还出版了拉孔布(Lacombe)的袖珍美的艺术词典,其中涉及的艺术门类有建筑、雕塑、绘画、镌刻、诗歌和音乐等;同时,各种不同的艺术学院合并成为美的艺术学院;1781年《百科全书》再版时,在艺术条目下补充了美学和美的艺术条目①。

有多种不同的因素导致现代艺术概念的确立,其中有两个相互联系的要素值得特别的注意:一个是业余爱好者对艺术兴趣的兴起,一个是新的艺术市场体制的确立。克里斯特勒尤其注重对艺术的业余兴趣在现代艺术概念和现代美

① 除了法国的情况外,克里斯特勒还讨论的英国和德国的情况,不过它们的现代艺术概念的确立过程大致类似。鉴于上述法国的情况已经能够表明现代艺术概念是一定历史阶段的产物,我们就不再讨论英国和德国的情形。

学的确立过程中所扮演的重要角色，他明确指出："在18世纪的上半期，业余爱好者、作家和哲学家们对视觉艺术和音乐的兴趣不断增长。这个时期不仅由外行和为外行创作对这些艺术的批评著述，而且创作出一些专业论文，其中在不同的艺术之间进行比较，在艺术与诗歌之间进行比较，因而最终达到了现代的美的艺术系统的确定。"①克里斯特勒还特别指出，当时法国著名批评家杜博斯尤其重视有教养的公众对艺术的评价，认为他们的意见比行家的意见更重要。跟某种艺术的专家容易囿于该种艺术的局限不同，浅尝辄止的业余爱好者反而具有自身的优势，他可以做到不受某种艺术的限制，在不同的艺术门类之间进行比较，寻找所有艺术的共同性质。正是由于对不同艺术之间的共有性质的探求，最终导致现代艺术概念的确立。

与业余爱好者对艺术的兴趣的兴起相应的，是新的艺术市场体制的确立，更广泛地说是资本主义艺术生产和消费体制的确立。很多人都注意到资本主义生产和消费方式的确立对现代艺术概念的确立和美学独立所产生的巨大影响。比如，贝克(Annie Becq)就指出，现代艺术概念与艺术品市场之间有着密切的关系。随着艺术品市场由私人委托体制向匿名的潜在购买体制的转变，艺术家只是针对市场工作，而不再直接针对消费者工作，不用考虑消费者的具体要求，从而可以按照自己心目中的美的理想进行创造。由此，一种脱离实际考虑的、以美的表现和自由创造为核心的现代艺术观念便应运而生②。

二、艺术的传统定义

尽管经过18世纪美学家们的努力，我们有了现代艺术概念，但这个概念从一开始就没有得到很好的界定。按照传统逻辑的看法，定义指的是揭示概念所反映的事物本质的简明命题。也就是说，通过定义，一个事物能够被界定为它本身。"艺术"或者"艺术作品"能够被定义吗？按照传统的看法，这个问题的意思是："艺术或艺术作品有必要和充分的条件成为一类事物中的一种吗？"③例如，古希腊关于人的著名定义——人是有理性的动物——指定了两个条件：理性和

① Paul O. Kristeller, "The Modern System of the Arts: A Study in the History of Aesthetics", in Peter Kivy ed., *Eassys on the History of Aesthetics*, p. 35.

② Annie Becq, "Creation, Aestheitcs, Market", in Paul Mattick ed., *Eighteenth-Century Aesthetics and the Reconstruction of Art*, Cambridge: Cambridge University Press, 1993, p. 252.

③ George Dickie, "Definition of 'Art'", in David E. Cooper ed., *A Companion to Aesthetics*, Oxford: Blackwell, 1997, p. 109.

动物，它们一起区别出人这个类别并且仅仅是人这个类别。其他的存在则被界定在这个类别之外，比如天使，尽管他们被认为是有理性，但他们不是动物；再如黑猩猩，尽管它们是动物，但被认为是没有理性的。

尽管我们不乏对艺术的定义，但没有一种定义是严格地符合这种定义的规定的。这也是我们在探讨对艺术的定义时，为什么要考察对艺术的定义的历史的原因。因为只有透过历史上这些五花八门的不太严格的定义，我们才能对“什么是艺术”的问题有一个比较全面的了解。

1. 艺术即模仿

最早对艺术的定义是：艺术是对现实的模仿。这个定义在古希腊时就非常流行，而直至今天，在人们的意识深处还常常持这种看法。我们甚至可以说，艺术即模仿，是一个持续时间最长、影响面最广的定义。事实上，这也是人们对艺术的最为朴素的看法①。

尽管艺术即模仿是一个影响久远的艺术定义，但它显然不是一个完善的艺术定义，因为我们很容易找到将艺术定义为模仿的反证。一方面，存在许多毫无模仿的艺术作品，如许多音乐片段、无对象的绘画和抒情诗歌等，很难说它们模仿了什么。另一方面，许多模仿的东西又不是艺术作品，如我们日常生活中的许多模仿行为，很少有人把它们作为艺术作品来欣赏。因此，把模仿当作艺术的唯一的规定性是不够严谨的。模仿既不是定义艺术的必要条件，更不是定义艺术的充分条件。

2. 艺术即表现

如果说“艺术即模仿”的定义更多地适用于再现性的、叙事性的、具象的文艺现象的话，“艺术即表现”则更多地适用于表现性的、抒情的、抽象的文艺现象。通过鲍桑葵、克罗齐、科林伍德等人的宣扬，这个定义在19世纪末至20世纪初的美学理论中非常流行。克罗齐的两个命题“艺术即直觉”、“直觉即抒情的表现”，在20世纪上半期产生了广泛的影响。在克罗齐看来，“一切基层感性认识活动都是一种艺术创造”。这种创造可以是刹那间在人们的心中完成的，将这种刹那间的创造用物质形式表现出来的活动，“只是实践活动而不是艺术活动，它所产生的也不是艺术作品，而是艺术作品的‘备忘录’”②。因此，艺术最重要的是刹那间的直觉，将艺术直觉表现出来的具体技巧并不是艺术活动。

---

① 关于模仿的详细讨论，见彭锋：《西方美学与艺术》第三讲，北京大学出版社，2005年。
② 《朱光潜全集》第七卷，安徽教育出版社，1991年，第312页。

同将艺术界定为模仿一样，将艺术界定为表现也是一个极不完善的定义。我们也可以轻而易举地找到反证。许多艺术作品并不表现情感，而更多的情感表现不是艺术作品。

将艺术定义为情感表现还会带来一个棘手的难题：假使一个作品表现了情感，我们能说这种情感就是作者的情感吗？我们能够确定作者在创作时就处在这种情感状态之中吗？如果我们不能确定作者在创作时正处在作品所表现的情感之中，那么将艺术定义为情感的表现将是十分荒谬的①。

3. 艺术即创造

与艺术即表现紧密相关的是关于艺术的另一个定义：艺术即创造。随着浪漫主义运动的兴起，将艺术定义为天才的创造变得越来越深入人心，以至于创造被典型地理解为艺术的特征。现代主义艺术和前卫艺术对新异性的追求，更加强化了这个定义。但这个定义同样面临诸多困难。如果将艺术定义为创造，它就很可能失去它的表现和模仿的特性。更重要的是，创造不仅否定了模仿和表现，而且否定了自身。任何被公认为创造的艺术，都必将为随后的创造所颠覆。比如，韦兹就指出，正是艺术的创造特征，使得艺术的定义在逻辑上是不可能的。因为创造使得艺术成为一个在本质上开放和易变的概念，一个以它的原创、新奇和革新而自豪的领域。即使我们能够发现一套涵盖所有艺术作品的定义的条件，也不能保证未来艺术将服从这种限制；事实上完全有理由认为，艺术将尽自己的最大努力去亵渎这种限制②。

此外，创造也不是定义艺术的必要条件，很多艺术作品完全是按照严格规则制作出来的，但它们并不因此失去艺术的身份；而在其他领域中的创造，比如科学领域中的创造，很少被当作艺术。

4. 艺术即游戏

与艺术即创造密切相关的是艺术即游戏。游戏能够不仅能够标明艺术的自由的特征，而且能够标明艺术的形象或外观(semblance)的特征，即艺术只是涉及事物的外观，无关乎事物的实质，这就像我们生活中的游戏一样，它只是生活

---

① 关于艺术和审美经验中的情感问题，参见 Jenefer Robinson, "The Emotion in Art", in Peter Kivy ed., *The Blackwell Guide to Aesthetics*, Oxford: Blackwell, 2004, pp. 174 – 190; Alex Neill, "Art and Emotion", in Jerrold Levinson ed., *The Oxford Handbook of Aesthetics*, Oxford: Oxford University Press, 2003, pp. 421 – 433。另见本书第十五章有关讨论。

② Morris Weitz, "The Role of Theory in Aesthetics", in Morris Weitz ed., *Problems in Aesthetics*, second edition, New York: Macmillan Publishing Co., 1970, p. 176. 关于创造的详细讨论见本书第五章。

形式的外观，而不是真实的生活本身。莱辛、康德、席勒、斯宾塞（Herbert Spencer，1820—1903）、伽达默尔（Hans-Georg Gadamer，1900—2002）等许多美学家都持这种观点，尽管他们对游戏的理解非常不同。

事实上，这个定义只显示了艺术与游戏具有某种程度上的相似性，比如它们都具有无利害、无目的、自由愉快等特征，但不能将二者完全等同起来。在多数情况下，艺术要比游戏严肃得多。

5. 艺术即形式

自从康德以来，从形式特征方面来定义艺术的大有人在，其中最有影响的是克莱夫·贝尔的这个定义：艺术是有意味的形式①。克莱夫·贝尔的这个定义是对 19 世纪末以来西方艺术创作实践的理论总结。自古希腊以来，西方艺术一直注重再现现实，一直受亚里士多德的艺术定义的影响，这种情况到了 19 世纪末有了根本的转变。印象派、后印象派、立体派、抽象派等绘画的兴起，彻底改变了传统的艺术观念。绘画中的再现因素被降低到极不重要的地位，代之而起的是对符合主观感觉的形式的塑造。从此，形式主义在西方艺术中取得了主导地位。克莱夫·贝尔的定义正是在这种形式主义潮流的背景下诞生的。

在克莱夫·贝尔的定义中，具有关键意义的是“有意味的形式”。克莱夫·贝尔赞同现代画家用形式取代内容的做法，但又认为形式不是艺术的唯一要素，在线条和色彩的形式组合中，还有一种特殊的意味。这种意味不是艺术家的主观思想情感，它虽然来自艺术家的精神，而艺术家的精神又不过是对宇宙的感情意味的感受、对终极现实的感受。

假使存在这种带有浓郁的神秘气息的“意味”，假使艺术形式能够显现这种“意味”，克莱夫·贝尔的定义仍然存在明显的缺陷：这个定义只能涵盖全部艺术的一小部分，那些再现性的艺术统统被排除在外。如果“有意味的形式”只是艺术的一个要素，尽管在克莱夫·贝尔看来它是一个理想的要素，但只要它不是唯一的要素，这个定义就是不完善的②。

6. 艺术即经验

与众多美学家从艺术作品的特性方面去定义艺术不同，杜威从艺术作品在主

① 克莱夫·贝尔说：“在各个不同的作品中，线条、色彩以某种特殊方式组成某种形式或形式间的关系，激起我们的审美情感。这种线、色的关系和组合，这些审美地感人的形式，我称之为有意味的形式。‘有意味的形式’，就是一切视觉艺术的共同性质。”（克莱夫·贝尔：《艺术》，周金环、马钟元译，中国文联出版社公司，1984 年，第 4 页。）

② 见本书第十章有关讨论。

体身上引起的效果去定义艺术：艺术即经验。与一般美学家试图通过定义将艺术与日常生活区别开来不同，杜威的定义强调艺术与日常生活的连续性。杜威这里所说的经验不是一种特殊类型的经验，而是日常经验的完满，用杜威的术语来说，是"一个经验"(an experience)。所谓"一个经验"，并不是指一种在心理学上有别于其他经验的特殊经验，而是指一种比日常经验更完整、更强烈、因而能够从日常经验之流中凸显出来的经验。这种"一个经验"与日常经验之间只有程度上的区别，而没有本质上的区别。在杜威看来，任何东西只要能够引起"一个经验"，就都可以被适当地称之为作艺术作品。当然，与一般事物相比较，艺术在唤起这种"一个经验"上，或者在将我们散乱平庸的日常经验提升为完满的"一个经验"上，具有独特的优势，因为人们创造艺术作品的主要目的就是为了提升日常经验①。

受杜威的启发，许多当代美学家试图从审美经验的角度来定义艺术，斯特克(Robert Stecker)将这种定义称之为审美定义(aesthetic definition)，以区别于再现、表现、形式等的定义，其中有代表性的定义有：

艺术作品是某种以赋予它满足审美兴趣的意图生产出来的东西。(比尔兹利)

一件艺术作品是一件在标准条件下给其感知者提供审美经验的人工制品。(史勒辛格)

一件"艺术作品"是一种或多种媒介的任何创造性安排，其主要功能是传达有意义的审美对象。(林德)②

这种从经验或审美经验的角度对艺术的定义的最大困难在于，审美经验本身是需要界定的，甚至审美经验比艺术作品更难于界定。一些美学家认为是属于审美经验的特征的东西，比如完整性、和谐性、有机统一性等，其实都可以说是属于艺术作品的特征。因此，与其从审美经验方面去定义艺术，还不如从艺术作品自身的特征方面去定义艺术③。

三、艺术定义的新发展

对艺术的形形色色的定义，还有许多。比如，在文化符号学那里，艺术是情

① 关于杜威美学的一般性介绍，见 Thomas Alexander, "John Dewey", in David E. Cooper ed., *A Companion to Aesthetics*, pp. 118-121。

② Robert Stecker, "Definition of Art", in Jerrold Levinson ed., *The Oxford Handbook of Aesthetics*, p. 142.

③ 关于分析美学家对审美经验理论的批判，参见 Gary Iseminger, "Aesthetic Experience", in Jerrold Levinson ed., *The Oxford Handbook of Aesthetics*, pp. 100-104。另见本书第三章有关讨论。

感的符号;在精神分析学那里,艺术是无意识的表现;在现象学那里,艺术是多层次的意向性客体;如此等等,不一而足。不管这些定义之间有多大的差异,但至少有两点是共同的:都承认艺术是一种技术;差不多都承认艺术基于审美经验。

但是到了后现代社会,艺术这两个最后的共性似乎也不存在了。科技革命(如电脑制作)使艺术家的技术变得不再重要;同时艺术创作是否基于美感经验也值得质疑。有人指出在这样一个信息爆炸的时代,艺术家为了处理各种各样的信息和应接活动,几乎不可能像传统的艺术家那样全神贯注,产生美感经验;同时当代无可无不可的艺术作品也不再负载引发欣赏者的审美经验的特质。在这样一种情况下,后现代的艺术概念变得更加无法定义了。

由于传统的关于艺术的定义十分脆弱,特别是经过分析哲学的检讨之后,人们越发相信对艺术的定义是不可能的。在维特根斯坦看来,我们的语言中有许多概念只是一种"家族相似"(family-resemblance)概念①。这种概念中的各个成员之间不具备任何共同的识别特征;它们之所以是同一类别中的成员,只是因为它们之间具有一种重叠交叉的相似性。在一个家族相似类别中的成员 A 同成员 B 分有一个相似的特性,成员 B 同成员 C 分有另一个相似的特性,可以此类推,但成员 A 同成员 Z 不必分有任何相似的特性。许多哲学家倾向于相信"艺术"是一个家族相似概念。由于艺术作品之间不具备任何同一的、普遍的特性,因此对艺术进行定义缺乏必要和充分的条件。

在这些哲学家当中,韦兹和兹夫(Paul Ziff)是较早运用维特根斯坦的理论来反对传统艺术定义的。在韦兹和兹夫看来,将一个东西归为艺术作品,不是根据充分和必要条件,而是根据"家族相似",根据基于多种范例基础上的相似集合。比如,我们可以根据与其他艺术作品的一种相似集合说这件作品是艺术作品,根据另一种相似集合说另一件作品是艺术作品,以此类推。由此,我们虽然没有定义艺术的充分必要条件,但仍然能够判断一件作品是否是艺术作品②。

从 20 世纪 50 年代早期到 60 年代中期,由于维特根斯坦哲学的影响,几乎所有的美学家都放弃了对艺术进行定义的企图。然而从 60 年代中期开始,又出现了形形色色的有关艺术的定义。曼德鲍姆(Maurice Mandelbaum)最早发现,求助于家族相似并不是排除对艺术的定义,相反是要求有对艺术的定义。我们在同一个家族的各成员中间,的确不能发现一个共同的显现的(exhibited)相似

---

① 维特根斯坦关于"家族相似"的论述,见维特根斯坦:《哲学研究》,汤潮、范光棣译,三联书店,1992 年,第 45—46 页。

② 关于韦兹和兹夫观点的综述,参见 Robert Stecker, "Definition of Art", in Jerrold Levinson ed., *The Oxford Handbook of Aesthetics*, p. 144。

性，但可以发现某种非显现的(non-exhibited)联系。比如，拥有共同的祖先就是家族成员所共有的非显现的联系。正是根据这种非显现的联系，我们可以将该家族中那些不具有显现的相似性的成员判断为该家族的成员，而将那些非该家族的却具有某些显现的相似性的成员不判断为该家族的成员。因此，曼德鲍姆认为，家族相似并不是抵制定义，而是要求定义，要求根据某些非显现的特性来进行定义。要对艺术这样一种家族相似概念进行定义，就要求我们不只是注重艺术的显现出来的特征，而要求助于某些非显现的特性，比如艺术的意图、效用或起源等等①。

我们可以将 60 年代以来的艺术定义大致区分为两类：程序性的(procedural)定义和功能性的(functional)定义。程序性的定义，是从一个东西要成为艺术作品所必须经历的过程或步骤上来进行定义；功能性的定义，是从艺术作为一种创造性的产品究竟要实现怎样的目的或发挥怎样的功能上来进行定义。所有传统的艺术定义都属于功能性的定义。

当代美国美学家比尔兹利就是从艺术的功能方面来对艺术进行定义的。他给艺术的定义是："艺术作品要么是一种意味着能够提供具有审美特征的经验的条件安排，要么(附带地说)是一种属于有这种功能之类的安排。"②显然，这种独特的功能定义完全建立在审美经验这个概念上。然而，由于审美经验的存在和它的独特特征已经引起许多哲学家的质疑，因此这个定义并没有获得普遍的赞同。

所有的功能性定义都面临着这样的困难：它们都将艺术作品当作严格意义上被创造出来的东西，但又无视作者本人所赋予的艺术目的。例如，杜尚的作品《泉》(见图 15，一个小便池做成的作品)和其他达达主义的作品，它们并不是为提供审美经验而创造出来的，但比尔兹利试图将这些作品也纳入艺术的范围之内。在他看来，尽管《泉》和它的同类作品都不能或至少都不倾向于提供审美经验，但它们仍然是一个典型地倾向于提供审美经验的类别中的成员。按照这种观点，艺术作品这个类别就区分成了两个截然不同的子类别：一个子类别倾向于提供审美经验，一个子类别不倾向于提供审美经验。"倾向于提供审美经验"的功能似乎只是精选出来作为定义的条件。事实上，比尔兹利定义中的不倾向于提供审美经验的那个部分，似乎暗含着艺术只能从它的程序方面来界定，而不

---

① Maurice Mandelbaum, "Family Resemblances and Generalization Concerning the Arts", *American Philosophical Quarterly* 2 (1965), pp. 219 – 228.

② M. Beardsley, "Redefining art", in M. J. Wreen and D. M. Callan ed., *The Aesthetic Point of View*, Ithaca: Cornell University Press, 1982, pp. 298 – 315.

能从它的功能方面来界定。

美国当代美学家和艺术批评家丹托也试图从功能方面对艺术进行定义。他提出了两点主张：(1) 艺术作品总是关于什么，以及(2) 艺术作品总是倾向于被理解的。显然这两个条件也不足以界定艺术，因为太容易找到反证。比如，法律条文也符合这两点要求，它们也是关于什么而且倾向于被理解，但它们不是艺术作品。尽管丹托本人并不倾向于仅用这两个功能性的标志作为定义，但即使是将这两个条件仅仅作为艺术定义的必要条件也是不够精确的。的确，许多艺术作品都倾向于多种形式的理解，它们似乎具有适合理解的"装置"。但不是所有的作品都有这种"装置"，如一个器乐片段，我们就很难理解它的意义。许多艺术作品总是关于什么——肖像画与人有关，抽象画与它们从什么东西中抽象出来的有关。但是，那些无对象的绘画关于什么呢？丹托认为这种绘画是关于艺术本身。如一块题为"无题"的空白画布就是一件关于"艺术"的艺术作品。这种作品能否关涉到艺术至少是可以争论的。即使能够证明现代无对象绘画是关于艺术的，但总不能说 18 世纪莫扎特的一段器乐作品也是关于艺术或其他别的什么的吧。这是美国当代美学家迪基对丹托的批评[①]。不过，迪基这里显然在有意回避丹托的"艺术界"(artworld)这个词的独特含义。丹托所说的艺术作品总是关于什么和总是倾向于被理解的，不是指艺术作品可以与现实世界发生某种关系，而是指我们可以根据艺术史的上下文来理解和定位艺术作品，我们总是可以将艺术作品放在"艺术界"中来理解和解释。这里的"艺术界"不是指艺术作品所唤起的想象世界，而是指艺术史、艺术批评和艺术理论所构成的"理论氛围"。任何艺术作品都与这种"理论氛围"有关，都必须得到这种"理论氛围"的解释。我们只有深入到音乐史的某个具体阶段，才能将莫扎特的音乐理解为莫扎特的音乐而不是别的什么声音。

迪基之所以批评丹托的艺术定义，因为在迪基看来，丹托的艺术定义是传统的从功能方面对艺术进行定义的最后残余；任何从功能方面对艺术的定义都是不可能成功的，因此他要探索一种定义艺术的新途径，即从程序方面来对艺术进行定义。迪基给艺术作品下了一个价值中立的定义："艺术作品是一种创造出来展现在艺术界的公众面前的人工制品。"[②]这个定义与艺术作品的目的和功能毫不相关，它不涉及审美经验、再现、表现或其他任何诸如此类的东西。

按照迪基的理论，当一个社会的"艺术界"给予某作品以艺术地位的时候，该作品便成了艺术品，艺术品的作者自然成了艺术家。由于艺术界在决定何为艺

① Gorge Dickie, "definition of 'art'", in David E. Cooper ed., *A Companion to Aesthetics*, p. 112.
② Gorge Dickie, *The Art Circle*, New York: Haven, 1984, p. 80.

术的问题上具有如此重大的作用，因此“艺术界”的构成问题势必成了这种理论必须解决的另一个重要问题。对“艺术作品是一种创造出来展现在艺术界的公众面前的人工制品”这个定义，迪基用了四个相关命题来说明：“艺术家指的是被理解为制造艺术作品的人”；“公众指的是一群人，其中的成员在一定程度上能够理解展现在他们面前的作品”；“艺术界体制指的是一种将艺术家的作品提供给艺术界公众的系统”；“艺术界指的是艺术界体制整体”①。按照迪基的理论，艺术界是一种制度，这个制度包含艺术家、公众和负责沟通艺术家和公众的机构三大部分，艺术家和艺术作品都是由这种体制决定的。迪基的理论虽然有许多不完备的地方，特别是近于同语反复，没有给出关于艺术的更多的信息，但它的确是现代社会人们的艺术生活的实际反映。在现代社会，特别是艺术体制非常健全的西方资本主义社会，艺术机构或体制是凌驾于艺术家和公众之上的最终主宰者。

尽管迪基一再强调他对艺术的定义遭到了误解，他并没有赋予艺术体制那么大的权力，但这个定义的实际影响就是如此，这是无法否定的，特别是迪基早先的一个艺术定义，似乎更能体现艺术体制的主宰作用：“一个艺术作品在它的分类意义上是(1) 一个人造物品，(2) 某人或某些人代表某个社会制度(艺术界)的行为所已经授予它欣赏候选资格的一组特征。”②尽管迪基的艺术定义在分析美学界产生了巨大的影响，同时也的确在某种程度上反映了当今西方发达资本主义国家艺术制度的实际，但它仍然在许多方面受到强力挑战。首先，迪基的定义动机是将所有艺术作品包括进来，将所有非艺术的东西排除出去，但这个极为灵活的定义仍然不能完全囊括今天被视为艺术作品的所有东西，比如某些非人造物品如一段原木或一块天然石头也可以被视为艺术作品，但它们被这个定义排除在外，因为它们不能满足第一个条件。其次，第二个条件也很值得质疑。因为很多时候(特别是历史上)人们欣赏艺术作品并不需要它事先被确定具有候选的欣赏资格。再次，也是最重要的一点，某人或某些人代表某个制度怎样确定艺术作品的欣赏候选资格？他或者他们根据什么确定这个人造物具有候选欣赏资格而另一个则不具有？显然迪基将什么是艺术的问题，隐含到或者转换为什么是艺术的候选资格问题。这种隐含或转让具有极大的欺骗性。表面看来它似乎解决了决定什么是艺术的核心问题，事实上它只不过将这个问题推延给了艺术界，让艺术界去决定，至于艺术界究竟怎么决定，似乎就成了另外一个跟艺术定

---

① Gorge Dickie, “definition of ‘art’”, in David E. Cooper ed., *A Companion to Aesthetics*, p. 113.

② George Dickie, *Art and the Aesthetic: An Institutional Analysis*, Ithaca, N. Y. : Cornell University Press, 1974, p. 34.

义无关的问题了。

由于迪基的艺术定义存在明显的困难，一些分析美学家尝试从各个方面对它进行修正，其中戴维斯(Stephen Davis)、列文森和斯特克等人提出了许多巧妙的艺术定义，尽管他们之间仍然存在很大的差异，但他们的共同点却变得越来越明显了，他们都在力图克服丹托和迪基理论的缺陷，吸取他们的优点，正如斯特克所说，“他们都接受丹托的这个观点：必须要从历史上来定义艺术；而且，他们最终都承诺一种由一些可选择的充分条件组成的定义，而不是由一组联合起来是充分的必要条件组成的定义(所谓的真正定义)。此外，与简单的功能主义定义不同，这些定义不形成一种更大的、具有标准目的的艺术理论的核心，而是与许多不同的理论和谐共存。尤其是，这些定义像迪基的定义一样，将对艺术是什么的理解与艺术价值的概念区别开来。实际上，最近定义的可选择的特征表明，不仅没有一种对艺术是根本的价值或功能，而且根本没有艺术的本质。”①如果果真如此，那么要给艺术下一个严格的定义就似乎是不可能的了。

四、艺术的历史演变

艺术之所以如此难以定义，艺术家所扮演的角色之所以如此难以确立，其中一个重要的原因是艺术本身发生了变化。我们之所以知道艺术在不断地变化，是因为我们有了艺术史的观念，即我们能够将不同时代的艺术放在一个历史架构里，看出它们之间的承续关系。反过来说，没有艺术史的观念，我们就很难给不同时代的艺术以明确的位置，我们甚至很难从根本上区分不同时代的艺术作品②。

一种文化可以有艺术，甚至可以有对艺术的理论反思，但不一定有艺术史的观念。在西方，早在古罗马时期就有了艺术史的观念。如普林尼(Gaius Plinius Secundus，23—79)在他的百科全书式的著作《自然史》中，就持一种自然进化的艺术史观，认为最近的艺术是发展得最好的艺术。这种自然进化的艺术史观在西方有很大的影响。文艺复兴时期意大利著名画家和美术史家瓦萨里也持这种观点。不过瓦萨里有一些改变。在瓦萨里看来，“艺术就像我们人类身体所体现

---

① Robert Stecker, “Definition of Art”, in Jerrold Levinson ed., *The Oxford Handbook of Aesthetics*, p. 152.

② 下述有关艺术史观的讨论，参见 David Carrier, “Art History”, in David E. Cooper ed., *A Companion to Aesthetics*, pp. 13 - 17。

的自然规律那样,有出生、生长、成熟和死亡四个阶段"①。每个时代的艺术都可以区分出这样四个阶段。这四个阶段完成了,就意味着一个时代的结束,新的时代的开始。就是对古希腊艺术极度崇拜的温克尔曼,在骨子里也持自然进化的艺术史观,坚信现代艺术要比古典艺术优越②。

这种进化式的艺术史观在被誉为"艺术史之父"的黑格尔那里表现得最明确也最深刻。黑格尔根据"美是理念的感性显现"这一命题,将艺术的类型分为三种,即象征型、古典型和浪漫型。这三种艺术类型的发展演变,构成整个人类艺术的发展史。

象征艺术是最原始的艺术。由于精神内容自身还不确定,还很含糊,因而无法找到所需要的形式,还只是对形式的挣扎和希求;象征艺术这种精神内容与物质形式不相吻合的特点使其富有神秘色彩和崇高风格,典型的象征艺术是印度、波斯、埃及等东方民族的建筑,如神庙、金字塔之类。

随着人类精神的发展,人类能够认识到精神的具体内容,从而能够为精神内容找到具体的形式,这时象征型艺术就要解体,让位给一种更高级的艺术——古典艺术。古典艺术克服了象征型艺术内容与形式的双重缺陷,达成了理念和形象之间自由而完满的协调,从而体现出静穆和悦的特点。典型的古典艺术是古希腊的人体雕刻。

由于精神是无限的、自由的,古典艺术的形式是有限的、不自由的,随着精神的继续向前发展,和谐的古典艺术就要解体,让位给浪漫艺术。浪漫艺术在较高阶段上回到了象征艺术所没有克服的理念与现实的差异和对立。与象征艺术的物质形式大于精神内容相反,浪漫艺术则是精神内容大于物质形式。浪漫艺术的典型门类是绘画、音乐和诗歌③。

随着精神继续向无限、自由方向发展,精神最终必然会彻底突破有限的感性形式的束缚,浪漫艺术也要解体,艺术最终整个要让位给哲学。艺术的历史也就终结了④。

黑格尔的这种艺术终结论,到了 20 世纪又被丹托重新提出。丹托也持进化式的艺术史观,认为艺术发展的历史就是艺术不断通过自我认识达到自我实现的历史,是艺术不断认识自己本质的历史,换句话说,艺术是不断朝向自我认识

---

① G. Vasari. *The Lives of the painters, Sculptors and Architects*, trans. A. B. Hinds, London: Dent 1963, Vol. 1, p. 18.

② J. J. Winckelmann, *Reflections on the Imitation of Greek Works in Painting and Sculpture*, trans. E. Heyer and R. C. Norton, Open Court, 1987, p. 59.

③ 参见黑格尔:《美学》第一卷,朱光潜译,商务印书馆,1979 年,第 87—114 页。

④ 参见朱光潜:《西方美学史》下卷,《朱光潜全集》第七卷,第 151—153 页。

的目标进化的;20 世纪的艺术最终实现了它的目标,因此艺术的历史走到了它的终点。今天的艺术处于它的“后历史”(post-historical)阶段,由于艺术的所有可能性已经被实践过了,因此今天的艺术实践只是对历史上曾经出现过的各种艺术形式的重复,它已经不可能再给人以惊奇的效果。在艺术的后历史阶段,没有什么东西是艺术,也没有什么东西不是艺术,其中起决定作用的不是艺术自身,而是艺术意识、艺术态度、艺术解释,是一些与艺术有关的、无法用感官来识别的“理论氛围”。有关艺术的理论解释最终取代了艺术,艺术最终为哲学所取代①。

如果持进化式的艺术史观,就有可能得出艺术终结的结论。但是,无论是黑格尔和丹托,都没有能够阻止艺术的存在。在黑格尔做出艺术终结的预言之后,艺术仍然蓬勃发展,就连丹托也承认,黑格尔之后的艺术,特别是印象派绘画,可以给人直接的审美享受,并不需要哲学解释作为中介②。尽管丹托在 60 年代以后的纽约看到的多是观念艺术,如沃霍尔的《布瑞洛盒子》(图 16),但在世界上其他地方仍然存在大量其他艺术形式,而且即使是观念艺术也是艺术,并不真的就是哲学。艺术并没有终结到哲学之中。与之相反,一些哲学家开始呼吁将哲学作为生活艺术来实践,倡导一种“哲学诗学”(Poetics of Philosophy)③。哲学之所以向艺术靠拢,原因在于哲学的方法无法达到它的目标。哲学总想给我们揭示一个“真实的”世界,总想“回到事物本身”,但是,哲学的方法却无法实现它的目标。“真实的”世界或者“事物本身”总是“在场的”,哲学的方法总是“反思的”或者“再现的”,二者相隔有距。

如果进化式的艺术史观会导致艺术终结,而事实上艺术又并没有终结,那么问题就有可能出在进化式的艺术史观上。如果将视野从欧洲中心转移开来,看看其他文化中的艺术史观,就会发现进化式艺术史观并不是唯一的。埃及艺术就不强调创新,因此几千年的艺术没有进化。正如贡布里希所说:“埃及风格是由一套很严格的法则构成的,每个艺术家都必须从很小的时候就开始学习。……但是,他一旦掌握了全部规则,也就结束了学徒生涯。谁也不要求什么与众不同的东西,谁也不要求他‘创新’[be ‘original’]。相反,要是他制作的雕像最接近人们所倍加赞赏的往日名作,他大概就被看作至高无上的艺术家了。

---

① 下面关于丹托艺术终结论的一般描述,参见 Stephen Davies, “End of Art”, in David E. Cooper ed., *A Companion to Aesthetics*, pp. 138 - 142。

② 丹托:《艺术的终结之后:当代艺术与历史的界限》,王春辰译,江苏人民出版社,2007 年,第 37 页。

③ 关于哲学作为生活艺术的论述,见舒斯特曼:《哲学实践》,彭锋等译,北京大学出版社,2002 年,第 1—74 页。

于是,在三千多年里,埃及艺术几乎没有什么变化。"[1]我们可以将古埃及这种艺术史观称之为恒定式的。

中国古代艺术史观也不是进化式的,而是一种回溯式的。中国古代艺术家从来不担心不够"新",而是担心不够"旧",因为每个人生来就是"新"的,每个时代也都是"新"的。艺术家总是力图在作品中包容以往的历史,包容的历史越长,包容的艺术形式越多,作品就越"古雅"[2],就越有价值。包容过去并不是简单重复,事实上也不可能做到重复,因为旧的东西有了新背景。我们可以将这种艺术史观称之为回溯式的艺术史观。

从恒定式的艺术史观和回溯式的艺术史观的角度来看,艺术都不会终结。其实,如前所述,18世纪的欧洲美学家在分别艺术与科学的时候,已经观察到艺术的历史不同于科学的历史。依赖知识积累的科学有不断进步的历史,依赖天才的艺术则没有不断进步的历史。艺术的这种特征,也许会帮助我们更好地认识历史。

思 考 题

1. 18世纪的艺术概念有哪些基本内涵?
2. 艺术有哪些常见的定义?
3. 如何评价迪基的"从程序上来定义艺术"?
4. 艺术会终结吗?

推 荐 书 目

Paul O. Kristeller, "The Modern System of the Arts: A Study in the History of Aesthetics", in Peter Kivy ed., *Eassys on the History of Aesthetics*, Rochester: University of Rochester Press, 1992.

George Dickie, "Definition of 'Art'", in David Cooper ed., *A Companion to Aesthetics*, Oxford: Blackwell, 1997.

① 贡布里希:《艺术发展史》,范景中译,天津人民美术出版社,1991年,第34页。
② 见王国维:《古雅之在美学上之位置》,载《王国维文集》第三卷,中国文史出版社,1997年,第31—35页。

Robert Stecker,"Definition of Art", in Jerrold Levinson ed., *The Oxford Handbook of Aesthetics*, Oxford: Oxford University Press, 2003.

Stephen Davies,"End of Art", in David E. Cooper ed., *A Companion to Aesthetics*, Oxford: Blackwell, 1997.

David Carrier, "Art History", in David E. Cooper ed., *A Companion to Aesthetics*, Oxford: Blackwell, 1997.

黑格尔:《美学》,朱光潜译,商务印书馆,1979年。

第十四章　审美范畴

本章内容提要： 本章将澄清审美范畴的内涵，把审美范畴与美学范畴区分开来，从文化风格和情感特质两个方面来探讨审美范畴的含义。掌握审美范畴，有助于我们感受和理解审美对象的审美特征。审美范畴通常被认为只有优美、崇高等为数甚少的几种，但是随着审美趣味多元化时代的来临，随着人们对文化多样性的重视，我们应该保持审美范畴的开放性，尽可能将我们感受到的情感特质上升为审美范畴。

审美范畴(aesthetic category)，也译作美学范畴。所谓范畴，照《现代汉语词典》的解释，指的是人的思维对客观事物的普遍本质的概括和反映。各门学科都有自己的一些基本范畴，如化合、分解等，是化学的范畴；商品价值、抽象劳动、具体劳动等，是政治经济学的范畴；本质和现象、形式和内容、必然性和偶然性等，是唯物辩证法的基本范畴。我们所说的审美范畴是不是这种意义上的范畴？我们通常将优美、崇高、悲剧、喜剧等归为美学范畴，这些范畴能否标明美学之为美学的特征？

的确，在某个时期，诸如优美、崇高之类的范畴能够标明美学学科的特征。比如18世纪西方美学主要讨论的问题就是崇高和优美问题。这个时期最杰出的美学家是博克和康德，他们的美学体系都以崇高和优美为中心内容。但是，年轻的美学学科的基本范畴并不牢固，处于不断的发展变化之中。以崇高为例，在18世纪还是美学家讨论的热门话题，到了19世纪中期却显得陈腐不堪，几乎从文艺批评的语汇中销声匿迹①。还有美，这个传统美学的核心范畴，到了20世纪却遭到普遍怀疑。先是心理学美学用对审美经验的心理学描述取代对“美是

---

① Mary Mothersill, “Sublime”, in David E. Cooper ed., *A Companion to Aesthetics*, Oxford: Blackwell, 1997, p. 407.

什么”的形而上追问①，接着有分析美学将“美是什么”斥之为假问题而排除在美学讨论的范围之外②。如果说20世纪的美学还有一个基本范畴的话，它既不是美、崇高，也不是悲剧、喜剧，而是审美经验(aesthetic experience)和艺术定义(definition of art)。如此说来，我们不能将优美、崇高、悲剧、喜剧等所谓审美范畴，作为标志美学学科的基本范畴。那么，这些审美范畴究竟意味着什么？

一、美学范畴、艺术范畴与审美范畴

让我们先做一些概念辨析工作。英文 aesthetic category 既可以译为审美范畴，也可以译为美学范畴。这种两种译法，显示了 aesthetic category 的两种不同用法：美学范畴指的是美学领域中重要的、有标志性的概念；审美范畴指的是审美对象的审美特性(aesthetic property)、审美价值(aesthetic value)、风格(style)等等。这两种用法既有区别，也有交叉。比如，有些范畴既是美学范畴，又是审美范畴，如优美；有些范畴是美学范畴，但不是审美范畴，如趣味；有些范畴是审美范畴，但不是美学范畴，如荒诞。

塔夫茨(James Tufts, 1862—1942)于1903年发表了一篇题为“论美学范畴的起源”的文章③。在这篇文章中，塔夫茨并没有讨论诸如优美、崇高等审美范畴，而是讨论“那些将审美价值与伦理价值、逻辑价值、经济价值，或者与其他诸如快适(agreeable)之类的愉快(pleasure)区别开来的范畴”④。因此，我们可以说，他讨论的是美学范畴。正是这些美学范畴，将美学与其他学科区别开来。塔夫茨将美学范畴区分为三个方面：审美判断的普遍性，审美态度的无利害性，以及审美情感的开放性⑤。“……普遍性或客观性，对现实的无利害性或者超然性，扩大同情的领域或者对有意义的东西的广泛欣赏，形成了审美的特征。”⑥由此可见，塔夫茨所说的美学范畴，指的是那些将审美经验或者审美意识(aesthetic consciousness)同其他经验或者意识区别开来的范畴，鉴于美学的研究对象就是审美经验或者审美意识，因此这些标明审美经验或者审美意识的特

① 见朱光潜：《文艺心理学》，安徽教育出版社，1996年，第9页。
② 见维特根斯坦：《美学讲演》，载蒋孔阳主编：《二十世纪西方美学名著选》(下)，复旦大学出版社，1988年，第80—92页。
③ James Tufts, “On the Genesis of the Aesthetic Categories”, *The Philosophical Review*, Vol. 12, No. 1 (1903), pp. 1-15.
④ 同上书，第2页。
⑤ 同上书，第2—3页。
⑥ 同上书，第4页。

征的范畴，实际上就是标明美学学科的特征的范畴。这种意义上的美学范畴，实际上就是美学学科中的重要的和有特征的概念。由于人们对美学学科的理解会随着时代的变化而变化，这种意义上的美学概念也会随着时代的变化而变化。比如，在18世纪，巧智(wit)和联想(association)是美学的标志性概念，但是，在今天的美学中，这些概念的重要性已经大大降低了。

西布利于1959年发表了一篇题为"审美概念"的文章①。在这篇文章中，西布利明确区分了审美特性(aesthetic properties)和非审美特性(non-aesthetic properties)，认为前者跟我们的趣味、知觉和敏感有关，跟我们的审美鉴赏力有关，后者只跟我们的正常感知有关。西布利强调，我们要发现诸如"统一、平衡、完整、沉闷、平静、晦暗、动感、有力、生动、精致、动人、陈腐、敏感、悲剧"等审美特性②，首先需要掌握与之相关的审美概念或审美范畴，我们是透过这些审美概念或审美范畴发现与之相关的审美特性的。这些审美概念通常是美学理论和艺术批评教给我们的。美学理论和艺术批评不仅教给我们一些审美概念，而且教给我们怎样通过或直接或隐含的方式将审美特性落实到非审美特性之上，教给我们如何接近审美特性的凸显。西布利所说的审美概念不是一般的美学概念，而是与对象的审美特性有关概念，是一类特殊的美学概念，准确地说是审美范畴而不是美学范畴。

不过，有两点需要注意。首先，西布利所说的审美概念比我们所说的审美范畴要宽泛。在国内流行的美学教科书中，审美范畴为数不多，只有优美、崇高、悲剧、喜剧等屈指可数的几种。西布利所说的审美概念则没有这么严格，因而有可能是无限多的。其次，西布利说的审美概念不只是揭示艺术作品正面的审美价值，而且也揭示艺术作品负面的审美价值。比如，沉闷、晦暗、陈腐等审美概念，揭示的就是艺术作品负面的审美价值。在一般情况下，审美范畴不涉及这种负面价值。尽管一些美学教科书中将丑和荒诞也列为审美范畴，注意到它们有可能包含负面的审美价值，但多半肯定它们最终具有正面的审美价值。这种处理方式类似于博克、康德等人对于崇高的处理。崇高引起的痛感，目的是为了唤起更大的快感。西布利并没有采取这种处理方式。西布利倾向于采取的处理方式是：审美评价既可以是正面的，也可以是负面的；正面的审美评价采用的审美概念，体现具有正面审美价值的审美特性；负面的审美评价采用的审美概念，体现具有负面审美价值的审美特性。如果采用这种处理方式的话，审美概念就都是

① Frank Sibley, "Aesthetic Concepts", *The Philosophical Review*, Vol. 68, No. 4 (1959), pp. 421-450. 见本书第七章有关讨论。

② 同上书，第421页。

成对出现的,比如美与丑、生动与沉闷等等。但是,实际情况并非如此。西布利所说的审美概念不是成对出现的,国内美学教科书中所列举的审美范畴也不是成对出现的。无论西布利所说的审美概念,还是国内美学教科书所列举的审美范畴,体现正面审美价值的概念或范畴总是多于体现负面审美价值的概念或范畴。对此,叶朗做了这样的解释:"在历史和人生中,光明面终究是主要的,因而丑在人的审美活动中不应该占有过大的比重。"①

也有少数理论家贯彻了这种"成对出现"的原则。比如,丹托指出,艺术风格总是以成对的形式出现的:再现与表现之相对,再现表现主义(如野兽派,见图17)与再现非表现主义(如古典主义,见图3)之相对,非再现表现主义(如抽象表现主义,见图18)与非再现非表现主义(如硬边抽象,见图14)之相对②。塔米尼奥(Jacques Taminiaux)也注意到,由于艺术总是在与以前的艺术的对照中确立自身,因此形成了成对出现的艺术风格。当艺术取得自律地位之后,就总是在相互对照中界定自己:"印象派在与自然主义的对照中界定自己,野兽派在与印象派的对照中界定自己,立体派在与塞尚绘画的对照中界定自己;表现主义在与印象派的完全对立中界定自己,几何抽象反对上述所有东西,抒情抽象又反对几何抽象,'波普'艺术反对所有的各种各样的抽象,概念艺术反对'波普'艺术和超级写实主义,如此等等。"③由于艺术是在相互对照中界定自己,因此艺术界中的风格总是成对出现的。尽管丹托和塔米尼奥这里所说的风格是成对出现的,但是它们体现的审美价值并不完全相反。换句话说,并不是一种风格体现正面审美价值,与之相对的另一种风格体现负面审美价值。尽管它们在风格上相对,但在审美价值上并不相反。就如优美与崇高、悲剧与喜剧那样,它们常常在相互对照中界定自己,但并不意味着它们在审美价值上完全相反。

总之,如果我们要在西布利的审美概念理论的基础上发展审美范畴理论,就需要注意这样几点:(1) 审美范畴是用来描述对象的审美特性的,在通常情况下蕴含着正面的审美评价。(2) 审美范畴有可能在风格上成对出现,但并不意味着在价值上完全相反。(3) 尽管审美范畴在理论上有可能是无限的,但是在实际上,它们是有限的。这里的限制有可能来自文化传统,有可能来自深层的逻辑结构。

在当代美学中,还有一种理论与审美范畴有关。这就是瓦尔顿的艺术范畴理论。

---

① 叶朗:《美学原理》,北京大学出版社,2009年,第362页。

② Arthur Danto, "The Artworld", in T. E. Wartenberg ed., *The Nature of Art*, San Francisco: Wadsworth, 2002, p. 222.

③ Jacques Taminiaux, *Poetics, Speculation, and Judgment: The Shadow of the Work of Art from Kant to Phenomenology*, p. 62.

瓦尔顿1970年发表的《艺术范畴》一文[①]，讨论了艺术范畴在我们欣赏艺术作品中的重要性。根据瓦尔顿，我们对艺术作品的欣赏，首先需要将它放在适当的范畴下来感知。我们用来感知和理解艺术作品的范畴不止一个，在不同的范畴下来感知和理解同一件艺术作品，会获得不同的感受，进而会做出不同的评价。只有依据与作品相适应的范畴来感知，才能获得关于该作品的恰当的评价。比如，毕加索的《格尔尼卡》既可以放在印象派的范畴下来感知（见图2），也可以放在立体派的范畴下来感知。如果将《格尔尼卡》放在印象派的范畴下来感知，会得出它是一幅拙劣的绘画的评价，如果将《格尔尼卡》放在立体派的范畴下来感知，会得出它是一幅卓越的绘画的评价。只有将《格尔尼卡》放在立体派范畴下来感知所得出的评价，才是正确的评价。

瓦尔顿的艺术范畴与审美范畴既相似又不同。瓦尔顿所说的艺术范畴，主要是艺术风格、样式或类型范畴；审美范畴主要是情感范畴。有些艺术范畴的确立，主要建立在情感感受的基础上，这种艺术范畴与审美范畴就没有多大的区别，如悲剧、喜剧既是瓦尔顿意义上的艺术范畴，又是审美范畴。有些艺术范畴的确立，不是建立在情感感受的基础上，而是建立在技法、题材、观念等的基础上，这种艺术范畴就不是审美范畴，比如立体派就只是艺术范畴而不是审美范畴。我们通过立体派这个范畴，可以将《格尔尼卡》看作一幅好画，但不一定能够看到其中的荒诞，如果我们不熟悉荒诞这个审美范畴的话。荒诞是一种感受，立体派是一种手法，因此荒诞是一种审美范畴，立体派是一种艺术范畴。

即使瓦尔顿的艺术范畴与审美范畴不同，他的构想对于我们理解审美范畴以及它在审美欣赏和艺术创作中的意义仍然富有启发。如果我们不了解立体派这个艺术范畴，就无法欣赏《格尔尼卡》像立体几何一样的构成的精妙；如果我们不了解荒诞这个审美范畴，就看不到《格尔尼卡》中的荒诞。为了欣赏和创造艺术作品中的审美特性，就需要了解审美范畴。如果我们在进入欣赏和创造之前，有了相关范畴的理论准备，那么我们的欣赏就会变得更加中肯和深入，我们的创造就会变得更加自觉，就会展现出更大的空间。

二、审美范畴作为文化大风格的凝聚

国内美学原理教科书通常将优美、崇高、悲剧、喜剧等视为审美对象的不同

---

① Kendall Walton, "Categories of Art", *The Philosophical Review*, Vol. 79, No. 3 (1970), pp. 334－367.

属性,或者视为美的本质的不同表现形态,从而将它们归入审美形态学或者艺术形态学的范围。

审美形态学(aesthetic morphology)是门罗(Thomas Munro, 1897—1974)倡导的一种系统的艺术分类研究。1970 年,门罗出版了一本题为"艺术中的形式与风格:审美形态学导论"的著作①。由于该书研究的是艺术,并不包括作为审美对象的自然美和社会美,因此也可以称之为艺术形态学。关于艺术形态学,卡冈(M. C. KaYaн, 1921—2006)有比较清晰的界定:"形态学是关于结构的学说;……[艺术形态学]所指的不是艺术作品的结构,而是艺术世界的结构。……一方面……应该划分出艺术的类别和门类;另一方面,还应该划分每一种样式的品种,以及种类和体裁。"②显然,美学原理教科书中关于审美范畴的研究,与艺术形态学很不相同,审美范畴通常只有几个,远不如艺术分类那么复杂。

为了表述清晰,我们可以将审美形态学与艺术形态学区别开来,将审美形态学视为对审美对象的分类研究,将艺术形态学视为对艺术世界的分类研究。我们通常从时空的角度,将艺术作品分为时间型艺术、空间型艺术和时空型艺术;也有人从符号学角度,将艺术作品分为亲笔型艺术(autographic arts)和代笔型艺术(allographic arts)③。流行的审美范畴研究显然也不是这样的分类研究,因此很难称得上是审美形态学,至少不是成熟的审美形态学,因为审美范畴为数不多,根本就用不着分类,我们也没有发现任何严格的分类标准。但是,这并不表明审美形态学就没有可能。当人们探索出审美范畴的分类标准的时候,就有可能建立起真正的审美形态学。

审美范畴之所以数量有限,原因在于它们不是一般的艺术类型或风格,而是经过高度概括的文化"大风格"(Great Style)。叶朗主编的《现代美学体系》就是这样来理解美学范畴的。根据叶朗等人的看法,对美学范畴的研究"是出于人类思维要求高度简约,以抽取最普遍的特性这一基本特点。因此,审美范畴不能随意添加,无限增多,否则就变成了一般的艺术风格研究。但过去那种形而上的审美范畴研究,一般都是围绕着美的本质进行的。为了与先验的美的本质保持质的同一性,往往对诸如崇高、滑稽、悲剧、喜剧等等进行削足适履的硬性规定,而且很难覆盖艺术风格的研究"④。也就是说,以往的美学范畴研究,往往是从美

① Thomas Munro, *Form and Style: An Introduction to Aesthetic Morphology*, Cleveland, Ohio: The Press of Case Western Reserve University, 1970.

② 卡冈:《艺术形态学》,凌继尧、金亚娜译,学林出版社,2008 年,第 1—2 页。

③ 亲笔型艺术如绘画不能复制,代笔型艺术如音乐可以复制。见 Nelson Goodman, *Languages of Art*, Indianapolis: Hackett, 1976, pp. 113 - 122。

④ 叶朗主编:《现代美学体系》(第三版),北京大学出版社,2002 年,第 39 页。

的本质中推演出来的，把美学范畴看作美的本质的不同表现形态。这种方法有两个明显的缺点：首先，美的本质问题本身就是一个不太明朗的问题，将美学范畴研究建立在它的基础上只会将问题弄得更加混乱。其次，从美的本质中推导出来的美学范畴是有限的、不变的，它很难容纳不同文化、不同时代出现的具有独特个性的新的文化“大风格”。

在叶朗看来，“审美现象是一种文化现象。不同的文化圈曾经发育了自己的审美文化。每一种审美文化都有自己的独特形态。不同的审美文化之间有着因文化的价值取向、最终关切的不同而带来的重大区别。如果说，艺术风格反映了不同艺术的意象的性格，那么，审美范畴则是文化的‘基本意象’的风格”①。

不同的文化有不同的审美意象，不同的审美意象表现出不同的审美风格，这些不同的审美风格会凝结成不同的美学范畴。“如古希腊文化‘基本意象’的代表作是神庙和神的大理石雕像，它体现了‘优美’这一属于希腊文化的大风格；基督教世界的西方文化，承续希伯来的宗教，用哥特式建筑的人为的空间、光和声音代替了希伯来人在迦南的旷野里，从自然的空间、光和声音中所体会到的上帝的崇高力量。后来又创造了融合双希精神，即融合信仰与理性冲动的‘浮士德’博士形象，代表着一种新的崇高。所以，承续希伯来文化而来的西方文化的‘基本意象’，可以哥特式教堂和浮士德为代表，它们体现了‘崇高’这一文化大风格。现代西方人开始彻底怀疑理性的力量，认为恰恰是这种野心勃勃的理性使人类文明和我们的生存空间面临灭顶之灾。信仰也失落了，‘上帝死了’，人可以为所欲为。作为西方人精神支柱的信仰与理性一旦崩溃，西方人便面临一片虚无。当意义的源泉、价值的源泉不再存在时，或人们不相信它存在时，世界便变的荒谬可笑。于是便有了现代派艺术。这种现代西方文化的大风格就是‘荒诞’。从中国文化史来看，儒道两家互补，构成了华夏文化的审美复调。儒家文化的‘基本意象’的代表是乐，而且是雅乐，其风格是中和。道家文化的‘基本意象’的代表是水墨山水画，其风格是玄妙。”②

这种将美学范畴当作文化大风格来研究的方法，具有两方面明显的优越性。首先，它可以向不同文化的风格和不同时代的风尚全方位开放，不再受西方古典美学设定的美学范畴的局限。比如，我们可以添加属于现代审美风尚的荒诞和属于华夏审美风尚的中和、玄妙等等。其次，它可以赋予美学范畴研究更加丰富生动的文化内容，使美学范畴研究摆脱传统的抽象演绎造成的枯燥沉闷的局面。

在新近出版的《美学原理》中，叶朗关于审美范畴的研究有了新的进展。除

---

① 叶朗主编：《现代美学体系》(第三版)，第 39 页。
② 同上书，第 41—42 页。

了优美、崇高、悲剧、喜剧、荒诞、丑之外，叶朗也从中国美学中提炼出沉郁、飘逸和空灵三个范畴，用它们取代《现代美学体系》中说的中和与玄妙。叶朗指出：“在中国文化史上，受儒、道、释三家的影响，发育了若干在历史上影响比较大的审美意象群，形成了独特的审美形态（大风格），从而结晶成独特的审美范畴。其中，‘沉郁’体现了以儒家文化为内涵、以杜甫为代表的审美意象的大风格，‘飘逸’体现了以道家文化为内涵、以李白为代表的审美意象大风格；‘空灵’体现了以禅宗文化为内涵、以王维为代表的审美意象的大风格。”①诚然，叶朗这里的概括非常精要，抓住了儒道释三种文化中的艺术精神的精髓。不过，这种将审美范畴作为文化大风格的做法，尤其是将西方文化缩减为希腊文化和希伯来文化两种类型，将中国文化缩减为儒道释三种类型，很难公平地对待其他的文化类型，如埃及文化、印度文化、非洲文化、美洲文化以及其他众多少数民族的文化。将审美范畴从为数甚少的几种文化大风格中解放出来，不仅有助于我们平等地对待地球上的各种文化，而且有助于我们发现和预测新的风格，铸造新的范畴。

三、审美范畴作为先验情感范畴②

当代美学专门研究审美范畴的著述并不多见，因为不管将美学范畴视为美的本质的表现形态，还是视为文化大风格的结晶，它们都是有限的，都是一些具有普遍性的审美价值的体现，与当今社会崇尚文化多样性、趣味多样性的风尚相抵牾。不过也有例外，现象学美学家杜夫海纳就对这个老问题作了新的研究，并展示了审美范畴研究的崭新视野。

在杜夫海纳看来，审美范畴就是先验情感范畴。对先验情感范畴的研究可以构成一门学问，即古往今来的美学家们孜孜以求的纯粹美学。从杜夫海纳将关于情感范畴的知识归结为纯粹美学这一点来看，审美范畴研究在他心目中占有十分重要的位置。杜夫海纳的有关研究，被认为是他的美学中最引人入胜的部分③。

杜夫海纳采纳了康德哲学的思路，即世界是通过先验直观形式和先验范畴

---

① 叶朗：《美学原理》，第374页。

② 我曾经按照习惯不加区别地使用美学范畴与审美范畴，将杜夫海纳的审美范畴理论称为美学范畴理论，经过上述的概念辨析之后，杜夫海纳的理论更准确的说法应该是审美范畴理论，而非美学范畴理论。

③ Wojciech Chojna and Irena Kocol, “Mikel Dufrenne”, in David E. Cooper ed., *A Companion to Aesthetics*, p. 125.

向我们显示出来的现象。但康德所说的世界，只是知识世界。杜夫海纳所关心的是审美世界。艺术作品的审美世界是通过什么向我们显示出来的呢？杜夫海纳认为，同感性世界通过先验直观形式、知性世界通过先验知性范畴向我们显现一样，审美世界是通过先验情感范畴向我们显现的。换句话说，我们只有通过先验情感范畴，才能感受到艺术作品的审美世界。

要弄清楚杜夫海纳这一引人入胜的思想，我们必须对杜夫海纳文本中的先验、情感、范畴等概念有一个大致的了解。

要弄懂"先验情感范畴"的含义，首先要弄清楚"先验"的含义。杜夫海纳说："这种先验（指情感先验）与康德所说的感性先验和知性先验意义相同。康德的先验是一个对象被给予、被思考的条件。同样，情感先验是一个世界能被感觉的条件。"[①]由于杜夫海纳明确把情感先验的思想同康德的感性先验和知性先验相比，因此，我们有必要对康德哲学中的"先验"作些简要的说明。

我们一般把康德哲学中的 *a priori* 翻译为先天，把 transcendental 译为先验，把 transcendent 译为超验。根据翻译习惯，我们在论述康德哲学时，把 *a priori* 译为先天，在论述杜夫海纳的思想时，仍译为先验。康德主张科学知识必须是感性认识和理性认识的结合，从而认为科学知识具有两个特征：一是普遍必然性，二是给人们提供新的知识，扩大人们的认识内容。因此，科学知识是由两个因素构成的：一是先天的形式，二是后天的质料，这两个因素缺一不可。先天的概念范畴提供知识的形式，后天的感觉提供知识的质料。科学知识是用先天的形式去整理、综合和统一杂多的感觉的产物[②]。在康德哲学中，先天形式有两种：一种是先天直观形式（forms of intuition *a priori*），一种是先天知性形式（forms of understanding *a priori*）。先天直观形式即空间与时间。康德把直观当作感性认识的功能，直观也有材料和形式，把感性中作为材料的感觉、知觉等排除出去，剩下的就是感性的纯直观形式。康德认为，这种形式是先天存在于人们心中的，所以称作先天直观形式，即容受感觉知觉并把它们安排在一定位置与序列之中的纯粹空间与时间形式。先天知性形式指的是范畴表中所列的诸范畴。康德认为，知性不能直观，感性不能思维，只有当它们联合起来时才能产生知识，知性的认识功能即是把感性所接受的杂多的内容进行综合统一，使之形成有规律的、有内在联系的统一体，从而建立起知识的"对象"与"客体"。知性的这种积极的能动性表现为"判断"。"判断"这种思维活动有赖于自己提供的纯概念。这种纯概念不是感性杂多，而是纯粹形式。这种纯概念不是来自经验，因而

---

① 杜夫海纳：《审美经验现象学》，韩树站译，文化艺术出版社，1992年，第477页。
② 见张世英等著：《康德的〈纯粹理性批判〉》，北京大学出版社，1987年，第68页。

是先天的。它表现了认识活动中知性的自发能动作用①。

杜夫海纳对康德哲学中的先验的理解基本上忠于作者的本义，他说："如果我们从作为认识对象的特性而不是作为认识本身的特性出发，我们就得到以下三重规定性：首先，先验是对象中把对象构成对象的因素，因此它是构成因素。其次，先验是主体向对象开放并预先决定其感知的某种能力，亦即把主体构成主体的能力。因此，它是存在的先验。最后，先验可以成为一种认识的对象，这种认识本身也是先验。"②由于杜夫海纳把先验理解为主客体之间的本源关系，这就为从不同形式的本源关系的角度规定不同的先验提供了可能。杜夫海纳把人跟世界打交道的过程区分为三个阶段：呈现、再现和感觉。与此相应，人与世界的关系不仅是认识关系，而且有体验关系和感觉关系。正是在这里杜夫海纳与康德分手了。杜夫海纳指出："康德把与客体的关系仅仅设想为认识关系，把理性认识仅仅设想为有效的认识，从而给我们提出了一个二难推理：要么我们的思维仅仅与我们自身有关，这时，思想的主观性使思想不成其为思想，就像在'仅仅对我们有价值'的知觉判断——尤其是仅仅与感性情感（这种情感'永远不能归因于客体'）有关的知觉判断——中一样；要么我们的思想归因于客体，这时思想便成为知识，就像在经验判断中一样。这种判断由于用一个纯知性概念来归入，所以具有必然性和普遍性。但是，一种思想也许有一种在联系于客体的同时又联系于主体的方式。也就是说，它既具有主观性，又不失去客观性；它既思考一个客体，但又不排除主体。"③杜夫海纳认为，艺术作品的世界就是这样一个既是主观的又是客观的对象。为了解释这种既是主观又是客观的对象，杜夫海纳认为，康德的先验范围应该扩大。主体联系于客体有多少种方式，客体向主体显示也有多少种方式，从而也就有多少种形式的先验。杜夫海纳指出："主体至少在三个方面是构成因素：第一，在呈现阶段，通过梅洛-庞蒂所说的肉体先验，这种先验勾画出肉体自身所体验的世界的结构。第二，在再现阶段，通过那些决定对客观世界认识的可能性的先验。在这里我们又和康德相会了。第三，在感觉阶段，通过那些打开深层的我第一个体验和感觉到的一个世界的情感先验。在每个阶段，主体都呈现出一个新面貌：在呈现阶段，他是肉体；在再现阶段，他是非属人的主体；在感觉阶段他是深层的自我。……与主体的这三种态度相关联的是世界的三幅面貌。"④

由于西方语言中世界概念和构成概念的含糊性，杜夫海纳没有具体描画这

① 见张世英等著：《康德的〈纯粹理性批判〉》，第4、5讲。
② 杜夫海纳：《审美经验现象学》，韩树站译，第483页。
③ 同上书，第483—484页。
④ 同上书，第484页。

三种不同的世界面貌。倒是中国哲学中有比较成熟的关于这三种世界的说法。唐代禅师青原惟信说："老僧三十年前未参禅时，见山是山，见水是水。及至后来，亲见知识，有个入处，见山不是山，见水不是水。而今得个休歇处，依前见山只是山，见水只是水。"（《五灯会元》卷十七）这里三种不同境界的"山水"，其实就是"与主体三种态度相关联的世界的三幅面貌"：第一种境界，是与主体的肉体先验相关的世界；第二种境界，是与主体的知性先验相关的世界；第三种境界，是与主体的情感先验相关的世界。换句话说，这三种世界就是自然的世界（相当于冯友兰所说的自然境界）、日常的世界（相当于冯友兰所说的功利境界和道德境界）和审美的世界（相当于冯友兰所说的天地境界）①。

杜夫海纳不仅把情感看作与时空和范畴一样是先验的，而且认为情感先验揭示了自我与世界最隐秘、最深层、最本己的关系。同康德相比，杜夫海纳更注重先验是主客体之间的统一性，而康德则着重强调先验是主体方面的构成能力。杜夫海纳说："问题总是设想一个为主体而存在的世界，而直观世界根据萨特给意向性所下的定义，既要在意识之外，又要与意识有关。这就是先验的统一性在前两方面所表现的东西。这个统一性……问题，康德也许没有准确地提出来，因为他在不知不觉中受了唯心主义的影响，对先验的主观方面格外重视，认为客体中的先验只不过是构成能力在主体中的反映。但无论如何这对审美经验所揭示的那种情感先验来说，却是一个问题。"②在这里，杜夫海纳明确地把先验理解为主客体之间的一种意向性关系，并且认为，这种意义上的先验在审美经验中表现得尤其突出，也就是说，如果不把先验理解为主客体之间的意向性关系，我们就无法理解审美经验的构成。

在大致澄清了先验概念的含义之后，让我们来看看情感概念在杜夫海纳那里又有什么特殊的含义。我们一般把情感理解为喜怒哀乐等主观心理活动。杜夫海纳反对这种理解，认为情感既是主体的某种态度，又是对象的某种结构，也就是说，情感是主客体之间某种相契合的东西。按照这种理解，情感同先验在表示主客体之间的契合关系上具有同样的含义。所以杜夫海纳反对把情感理解为揭示先验的手段，而认为先验本身就具有情感性质。杜夫海纳说："情感在这里不是仅仅作为揭示先验的手段来引用。先验本身具有情感性质，正如知性的先验具有理性性质一样。而且这第一点可以引出第二点。感觉因为是情感的，所

---

① 冯友兰的境界说，见冯友兰《新原人》第三、四、五、六、七章，载冯友兰：《贞元六书》下，华东师范大学出版，1996年，第552—649页。见本书第十五章有关论述。

② 杜夫海纳：《审美经验现象学》，韩树站译，第485页。

以它的特点就是认识情感，而这种情感乃是对象的第一特征。”①“我简直可以说情感性不完全在我身上而是在对象身上。感觉就是感到一种情感，这种情感不是作为我的存在状态而是作为对象的存在属性来感受的。情感在我身上只是对对象身上的某种情感结构的反应。反过来说，这种结构证明对象是为一个主体而存在的，它不能归结为任何人存在的那种客观现实。因为在对象身上有某种东西只有当主体向对象开放时通过一种交感才能被认识。所以，用情感修饰的对象在一定范围内自身就是主体，而不再单纯是对象或一种非属人的关联物。各种情感性质都意味着某种自身与自身的关系，即把自身构成整体——我们倒愿意说是自己感动自己——而不是从外部被泛泛地确定的一种方式。因此，每个审美对象的特殊气氛化成的情感特质都用拟人法来表示：博希的可怕、莫扎特的欢乐、麦克白的悲惨和福克纳的嘲讽既表示主体的某种态度，又表示对象的某种结构。归根结蒂，这是因为这种态度和这种结构是相辅相成的。”②

在弄清先验和情感各自的含义之后，我们对情感先验的基本含义也就有了基本的理解。情感先验即主体与客体之间的一种本源性的情感关系。它与康德哲学中的先天直观形式和先天知性范畴不同，康德哲学中的先天形式只是主体对客体的规定，即所谓人为自然立法，而杜夫海纳的情感先验是对主客体的双重规定，一方面规定主体的存在态度，另一方面规定对象的内在结构。形象一点说，情感先验如同主体与客体之间的一张网，透过这张网，主体和客体交织为不可分割的整体。

总之，在杜夫海纳看来，主体与客体、人与世界之间有一种本源性的情感关联，体现出相同的情感特质。比如，欢快既是莫扎特的情感特质，又是他的音乐的情感特质，因此我们可以用欢快来描述莫扎特的音乐和莫扎特本人。任何人与他的世界都有一种独特的情感特质，只不过有些能够被我们认识到、能够用语言来描述，有些则无法用语言来描述，甚至根本就没有被我们识别出来。当一种情感特质上升到知识水平的时候，也就是被我们认识和描述的时候，它就成了情感范畴。杜夫海纳说：“感觉在向我们揭示情感先验之前，我们必须对这些先验有所认识，正如我们在几何学产生以前就认识空间一样。我们之所以能够感觉拉辛的悲、贝多芬的哀婉或巴赫的开朗，那是因为在任何感觉之前，我们对悲、哀婉或开朗已有所认识，也就是说，对今后我们应该称作情感范畴的东西有所认识。这些情感范畴与情感特质的关系相当于一般与特殊、对先验的认识与先验

① 杜夫海纳：《审美经验现象学》，韩树站译，第480页。
② 同上书，第481页。

的关系。"①杜夫海纳坚持情感范畴也是先验的,也就是说,情感范畴不是通过对各种各样的情感经验的归纳所得到的;相反,情感范畴和对情感范畴的知识是情感经验的基础。杜夫海纳说:"如果不是借助情感范畴,如果这个情感范畴不是我已经有所认识的,我又怎能发现情感特质呢? ……康德说,如果空间和时间不是先验地给予的,我怎样感知时空对象又怎样知道一切都是时空对象呢? 同样,如果我对不是来自思考而是先验的表现物没有先知,我怎么读解表现并相信表现是可能的呢?"②总之,在杜夫海纳看来,情感范畴是一种先验,并且我们对先验的情感范畴具有一定的知识。

杜夫海纳这里所说的情感范畴,就是我们美学原理中所说的审美范畴。杜夫海纳明确地说:"这些研究涉及的东西(即情感范畴)有时称为审美范畴,有时称为审美类型,有时称为审美价值,如美、崇高、漂亮、雅致,等等(而这个经常使用的'等等'就足以表明思考的局限性。思考由于无法列出准确的审美价值表,往往满足于把审美价值同其他价值进行比较)。这就是我们所说的'情感范畴'。我觉得这个名字最为贴切。"③杜夫海纳反对用价值来指称情感范畴,因为"滑稽、漂亮、珍贵是现实——一个主体的态度和一个世界的特征,它们不是价值"④。从世界方面来说,情感范畴是世界的基本特征,是作品的客观结构,它决定了作品的展开方式。从主体方面来说,"情感范畴表示向一个世界自我开放的某种方式,即某种'感':我们有一种悲感或滑稽感,就像有鼻感或手感一样"⑤。杜夫海纳进一步强调,情感范畴是主体的一个可能的结构,是人的范畴,它们表示一个人在与自己感受的世界的关系中所持的根本态度⑥。

杜夫海纳一方面说情感范畴是无从把握、不可认识的,另一方面又说我们可以有对情感范畴的知识,这显然是一种自相矛盾的说法。如果不对知识的含义进行甄别,我们就无法摆脱这个矛盾。杜夫海纳说:"什么是肉体先验、智力先验或情感先验,这一点我们总是早已知道的,并依靠这种早于任何学问的学问而生活。我们在所有经验之前认识这些先验。这种认识即使起作用,仍然可能看不出来。但当这种认识明朗化时,它便表现为我们不得不接受的命题。是的,即使这些先验像我们以上所说的情感先验那样无法加以说明,它们仍然是被认识的,而且是正确无误地被认识的。"⑦按照杜夫海纳的观点,这种

① 杜夫海纳:《审美经验现象学》,韩树站译,第504页。
② 同上书,第509—510页。
③ 同上书,第505页。
④ 同上书,第506页。
⑤ 同上书,第514页。
⑥ 同上书,第515页。
⑦ 杜夫海纳:《审美经验现象学》,韩树站译,第503页。

先于经验的“知”不是一般意义上的知，而是一种“先知”。杜夫海纳强调，这种先知既不是出于经验，但又直接内在于感觉，是感觉的灵魂。杜夫海纳说：“先知不掩盖感觉，也不冲淡审美对象中那独一无二的东西，亦即我感到的、但无法完全说清楚的那种独特的细微差别。根据这种细微差别，戈列柯的苦涩的热情不是拉斐尔的明朗的热情，福莱的《四重奏》的颤抖的纯洁不是弗兰克的《F小调五重奏》的猛烈的纯洁。但是，热情或纯洁恰恰必须作为情感范畴被我们认识，我们才能感到这些细微差别的独特性。所有知不是在感之后。知不是对感的一种思考。感觉立刻是有智性的。……情感范畴就存在于感觉之中。这些范畴构成的知是有感觉能力的深层的我的装备的一部分。感觉使这种知复活；这种知使感觉具有智力。”①由此可以看出，这里所说的知是一种特殊类型的、前概念的、潜在的“知”。

尽管对情感范畴的知不是一般抽象意义上的知，但情感范畴仍然是一般性的(既然是一种范畴)。现在的问题是，一般怎样应用于独特，独特又怎样在我们身上提示那个阐明独特的一般呢？或者说，我们怎样通过一般范畴认识独特作品、通过观念认识具体事实呢？杜夫海纳回答说：“范畴之所以能用于独特，因为它既是一般的又是独特的。作为知，它是一般的；作为我所是的知，它是独特的。”②也就是说，一般的人性和秉有一般人性的我的独特存在是密不可分的。杜夫海纳最终正是从人性的普遍性和个体生命的独特性的辩证关系，来阐明情感范畴的有效性的。

通过上述梳理，我们已经明白了情感范畴存在的事实性、有效性和与之相关的一种特殊的知识形式。在杜夫海纳看来，只要我们弄清了所有的情感范畴，我们就掌握了审美的所有可能性，就掌握了艺术作品的所有风格。杜夫海纳将有关情感范畴的研究称之为纯粹美学。但是，杜夫海纳承认，纯粹美学只是一个美好的愿望，在事实上“一种纯粹美学不可能最终构成”③。杜夫海纳列出了两方面的原因。首先，从认识对象方面来说，人的一种先验不能像自然的一种先验那样抽象、那样确定，因为人这种生物不是根据几个基本方面来确定，而是根据他所认为的多种情景来确定的，因而情感范畴作为人性范畴比自然范畴更加具体，它们的数量是无限的。“像人的态度一样，使我们能理解这些态度的情感范畴是暗中被认识的，但我们却无法加以具体说明或列举出来。一切都像是我们对人性只有一种不完整的知识，尽管我们自身潜在地带有这种知识。如若不然，我们

---

① 同上书，第510页。
② 同上书，第522页。
③ 同上书，第529页。

就会把人类当作物品来认识,把世界当作自然来认识。"[1]其次,从认识主体方面来说,情感范畴是我们的前理解,我们的先知,我们使用它,知其然而不知其所以然。它就像我们身上的一种习性,一种先验鉴赏力。它可以进行评价、选择、认识,唯独不能认识自己[2]。

杜夫海纳之所以得出"一种纯粹美学不可能最终构成"的结论,还在于他充分考虑到了审美经验的历史性,也可以说是艺术的历史性和主体意识的历史性。由于审美经验具有历史性,因此,总还有一些情感范畴没有通过审美经验或艺术作品呈现给我们的意识,或者说,潜在于深层自我中的情感范畴还没有得到审美经验的激活而显现出来。由此,我们就不可能列出一个完整的情感范畴表来。但是,杜夫海纳并不否认寻找情感范畴的努力是合情合理的和有益的。因为只有通过有意识的寻找,通过自觉的反思,那些潜在的,同时又被审美经验激活的情感范畴,才会清晰地显示出来,并因此深化我们的审美经验,丰富我们的情感生活。

总之,杜夫海纳围绕情感先验问题的讨论得出了这样一些值得重视的结论:(1) 审美经验中的主客体交融合一的现象是先验地设定了的,人和世界在根本上具有一个相同的先验,也就是说,主客体的合一先于主客体的二分。(2) 这个相同的先验是情感先验,由此决定人与世界是在一种感觉中、在一种情感状态中交融合一的。(3) 情感先验和由此引起的感觉揭示了自我深处最隐秘的东西。也就是说,在由情感先验设定的审美经验中,人和世界都是其本真的显现。(4) 我们对情感先验和情感范畴只有一种只知其然不知其所以然的前理解,而不能有一种像自然科学一样的精确知识,情感范畴只有在人类的审美经验史中、在人性史中不断显现,而不能在我们的思考中全部显现,由此情感范畴只能是审美经验的体验对象(如果可以说它们是对象的话),而不能成为美学思想的思考对象,纯粹美学的设想是不可能实现的。(5) 同过去美学体系中审美范畴的有限性不同,情感范畴是无限的,这就为审美风格的多元化找到了理论基础。任何一种情感范畴,只要它能够显示自我和世界的深层结构,我们就都可以称之为美的。与此相应,美就不是具有某种特定风格的事物,审美就不是对具有某种特定风格的东西的认识,美和审美其实指的是一个东西,即自我和事物在某种情感状态中的本真的交融合一。

---

① 杜夫海纳:《审美经验现象学》,韩树站译,第 527 页。
② 同上书,第 527—528 页。

四、不同的“二十四”

美学原理教科书中审美范畴通常只有为数不多的几个，优美、崇高、悲剧、喜剧被讨论得最多，也有人讨论滑稽、幽默、讽刺、荒诞和丑。叶朗率先将中国传统美学中的审美范畴纳入美学原理之中，早先有中和、玄妙，后来有沉郁、飘逸和空灵。杜夫海纳在讨论审美范畴的时候，借用雷蒙·巴耶的研究成果，列出了一个范畴表。在这个范畴表中，有二十四个范畴：美、尊贵、夸张、盛大、崇高、抒情、哀婉、英勇、悲、壮烈、动人、惊人、滑稽、讽刺、嘲弄、讥笑、喜、诙谐、离奇、秀丽、漂亮、优雅、诗意、哀伤①。当然，如同杜夫海纳指出的那样，作为情感范畴的审美范畴可能不止二十四个。没有人能够从逻辑上分析清楚我们究竟有多少审美范畴，只有在审美实践中展现出来之后，我们才知道究竟有哪些审美范畴。尽管杜夫海纳并没有给我们一个完整的情感范畴表，就像化学元素周期表那样，而且杜夫海纳已经指出根本就不可能有一个封闭的情感范畴表，但是，杜夫海纳所列举的二十四个范畴将我们关于审美范畴的认识打开了，我们完全可以根据与它们的相似性而增添新的成员。

无独有偶，在中国美学史上，也有不少跟审美范畴有关的论述，而且巧合的是有不少论述也仅列举二十四个范畴。比如传为唐代诗论家司空图所著的《二十四诗品》就列举了二十四个美学范畴：雄浑、冲淡、纤秾、沉着、高古、典雅、洗炼、劲健、绮丽、自然、含蓄、豪放、精神、缜密、疏野、清奇、委曲、实境、悲慨、形容、超诣、飘逸、旷达、流动②。明代音乐美学家徐上瀛著有《溪山琴况》，讨论了二十四个与琴有关的审美范畴：和、静、清、远、古、澹、恬、逸、雅、丽、亮、采、洁、润、圆、坚、宏、细、溜、健、轻、重、迟、速③。清代画论家黄钺著有《二十四画品》，讨论了二十四个与绘画有关的审美范畴：气韵、神妙、高古、苍润、沉雄、冲和、淡远、朴拙、超脱、奇僻、纵横、淋漓、荒寒、清旷、性灵、圆浑、幽邃、明净、健拔、简洁、精谨、俊爽、空灵、韶秀④。清代书论家杨曾景著有《二十四书品》，讨论了二十四个与书法有关的审美范畴：神韵、古雅、潇洒、雄肆、名贵、摆脱、遒炼、峭拔、精严、松秀、浑含、澹逸、工细、变化、流利、顿挫、飞舞、超迈、瘦硬、圆厚、奇险、停匀、宽

---

① 杜夫海纳：《审美经验现象学》，韩树站译，第 508 页。

② 司空图：《诗品二十四则》，载叶朗总主编：《中国历代美学文库·隋唐五代卷》下，高等教育出版社，2003 年，第 420—434 页。

③ 徐上瀛：《溪山琴况》，载叶朗总主编：《中国历代美学文库·明代卷》下，第 266—274 页。

④ 黄钺：《二十四画品》，载叶朗总主编：《中国历代美学文库·清代卷》下，第 219—224 页。

博、妩媚①。

当然,尽管中西美学家们在讨论审美范畴时都列举二十四个,这并不表明审美范畴只限于二十四个。事实上,不同类型的艺术,有不同的审美范畴与之相适应,它们在数量上也可能会不太一致。随着历史的发展,一些审美范畴可能因为不能适应时代的要求而遭到淘汰,一些新的审美范畴会因为顺应时代要求而确立起来。我们不能从逻辑上分析出所有的审美范畴,我们只能通过对历史的追溯最大限度地掌握审美范畴。掌握审美范畴越多的人,对艺术作品鉴赏越深,从艺术作品中欣赏到的内容越多。一般来说,批评家就是掌握审美范畴最多的人,因此他们比一般公众对艺术作品更有鉴赏力,在一定程度上扮演了鉴赏力的标准的角色。与批评家不同,艺术家不一定占有最多的审美范畴,但艺术家往往能用作品创造或启示新的审美范畴。美学理论的学习,既有助于批评家掌握更多的审美范畴,也有助于艺术家创造更新的审美范畴。

思考题

1. 审美范畴与美学范畴有何区别?
2. 你同意将审美范畴视为文化大风格的凝聚吗?
3. 你同意将审美范畴视为情感范畴吗?
4. 为什么杜夫海纳说纯粹美学是不可能的?

推荐书目

伯克:《崇高与美:伯克美学论文选》,李善庆译,上海三联书店,1990年。
叶朗:《美学原理》,北京大学出版社,2009年。
杜夫海纳:《审美经验现象学》,韩树站译,文化艺术出版社,1992年。

① 楊曾景:《二十四书品》,载叶朗总主编:《中国历代美学文库·清代卷》下,第226—231页。

第十五章　审美教育

本章内容提要：审美教育或美育，既是一个美学概念，也是一个教育学概念。作为美学概念，美育更多地侧重于教育内容的不同；作为教育学概念，美育更多地侧重于教育形式的有别。本章力求兼顾这两种美育概念，从完人教育、形式教育、情感教育、态度教育、境界教育等方面，阐发美育的含义。

我们经常用到审美教育或美育这个概念，但这个概念的含义是相当模糊的。韦兹称其为“不可定义的概念”，提醒我们避免陷入“定义的神话”之中。在韦兹看来，“审美教育”(aesthetic education)既不同于“审美”(aesthetic)，也不同于“教育”(education)。“审美”和“教育”这两个概念都有自己的历史，在历史的上下文中得到了较好的界定。但是，将二者合在一起的“审美教育”就不同了，“它没有历史，一些人不久前才引入这个概念，将它作为一个满足某种特定需要的术语，去纠正某种缺陷，他们感到这种缺陷正在威胁孩子教育成长的整体”。总之，“审美教育”这个概念的提出，针对的是“缺少对艺术在孩子的正规教育中的重要性和全部潜力的认识”。通过提倡美育，一些美学家和教育学家确信：“这种缺陷必须得到弥补，这种需要必须得到满足，对于艺术重要性的认可，对于审美作为早期教育的有机组成部分而不是边角配料的认可，应该让所有人知道和分享。”[①]尽管韦兹是个美学家，他这里所说的审美教育，主要是一个教育学概念。因为如果就美学概念来说，席勒早在18世纪末就提出了审美教育概念，并且对它有详细的阐述。对于美学家韦兹来说，不可能没有接触到席勒的思想。因此，我们只能说，韦兹这里所说的“审美教育”不是一个纯粹的美学概念，而是一个教育学概念，或者是一个混杂了美学与教育学的概念。我们今天使用的美育概念，

---

① Morris Weitz, “What is Aesthetic Education?” *Educational Theatre Journal*, Vol. 24, No. 1, 1972, p. 2.

在多数情况下都是这种混杂概念。蔡元培当年提倡美育的时候，也兼顾了美学和教育学两方面的含义。蔡元培不仅是美学家，而且是教育家，在他心目中美育不仅是一种美学理论，而且是一种教育实践。对于美育概念来说，打破教育学与美学之间的分隔，也许是一种最好的选择；但是，我们不能忽略这种区分的存在，尤其是当我们试图发展出一种相对完善的美育理论的时候，就更需要先做概念澄清的工作。

一、概念辨析

由于“审美”是自由的，而“教育”总是带有一定程度的强制性，因此有人认为“‘审美教育’这种说法在用语上是矛盾的”①。但是，如果不将“自由”与“强制”绝对对立起来，我们就会发现它们并不是完全不可调和的。也许审美教育的目的，正是克服或者调和自由与必然之间的矛盾。如果没有自由与必然之间的矛盾和张力，审美教育反而会失去根据。因此，尽管“审美教育”这种说法可能内含矛盾，但并不影响它是一个正当的美学和教育学概念。

为了澄清美育概念的含义，让我们先对教育做一个图谱(spectrum)分析，在教育的整个系统中来确定美育的位置。维勒曼(Francis T. Villemain, 1919—1992)曾经提出了一个图谱框架，将所有的教育科目区分为三种类型：品质优势(qualitative predominance)的教育科目、理论优势(theoretical predominance)的教育科目，以及知识与品质互惠(reciprocity)的教育科目②。所谓“品质优势”的教育科目，包括绘画、音乐、舞蹈等各种形式的艺术教育，在这些教育科目中，品质教育和能力教育占据主导地位，知识教育和理论教育处于次要地位。所谓“理论优势”的教育科目，包括自然科学、社会科学以及诸如哲学和历史学之类的人文学科，在这些教育科目中，知识教育和理论教育占据主导地位，品质教育和能力教育处于次要地位。所谓互惠的教育科目，指的是介于二者之间的教育科目，比如建筑、设计、电影等等，在这些教育科目中，知识教育、理论教育与品质教育和能力教育处于同等重要的位置。

广义的审美教育，可以指“所有教育中的一个方面”③。这种广义的审美教

① Francis T. Villemain, "Toward a Conception of Aesthetic Education", *Studies in Art Education*, Vol. 8, No. 1, 1966, p. 24.
② 同上书，第28—29页。
③ 同上书，第30页。

育，在理论优势的教育科目中最难实施。比如，要在物理、化学、数学等科目的教育中实施审美教育，不是一件容易的事情。在这些理论优势的教育科目中，如果一位教师能够很好地实施品质教育，那么学生就能够更好地掌握相应的知识。因此，理论优势的教育科目中的审美教育，要更加注重品质教育和能力教育。与此相反，在品质优势的教育科目中，如果一个教师能够很好地实施知识教育和理论教育，那么学生就能够更好地掌握相应的品质和能力。比如，在绘画教育中，如果一个教师能够很好地讲解诸如材料、技法、对象构造等方面的科学知识和历史学知识，能够很好地从理论上讲清楚与艺术有关的概念和范畴，就有助于学生欣赏绘画的美的品质，有助于学生创作出品质优美的作品。因此，品质优势的教育科目中的审美教育，要更加注重知识教育和理论教育。对于那种互惠的教育科目来说，这两个方面应该得到同等的重视。这种意义上的审美教育，实际上相当于如何更好地组织教育实施和达到教育目的，我们可以称之为"教育美学"(educational aesthetics)。我们所说的审美教育或者美育，在最宽泛的意义上可以包括这种教育美学，但其核心内容不是这种教育美学，审美教育不能等同于教育美学。

狭义的审美教育，主要指品质教育。由于艺术教育的主要内容是品质教育，因此狭义的审美教育可以等同于艺术教育(art education)。许多教育家都将美育落实为艺术教育。比如，在蔡元培构想的美育中，艺术教育扮演了重要角色。蔡元培有一段这样的回忆："我本来很注意于美育的，北大有美学及美术史教课，除中国美术史由叶浩吾君讲授外，没有人肯讲美学，十年，我讲了十余次……至于美育的设备，曾设书法研究会，请沈尹默、马叔平诸君主持。设画法研究会，请贺履之、汤定之诸君教授国画；比国楷次君教授油画。设音乐研究会，请萧友梅君主持。均听学生自由选习。"[①]从蔡元培的回忆中可以看到，他所构想的美育既包括美学和美术史等理论优势的科目，也包括书法、绘画、音乐等品质优势的科目。

即使是美学和美术史这种理论优势的科目，在蔡元培的眼里似乎也以品质教育为主，因为它们更接近作品欣赏，而不是哲学理论和历史知识。蔡元培因足疾停课之后，请青年画家刘海粟(1896—1994)代了一段时间美学课。刘海粟为上美学课的事曾请教蔡元培。蔡元培对他说："你的画笔会说话的。我不会画，都在讲美学，你遇到说不清楚的时候，可以用画笔来说，画给他们看也很好。"[②]

---

① 蔡元培：《我在北京大学的经历》，载《蔡元培美学文选》，北京大学出版社，1983年，第206页。
② 刘海粟：《忆蔡元培先生》，载《蔡元培纪念集》，中国蔡元培研究会编，浙江教育出版社，1998年，第208—209页。

从蔡元培对刘海粟的告诫中可以看到，他理解的美学实际上更接近美术赏识。

从另外一个细节也可以看出，蔡元培倡导的美育实际上被理解成了艺术教育。蔡元培曾经写了一篇题为“文化运动不要忘了美育”的文章[①]，到了林风眠(1900—1991)那里，题目中的“美育”变成了“美术”。在1927年《致全国艺术界书》中，林风眠慷慨激昂地说：“九年前中国有个轰动人间的大运动，那便是一班思想家、文学家所领导的‘五四’运动。这个运动的伟大，一直影响到现在；现在无论从哪一方面讲，中国在科学上、文学上的一点进步，非推功于‘五四’运动不可！但在这个运动中，虽有蔡孑民先生郑重的告诫：‘文化运动不要忘了美术’，但这项曾在西洋文化史上占得了不得地位的艺术，到底被‘五四’运动忘掉了；现在，无论从哪一方面讲，中国社会人心间的感情的破裂，又非归罪于‘五四’运动忘了艺术的缺点不可！”因此林风眠呼吁：“全国的艺术界同志们，我们的艺术呢？我们的艺术界呢？起来吧，团结起来吧？艺术在意大利的文艺复兴中占了第一把交椅，我们也应把中国的文艺复兴中的主位，拿给艺术坐！”[②]从林风眠的这种主张可以看出，蔡元培提倡的美育实际上就是美术教育或者艺术教育。

如果将审美教育理解为艺术教育，有可能导致两方面的弊端：一方面会局限审美教育的范围，另一方面会误解审美教育的性质。首先，将审美教育理解为艺术教育，会局限审美教育的范围。今天所谓的艺术，主要指美的艺术；工艺美术、民间艺术、设计艺术、大众艺术等都很难包括在内，更不用说自然美和日常生活中的美的事物了。尽管艺术教育在审美教育中扮演了重要的角色，但不应该因此就将其他领域中可能存在的审美教育排除在外。事实上，蔡元培构想的美育，并不局限在美的艺术的范围之内，而是渗透到了社会生活的各个方面，包括胎教、幼儿教育和一般的社会环境如道路、建筑、公园乃至公墓的美化等各个方面。审美教育也不局限于学校教育，还包括家庭教育和社会教育[③]。如果将审美教育仅仅理解为艺术教育，就会大大缩小它的实施范围。

其次，将审美教育理解为艺术教育，会误解审美教育的性质。现代艺术教育在很大程度上是职业教育或者专业教育，而审美教育更多地指的是素质教育。作为职业教育或者专业教育的艺术教育，有些部分与作为素质教育的审美教育相似，有些部分则完全不同。这里的区别，就像作为职业教育或者专业教育的体育教育，与作为素质教育的全民健身之间的区别一样。作为职业教育或者专业教育的艺术教育，更加重视技巧的训练，作为素质教育的审美教育，更加重视趣

---

① 蔡元培：《文化运动不要忘了美育》，载《蔡元培美学文选》，第83页。
② 林风眠：《艺术丛论》，正中书局，1936年，第44页。
③ 蔡元培：《蔡元培美学文选》，第154—159页。

味的培养。托尔斯泰曾经谈到两种艺术教育的区别:"在未来的艺术中不但不要求有复杂的技术(这种技术使当代的艺术作品变得丑陋不堪,并须花费很多时间和紧张训练来获得),相反地,要求清楚、简明、紧凑,这些条件并不是靠机械的练习能够获得的,而是要靠趣味的培养来获得。"①作为职业教育或专业教育的艺术教育,重视"机械的练习";作为审美教育的艺术教育,重视"趣味的培养"。

由此看来,尽管审美教育与教育美学和艺术教育有密切的关系,甚至有许多交叉重叠的地方,但不能将审美教育等同于教育美学或艺术教育,审美教育有自己独特的规定性,对此,我们将从下面几个不同的方面来理解。

二、审美教育作为完人教育

尽管从教育学和美学的角度对美育的系统研究起步较晚,但是对美育的重视有非常悠久的历史。《论语·阳货》记载孔子谈到《诗》的教育功能时说:"……《诗》可以兴,可以观,可以群,可以怨;迩之事父,远之事君;多识于鸟兽草木之名。"《荀子·乐论》谈到乐的教育功能时说:"夫声乐之入人也深,其化人也速";"乐者圣人之乐也,而可以善民心。其感人深,其移风易俗易"。柏拉图在《理想国》中讨论到绘画和音乐的教育功能。尽管柏拉图主张将诗人逐出理想国,但这并不表明他不重视艺术的教育功用。在《理想国》中,有一段苏格拉底(简称"苏")与格罗康(简称"格")之间的对话:

苏:……我们不是应该寻找一些有本领的艺术家,把自然的优美方面描绘出来,使我们的青年们像住在风和日暖的地带一样,四围一切都对健康有益,天天耳濡目染于优美的作品,像从一种清幽境界呼吸一阵清风,来呼吸它们的好影响,使他们不知不觉地从小就培养起对于美的爱好,并且培养起融美于心灵的习惯?

格:是的,没有哪种教育方式能比你说的更好。

苏:格罗康,音乐教育比起其他教育都重要得多,是不是有这些理由?头一层,节奏与乐调有最强烈的力量浸入心灵的最深处,如果教育的方式适合,它们就会拿美来浸润心灵,使它也就因而美化;如果没有这种适合的教育,心灵就因而丑化。其次,受过这种良好的音乐教育的人可以很敏捷地看出一切艺术作品

① 托尔斯泰:《什么是艺术?》,丰陈宝译,载《列夫·托尔斯泰文集》第十四卷,人民文学出版社,1992年,第308页。

和自然界事物的丑陋，很正确地加以厌恶；但是一看到美的东西，他就会赞赏它们，很快乐地把它们吸收到心灵里，作为滋养，因此自己性格也变成高尚优美。他从理智还没有发达的幼年时期，对于美丑就有这样正确的好恶，到了理智发达之后，他就亲密地接近理智，把她当作一个老朋友看待，因为他的过去音乐教育已经让他和她很熟悉了。

格：音乐教育确实有这些功用。

……

苏：对于有眼睛能看的人来说，最美的境界是不是心灵的优美与身体的优美谐和一致，融成一个整体？

格：那当然是最美的。

苏：最美的是否也就是最可爱的？

格：当然。

苏：那么，真正懂音乐的人就会热烈地钟爱这样身心谐和的人们，不爱没有这种谐和的人们。①

从这段对话中可以看出，苏格拉底说的音乐教育是审美教育而不是职业教育，目的是让“心灵的优美与身体的优美谐和一致”，让人的身心获得全面发展。我们将这种意义上的美育称之为完人教育。这种意义上的美育，在席勒那里得到了详细的阐述。

席勒自己既是诗人又是哲学家。在一般情况下，这两方面是相互冲突的。席勒也不例外，他经常处于一种矛盾之中②。但是，在一种理想状态下，这两个方面的矛盾是能够得到调和的。席勒认为，古希腊人就生活在这种理想状态：“他们既有丰富的形式，同时又有丰富的内容，既善于哲学思考，又长于形象创造，既温柔又刚毅，他们把想象的青春性和理性的成年性结合在一个完美的人性里。”③进入现代社会之中，古希腊人的那种完整的、统一的生活形式分裂了：

国家与教会，法律与道德习俗都分裂开来了；享受与劳动，手段与目的，努力与报酬都彼此脱节。人永远被束缚在整体的一个孤零零的小碎片上，人自己也只好把自己造就成一个碎片。他的耳朵听到的永远只是他推动的那个齿轮发出的单调乏味的嘈杂声，他永远不能发展他的本质的和谐。他不是把人性印在他的天性上，而是仅仅变成他的职业和他的专门知识的标志。即使有一些微末的

① 柏拉图：《文艺对话集》，朱光潜译，人民文学出版社，1963年，第62—64页。

② 见本书第八章第一节有关论述。

③ 席勒：《审美教育书简》，冯至、范大灿译，北京大学出版社，1985年，第28页。

残缺不全的断片把一个个部分联结到整体上,这些断片所依靠的形式也不是自主地产生的(因为谁会相信一架精巧的和怕见阳光的钟表会有形式的自由?),而是由一个把人的自由的审视力束缚得死死的公式无情地严格规定的。死的字母代替了活的知解力,训练有素的记忆力所起的指导作用比天才和感受所起的作用更为可靠。①

审美教育的目的,就是将分裂开来的现代人的生活恢复成为有机统一的古希腊人的生活。为此,席勒从哲学上做了一番论证,提出了感性冲动、理性冲动(或者形式冲动)和游戏冲动三个重要概念。所谓感性冲动,就是要求获得具体的存在,将潜能变成现实,让理性形式获得感性内容;与此相反,理性冲动是要求赋予感性内容以理性形式,让杂多的感性内容获得统一的理性形式。这两种冲动是冲突的,协调这种冲突的冲动就是游戏冲动。游戏与强制对立。无论是感性冲动还是理性冲动,都会存在某种强制,只有游戏冲动才能扬弃强制。席勒说:"感性冲动要从它的主体中排斥一切自我活动和自由,形式冲动要从它的主体中排斥一切依附性和受动。但是,排斥自由是物质的必然,排斥受动是精神的必然。因此,两个冲动都必须强制人心,一个通过自然法则,一个通过精神法则。当两个冲动在游戏中结合在一起时,游戏冲动就同时从精神方面和物质方面强制人心,而且因为游戏冲动扬弃了一切偶然性,因而也就扬弃了强制,使人在精神方面和物质方面都得到自由。"②由此可见,分裂了的感性冲动和理性冲动,在游戏冲动中达成了和谐。在游戏冲动中,人由分裂状态恢复成为完整状态。在席勒那里,游戏冲动就是审美冲动,因此可以说审美教育成了人恢复完整状态的必由之路。

正是通过对席勒的解读,叶朗强调审美教育是完人教育:"我们经常说,美育是为了追求人的全面发展。这样说当然是对的。但是这里说的'全面发展',不是知识论意义上的,不是指知识的全面发展。美育当然可以使人获得更多的知识,特别是可以使人在科学的、技术的知识之外更多地获得人文的、艺术的知识,但这不是美育的根本目的。美育的根本目的是使人去追求人性的完满,也就是学会体验人生,使自己感受到一个有意味的、有情趣的人生,对人生产生无限的爱恋、无限的喜悦,从而使自己的精神境界得到升华。从这个意义上来理解'人的全面发展',才符合美育的根本性质。"③

① 席勒:《审美教育书简》,冯至、范大灿译,第 30 页。
② 同上书,第 74 页。
③ 叶朗:《美学原理》,北京大学出版社,2009 年,第 406 页。

三、从“负的方法”看审美教育

在维勒曼的教育图谱中，理论优势的教育科目与品质优势的教育科目处于两端，中间是二者互惠的教育科目。尽管维勒曼认为审美教育可以体现在所有教育科目之中，成为一种普遍的教育美学，但是他心目中的审美教育主要指的是艺术教育，属于品质优势的教育科目。与维勒曼不同，我们没有将审美教育与艺术教育简单地等同起来，而是强调它们在性质和范围上都有所区别。现在，让我们做进一步的分析，以便更好地凸显审美教育的特质。

一般说来，理论优势的教育科目重视知识教育，品质优势的教育科目重视能力教育，介于二者之间的互惠教育科目兼顾知识和能力两个方面。尽管审美教育涉及知识教育和能力教育，尤其特别强调二者之间的平衡，但是审美教育既不能等同于知识教育，也不能等同于能力教育，也不能等同于知识能力平衡的教育。审美教育是一种态度教育。

我们在第三章讨论审美经验的时候，特别分析了一种关于审美经验的态度理论。审美经验的态度理论在 18 世纪初由英国美学家莎夫茨伯利确立起来，经过哈奇森、艾利森、康德、布洛等人的发展，成为现代美学的核心理论。根据审美经验的态度理论，是否获得审美经验的关键，不在对象的美丑，而在主体是否保持一种恰当的态度，即审美态度。审美态度可以说是一种“无态度”的态度，用康德的术语来说，它摒弃了功利、概念、目的，用艾利森的术语来说，它是一种“空灵闲逸”的心灵状态。因此，审美态度的获得，既不是知识教育的结果，也不是能力教育的结果，还不是知识能力协调教育的结果。审美态度的获得，类似于“为道”，而不是“为学”。《老子》第四十八章记载：“为学日益，为道日损。损之又损，以至于无为，无为而无不为。”由此可见，“为道”与“为学”的方法完全不同。无论是理论优势的教育科目，品质优势的教育科目，还是二者互惠的教育科目，在总体上都属于“为学”的范围，与作为态度教育的审美教育不同。审美教育的主要目的不是“为学”，而是“为道”，因此我们说审美在根本上是一种“还原”①，不是增加知识或能力，而是复归一种本真的生存状态。

冯友兰（1895—1990）在讨论形上学的方法时提到的“负的方法”，有助于我们理解作为态度教育的审美教育。冯友兰说：“真正形上学的方法有两种：一种

① 参见本书第二章、第三章、第九章、第十章有关论述。

是正的方法；一种是负的方法。正的方法是以逻辑分析法讲形上学。负的方法是讲形上学不能讲，讲形上学不能讲，亦是一种讲形上学的方法。”①“正的方法”讲某物是什么；“负的方法”讲某物不是什么。之所以要用特别的“负的方法”来讲形上学，原因在于形上学的最高境界“天地境界”是不可思议、不可言说的，我们不能说它是什么，只能说它不是什么。“负的方法”之所以是一种有效的讲形上学的方法，原因在于“但若知道了它不是什么，也就明白了一些它是什么”②。在冯友兰看来，历史上出现的许多讲形上学的方法，如柏拉图的辩证法，斯宾诺莎的反观法，康德的批判法，维也纳学派的实证法、分析法、约定法，以及他自己的新理学的方法，都属于“正的方法”，因为它们都讲了一些对实际有所肯定的知识。只有禅宗的方法是讲形上学的“负的方法”，因为禅宗的第一义不可说。禅师们发明的各种讲第一义的方法，“都可以说是以负的方法讲形上学”③。

除了禅宗的方法之外，冯友兰将诗也归入讲形上学的“负的方法”：“进于道的诗亦可以说是用负的方法讲形上学。我们说‘亦可以说是’，因为用负的方法的形上学其是‘学’的部分，在于其讲形上学不能讲。诗并不讲形上学不能讲，所以它并没有‘学’的成分。它不讲形上学不能讲，而直接以可感觉者，表显不可感觉、只可思议者，以及不可感觉，亦不可思议者。这些都是形上学的对象。所以我们说，进于道底诗‘亦可以说是’用负底方法讲形上学。”④

如果审美教育的最终目的，在于让受教育者更好地获得审美经验，而获得审美经验的关键在于形成无功利、无目的、无概念的审美态度，那么对于审美教育来说，掌握知识和技术就都不是最主要的，最主要的是态度的转变，类似于禅宗所说的顿悟。如果说诗也是一种讲形上学的“负的方法”，而“负的方法”又有助于我们形成审美态度，那么我们就可以将诗教视为审美教育的核心。

儒家非常强调诗教。《论语·泰伯》记载孔子的言论说：“兴于诗，立于礼，成于乐。”历代注释家都认为这段话讲的是学问修养的先后顺序：以诗教为先，次之以礼教，再次之以乐教。诗教是一种非常特殊的教育形式，它的目的不是增加实际的知识，无论是哲学知识还是历史知识。王夫之说：“诗之深远广大与夫舍旧趋新也，俱不在意。唐人以意为古诗，宋人以意为律诗绝句，而诗遂亡。如以意，则直须赞《易》陈《书》，无待诗也。”⑤就哲学知识来讲，《易经》比《诗经》重要，

---

① 冯友兰：《三松堂全集》第五卷，河南人民出版社，1986 年，第 173 页。
② 冯友兰：《中国哲学简史》，北京大学出版社，1985 年，第 393 页。
③ 冯友兰：《新知言》，载冯友兰：《贞元六书》下，华东师范大学出版社，1996 年，第 950 页。
④ 同上书，第 960 页。
⑤ 王夫之：《明诗评选》卷八“高启《凉州词》评语”，见《船山全书》第十四册，岳麓书社，1998 年，第 1576 页。有关分析见本书第二章。

就历史知识来说,《书经》比《诗经》重要,由此可见《诗经》的目的不在传授哲学和历史知识,王夫之将这些知识称之为“意”。

诗教的目的不在“意”,而在“兴”。王夫之说:“诗言志,歌永言。非志即为诗,言即为歌也。或可以兴,或不可以兴,其枢机在此。”[①]这里的“兴”既是一种超越,又是一种还原。“超越”指的是摆脱日常生活中功利、概念、目的束缚;“还原”指的是向本然的生存状态的复归。因此,“兴”的关键不是增加知识和能力,而是去掉各种“知识”和“能力”的遮蔽,让人性呈现出其本来面目。由此可见,诗教所产生的文化作用跟礼教所产生的文化作用非常不同。礼教采用的是“正的方法”,诗教采用的是“负的方法”。诗教的目的是让人既有文化,又不失赤子之心。审美教育类似于这种意义上的诗教。

需要注意的是,作为审美教育的一个组成部分,尽管美学理论是一种理论优势的教育科目,但是考虑到其最终目的与美育有关,因此美学理论就有可能显得更为开放,尤其是在全球化时代,美学学科的开放特性就显得尤其可贵了。艾尔雅维茨指出,全球化导致的政治格局、经济形式和社会形态,与美学的特性非常吻合。艾尔雅维茨援引哈特(Michael Hardt)和奈格里(Antonio Negri)等人的说法,认为经济全球化必然导致民族国家强权的衰落,代之而起的是没有国家中心的新强权形式。全球化时代的“强权已经采取了新的形式,由依据唯有追求真理的逻辑联合起来的一系列国家组织和超国家的组织组成。这种新的全球形式的强权就是我们所说的帝国。……美国没有形成帝国主义工程的中心,今天任何民族国家都不可能形成帝国主义工程的中心。帝国主义终结了。任何国家都不可能以现代欧洲国家曾经扮演的方式成为世界的领导者”[②]。艾尔雅维茨等人关于全球化时代政治格局的构想,与哈贝马斯(Jürgen Habermas, 1929—)寻求超越民族国家的政治共同体相一致[③],代表全球化时代政治构想的一种趋势。美学学科的开放性和非霸权性,与全球化时代的这种去中心倾向相适应[④]。如果真的是这样的话,尽管美学是一门理论优势的学科,其教育形式也可以灵活多样,尤其是不要以某种抽象的理论将它封闭起来,从而丧失对新兴的美学问题的敏感。

---

① 王夫之:《唐诗评选》卷一“孟浩然《鹦鹉州送王九之江左》评语”。见《船山全书》第十四册,第897页。

② Michael Hardt and Antonio Negri, *Empire*, Cambridge, Mass.: Harvard University Press, 2000, pp. xii - xiv. 转引自 Ales Erjavec, “Aesthetics and/as Globalization: An Introduction”, in Ales Erjavec ed., *International Yearbook of Aesthetics*, Volume 8, 2004, p. 5.

③ 参见哈贝马斯:《超越民族国家?》,载贝克等:《全球化与政治》,王学东、柴方国等译,中央编译出版社,2000年。

④ 见本书第一章有关论述。

四、从“正的方法”看审美教育

当然，尽管审美教育在总体上是采用“负的方法”的态度教育，但是为了养成审美态度，有时候也需要增加一些实际的知识，因此审美教育在某些方面也要用到“正的方法”。

瓦尔顿和卡尔松的理论，透露了我们在欣赏艺术作品和自然物方面所需要的知识。根据瓦尔顿，我们对艺术作品的正确欣赏，建立在将该作品放在与它相适应的范畴下来感知的基础上。比如，如果我们要正确地欣赏毕加索的《格尔尼卡》(见图 2)，就需要将它放在立体派的范畴下来感知，而不能将它放在印象派范畴下来感知。再如，如果我们要正确地欣赏特纳的《暴风雪中的汽船》(见图 12)，就需要将它放在崇高的范畴下来感知，而不能放在优美的范畴下来感知。如果将《格尔尼卡》看作印象派绘画，就欣赏不到它的优点，从而会认为它是一件笨拙的作品；如果将《格尔尼卡》看作立体派绘画，就能欣赏到它的优点，从而会认为它是一件杰出的作品。同样，如果用崇高的范畴来欣赏《暴风雪中的汽船》，会认为它是一件杰作；如果用优美的范畴来欣赏《暴风雪中的汽船》，会认为它是一件庸作。立体派和印象派是艺术范畴，崇高和优美是审美范畴，它们是美学家、艺术史家、艺术理论家和艺术批评家教给我们的。这些专家不仅教给我们与某件艺术作品相适应的范畴，而且教给我们如何用适宜的范畴来欣赏该艺术作品。这些都是关于艺术欣赏的实际的知识①。

卡尔松主张，我们对自然物的欣赏，也需要参考对艺术作品的欣赏方式。首先，像在艺术欣赏中的情形那样，自然对象和景观的审美特性决定于它们被怎样欣赏。长须鲸是一种宏伟而优美的哺乳动物，但如果将它看作鱼，它就会显得笨重、畸形，甚至难看。同样的，优美而高雅的驼鹿，如果将它看作鹿就会很笨拙；伶俐迷人的美洲旱獭，如果将它看成棕鼠就会笨重而令人畏惧；精巧的向日葵，如果将它看成雏菊就会僵硬。对景观来说，比如一块“宽大的泥沙地”可以具有不同的审美特质，你可以觉得它是“一种野生的令人愉快的空旷”，也可以相反觉得它是“一种搅动不安的神秘”，这取决于你将它看作是海滩(beach)还是将它看作为潮汐地(tidal basin)。其次，像艺术欣赏中的情形一样，对自然对象和景观的恰当的审美欣赏，如欣赏它们的优美、神奇、高雅、迷人、伶俐、精巧，或“搅动不

---

① 见 Kendall L. Walton, “Categories of Art”, *Philosophical Review*, Vol. 79, No. 3 (1970), pp. 334 - 367。

安的神秘”，需要把它们放在正确的范畴中去感知。这就需要有关于它们究竟是什么的知识和其他一些与它们相关的东西的知识，在这些情形中主要是一些与生物学和地质学相关的东西。一般说来，这是由自然科学提供的知识①。这些有关自然的范畴和历史的知识，都是实际的知识。

除了有关艺术作品和自然物的范畴知识和历史知识之外，审美教育还涉及一些实际的知识，其中重要的有形式和情感两方面的知识②。根据形式主义美学的看法，事物的美跟它的材料和表达内容无关，只跟它呈现出来的感觉形式有关。形式美具有一定的规律，比如对称、某种特别的比例如黄金分割率、有机整体、和谐或者多样统一等等③。审美教育既包括有关形式美的知识教育，也包括发现形式美的能力教育。

但是，有不少美学家质疑形式主义美学的主张，认为将审美欣赏局限为对美的形式的欣赏是不够的，或者说美的形式并不是审美的最终目的。根据表现主义美学的看法，审美的最终目的是情感的表达和交流。这种看法有古老的传统。比如，亚里士多德认为，悲剧的功能是净化情感，尤其是怜悯和恐惧这两种情感。科林伍德认为，真正的艺术是表现和探测某种隐秘的情感。托尔斯泰认为，艺术可以通过情感交流将人民团结起来。由此可见，审美欣赏并不满足于形式欣赏，而是要深入到情感的表达、交流、净化和探测之中。换句话说，在审美教育中，形式只是外表，情感才是内核。总之，根据表现主义美学，审美教育可以通过情感的净化、探测和交流，促进受教育者的身心平衡、自我认识和相互团结。

对于审美教育作为情感教育，儒家美学也有同样的认识。除了上述讨论的诗教之外，礼教和乐教也是儒家美育的重要组成部分。孔子非常重视礼乐，力图复兴在当时已经崩坏了周礼。为此，孔子对周礼做了某些方面的改善，使之更适应现实的需要。如，《论语·子罕》记载："麻冕，礼也，今也纯，俭，吾从众；拜下，礼也，今拜乎上，泰也，虽违众，吾从下。"除了这种形式上的改变之外，孔子还改革了礼的内容，强调礼的核心既不是外在形式，也不是被祭祀的鬼神，而是祭祀者的情感。没有真情实感的投入，礼乐就失去了意义。《论语》中有许多这方面

① Allen Carlson, *Aesthetics and the Environment: The appreciation of Nature, Art and Architecture*, New York: Routledge, 2000, pp. 89 - 90.

② 下述有关讨论，参见 Paul H. Hirst, "Aesthetic Education", in David E. Cooper ed., *A Companion to Aesthetics*, Oxford: Blackwell, 1997, pp. 127 - 130.

③ 关于形式美有许多经典的论述，最近对这个问题的论述，见 Wolfgang Welsch, "On the Universal Appreciation of Beauty", in *International Yearbook of Aesthetics*, Edited by Jale Erzen, Vol. 12, 2008, pp. 6 - 32。

的记载,如“礼云礼云,玉帛云乎哉?乐云乐云,钟鼓云乎哉?”(《论语·阳货》)“人而不仁,如礼何?人而不仁,如乐何?”(《论语·八佾》)“祭如在,祭神如神在。子曰:‘吾不与祭,如不祭。’”(《论语·八佾》)

孔子的这种思想得到了荀子的继承和发挥。《荀子·礼论》讲了许多关于丧、祭礼的理论。西周的丧、祭礼本来是一种宗教仪式,荀子保留了宗教祭祀的形式,将它们的内容由宗教改变为审美,用“文”来取代“神”。《荀子·礼论》记载:“事死如事生,事亡如事存,状乎无形影,然而成文。”又说:“其在君子以为人道也,其在百姓以为鬼事也。”《荀子·天论》记载:“日月食而救之,天旱而雩,卜筮然后决大事,非以为得求也,以文之也。故君子以为文,百姓以为神。以为文则吉,以为神则凶也。”在荀子看来,尽管没有鬼神,丧、祭的各种仪式仍然有存在的必要,这是自孔子以来,儒家对待礼仪的传统态度。墨子曾就这一点批评过儒家。《墨子·公孟》记载:“执无鬼而祭礼,是犹无客而学客礼也,是犹无鱼而为鱼罟也。”根据墨子,如果不承认鬼神而举行祭祀,就好像没有宾客而举行宾礼,没有鱼而撒网一样荒唐。荀子的解释是,虽然没有鬼神,但人总是有情感的。荀子把这种自然产生的情感叫做“天情”。天旱的时候,人们自然会从内心产生一种对降雨的渴望和对无雨的忧虑。人的亲人死了,人在理智上知道他是不存在了,但在情感上却希望他还存在。这种自然产生的“天情”总得有个发泄、表现的地方。礼仪就是让这种“天情”能得到有秩序、有节奏地表现的形式。经过荀子的这种解释,儒家的礼乐就不再是宗教或者伦理意义上的行为,而是一种艺术行为,一种类似于表现内在情感的有节奏的舞蹈。礼乐不仅表达了人的“天情”,而且让这些自然产生的情感得到了规范和提升,让人由自然状态进入文明状态,这是儒家审美教育中尤其强调的内容。这方面的内容在表现主义美学那里并不明显。

尽管形式主义美学与表现主义美学在许多方面存在矛盾,但它们之间的矛盾并不是不可调和的。一些美学家发现,情感与形式之间存在对应关系,甚至很难将二者区别开来。比如,阿恩海姆(Rudolf Arnheim, 1904—2007)从心理学上证明艺术中的形式与情感是统一的。在阿恩海姆看来,艺术中的形式都是活的形式,有其力的结构,人的情感运动也有其力的结构,因此,尽管情感与形式是两种完全不同类型的事物,但由于它们具有同样的力的结构,因此情感可以由形式表达出来。阿恩海姆说:“每一个视觉式样都是一个力的式样。正如一个活的有机体不可以用描述一个死的解剖体的方法去描述一样,视觉经验的本质也不能仅仅通过距离、大小、角度、尺寸、色彩的波长等去描述。这样一些静止的尺度,只能对外部‘刺激物’(即外部物理世界送到眼睛中的信息)加以界定,至于知觉对象的生命——它的情感表现和意义——却完全是通过我们所描述过的这种力的活动来确定的。"[①]在阿恩海姆眼中,形式不是像"死的解剖体"一样的死形式,而是像"活的有机体"一样的活形式,有"它的情感和意义"。换句话说,活形式本身就具有表情性;在活形式中,情感与形式是水乳交融,不可分割的。

尽管朗格不主张对情感与形式之间的关系做心理学上的解释,但这并不意味着她否认它们之间存在密切关系。相反,在朗格看来,传统美学将情感研究归入主观主义美学,将形式研究归入客观主义美学,从而将它们对立起来的做法是不能成立的。朗格主张从符号学的角度来研究情感与形式的关系。情感可以用某种形式客观地表达出来,形式也可以带有某种情感和意味。朗格采用克莱夫·贝尔的说法,将情感和形式结合起来称之为"有意味的形式"[②]。在艺术的有意味的形式之中,形式与情感是密不可分的,或者说它们之间的关系是透明的。鉴于有意味的形式是艺术的本质,因此我们完全可以将艺术定义为"表达人类情感的符号形式的创造"[③]。艺术形式,总是表达情感的活形式。如果某物不能创造出表达情感的形式,它就不再配得上艺术的名称。不过,朗格对情感与形式之间的关系采取的符号学解释,与克莱夫·贝尔和阿恩海姆的心理学解释有很大的不同。心理学将形式视为情感的心理上的表达,符号学将形式视为对情感的逻辑上的表达。例如,如果说一段乐曲的乐音运动形式表达了一种欢快的情感,根据心理学的解释,这段乐曲表达了音乐家当时的欢快,根据符号学的解释,这段乐曲表达了欢快或者音乐家对欢快的理解,而不是音乐家真实具有的欢快。借用托梅(Alan Tormey)的说法,我们可以区分"某某情感表现"和"某某情感的表现",从前者我们不能推断出某种心理学上的情感是否被表现出来,从后者则可以做出这个推断。比如,一个人面带忧郁的表情,有可能表明这个人正在忧郁,也有可能表明这个人并非正在忧郁,因为这个人可能生来就具有一张看起来忧郁的脸孔,或者这个人正在快乐地表演忧郁,在后面这两种情况中,这个人都可能并不处于忧郁的情绪之中。如果一个人忧郁的表情表达他正处于忧郁之中,这就是"忧郁的表现";如果一个人忧郁的表情并非表达他正处于忧郁之中,这就是"忧郁表现"。心理学的解释支持艺术形式是"某某情感的表现",符号学解释支持艺术形式是"某某情感表现"[④]。

无论是心理学的解释还是符号学的解释,都表明形式与情感之间存在密切

---

① 阿恩海姆:《艺术与视知觉》,滕守尧等译,四川人民出版社,1998 年,第 9 页。

② 参见本书第十章第四节中有关讨论。

③ Susanne Langer, *Feeling and Form*, New York: Scribner, 1953, p. 40.

④ Alan Tormey, *The Concept of Expression*, Princeton, NJ: Princeton University Press, 1971, p. 121. 有关评论,见罗宾逊:《艺术中的情感》,载基维主编:《美学指南》,彭锋等译,南京大学出版社,2008 年,第 152 页。

关系，因此无论是强调形式教育还是情感教育，审美教育都同时与形式和情感有关：对形式的识别，实际上就是对情感的认识。换句话说，形式感的训练，实际上就是对情感的陶冶。这些也都涉及实际的知识。

五、审美教育作为境界教育

尽管审美教育也涉及实际的知识，但它的最终目的不是增加知识和增强能力，而是提高人生境界。正如叶朗所说："审美活动可以从多方面提高人的文化素质和文化品格，但审美活动对人生的意义最终归结起来是提升人的人生境界。"①

人生境界理论是中国哲学中一支非常重要的理论，历代思想家都有精彩的论述，其中以冯友兰的论述最为清晰。在冯友兰看来，所谓人生境界，就是人生的意义世界。冯友兰说："人对于宇宙人生的觉解的程度，可有不同。因此，宇宙人生对于人的意义，亦有不同。人对于宇宙人生在某种程度上所有的觉解，因此，宇宙人生对于人所有的某种不同的意义，即构成人所有的某种境界。"②由此可见，人生境界的区别，关键在于觉解的不同。觉解的对象可以一样，而不一样的觉解会形成不一样的意义，因此人生境界的差别，是意义世界的差别，而不是现实世界的差别。冯友兰说："照我们的说法，就存在说，有一公共的世界。但因人对之有不同的觉解，所以此公共的世界，对于各个人亦有不同的意义，因此，在此公共的世界中，各个人各有一不同的境界。"③根据觉解的高低不同，冯友兰区分出四种不同的人生境界：自然境界、功利境界、道德境界和天地境界。自然境界最低，天地境界最高。

冯友兰自己认为，天地境界是一种哲学境界。不过照我们的分析，天地境界只有作为审美境界才有可能。

首先，从达到天地境界的方法来看，由于达到天地境界的主要方法是诗，因此可以说天地境界是审美境界。按照冯友兰对天地境界的基本规定，天地境界是不可言说、不可思议的，而哲学总是离不开思议和言说，如果将天地境界当作哲学的目标，那么哲学的方法就不可能达到它的目标。如上所述，正因为认识到这种困难，冯友兰在主要的哲学方法"正的方法"之外，又标举了一种特殊的哲学

① 叶朗：《美学原理》，第429页。
② 冯友兰：《新原人》，见冯友兰：《贞元六书》下，第552页。
③ 同上。

方法“负的方法”。冯友兰列举了两种“负的方法”，一种是否定的方法，另一种是诗。根据我们的分析，诗比否定的方法更有优势。否定的方法之所以能够通达不可思议、不可言说的天地境界，原因在于“但若知道了它不是什么，也就明白了一些它是什么”。但是，这种“明白”并不是由所讲的直接显示的，所讲的只是“不是什么”，由所讲的“不是什么”到“是什么”，需要一种另外的反思或觉悟，而这种另外的反思或觉悟刚好是需要进一步说明的。因此，否定的方法虽然有可能让人明白不可思议不可言说者是什么，但还不能必然使人明白它是什么。诗不同于这种否定的方法，诗不说不可思议不可言说者是什么，也不说它不是什么，而是以可感觉者直接显现不可思议不可言说者。诗的确也在用语言说话，但它的意义似乎又在语言之外。“进于道的诗，必有所表显。它的意思，不止于其所说者。其所欲使人得到者，并不是其所说者，而是其所未说者。”①诗不对不可思议不可言说者的存在表态，不对它做无论肯定的还是否定的判断，而是让它直接出场。就诗能够让不可思议不可言说者直接出场来说，它比否定的方法更有优势。由于诗是更好的通达天地境界的方法，因此与其说天地境界是哲学境界，不如说它是审美境界。

其次，冯友兰明确将天地境界与审美境界等同起来。在阐述蔡元培的美学思想时，冯友兰说：“一个真正能审美的人，于欣赏一个大艺术家的作品时，会深入其境，一切人我之分，利害之见，都消灭了，觉得天地间万物都是浑然一体，人们称这种经验为神秘经验。这是一种最高的精神境界。一般的人固然不能得到这种经验，达到这种境界，但也可以于审美之中陶冶感情，‘使有高尚纯洁之习惯’，这是艺术的社会作用。所以，蔡元培主张‘以美育代宗教’，这是他的美学思想的一个重要原则。”②从这段话中得知，在冯友兰看来，一个真正能够审美的人，在艺术欣赏中，就可以达到或接近神秘的天地境界。除此之外，一般人是不能得到这种经验，不能达到这种境界的。此外，冯友兰明确说：“事物的此种意义（指人在天地境界中所领悟到的事物的新意义），诗人亦有言及之。”③冯友兰还同意天地境界也可以称之为舞雩境界，所谓舞雩境界就是审美境界④。

最后，天地境界作为审美境界，还可以由达到天地境界所成就的人格表现出来。冯友兰把达到天地境界的人格称之为“风流”，同时认为“风流是一种所谓人格美”⑤。冯友兰之所以把风流称作美，因为风流同美一样都是只可以直观领悟

① 冯友兰：《新知言》，载冯友兰：《贞元六书》下，第961页。
② 冯友兰：《中国现代哲学史》，广东人民出版社，1999年，第61页。
③ 冯友兰：《三松堂全集》第四卷，第630页。
④ 冯友兰：《三松堂全集》第五卷，第448页。
⑤ 同上书，第346页。

不可以言语传达的东西①。

尽管冯友兰没有自诩为风流人物，但对历史上的风流人物显然心向往之。在众多的风流人物中，冯友兰最推崇陶渊明和程明道。冯友兰非常喜欢陶渊明的诗："结庐在人境，而无车马喧。问君何能尔，心远地自偏。采菊东篱下，悠然见南山。山气日夕佳，飞鸟相与还。此中有真意，欲辩已忘言。"从这首诗中，冯友兰领悟到："这诗所表示底乐，是超乎哀乐的乐。这首诗表示最高的玄心，亦表现最大的风流。"②冯友兰也非常喜欢程明道的诗："云淡风轻近午天，傍花随柳过前川。时人不识予心乐，将谓偷闲学少年。"从这首诗中，冯友兰看到，程明道的境界似乎更在邵康节之上，其风流亦更高于邵康节③。陶渊明、程明道的风流能通过诗表现出来，冯友兰能通过他们的诗直观到他们的风流，说明不可言说的风流，与可以言说的诗之间，有某种内在的关联。

更重要的是，冯友兰并不是作为一个职业鉴赏家来抽象地研究这些诗的意义，而是常常在自己的具体生活中体会诗的意义。冯友兰经常谈到他对诗的切身感受。比如，他曾经讲到：1937 年中国军队退出北京后，日本军队进驻北京前的几个星期，他和清华校务会的几个人守着清华。在一个皓月当空、十分寂静的夜晚，一同在清华园中巡察的吴正之说："静得怕人，我们在这里守着没有意义了。"冯友兰说他当时忽然觉得有一些幻灭之感，后来读到清代诗人黄仲则的两句诗："如此星辰非昨夜，为谁风露立中宵。"觉得这两句诗所写的正是那种幻灭之感，反复吟咏，更觉其沉痛④。不为做诗而做诗，不为读诗而读诗，生活中的随处涌现都可以入诗。我们相信生活中的冯友兰离他思想上向往的风流并不太远。

通过上述分析，我们可以将作为最高人生境界的天地境界理解为审美境界。现在的问题是，如何才能达到这种审美境界呢？在冯友兰的人生境界理论中，人生境界从低到高被区分为自然、功利、道德、天地四个境界。审美教育的目的，是帮助人们不断由较低的境界向较高的境界超越，最后达到天地境界。为了论述的方便，我们权且将功力境界与道德境界合并起来，由此冯友兰所说的四个境界就变成了人生境界的三个层次。借用张世英(1921—)的说法，第一个层次是"原始的天人合一"，即人与世界尚未区分，只有对世界的单纯的感受，相当于冯友兰所说的自然境界；第二个层次是"主客二分"，这时人有了意识，有了对世界的认识和实践关系，相当于冯友兰所说的功利境界和道德境界；第三个层次是

---

① 关于风流的具体论述，见冯友兰：《三松堂全集》第五卷，第 348—355 页。
② 冯友兰：《三松堂全集》第五卷，第 354 页。
③ 同上书，第 355 页。
④ 冯友兰：《中国哲学史新编》下，人民出版社，2001 年，第 555 页。

“高级的天人合一”，相当于冯友兰所说的天地境界，张世英明确指出这个层次的境界是审美境界①。根据我们上面分析的审美教育的“正”“负”两个方面的内容，从第一个层次向第二个层次超越时，主要侧重“正”的方面的教育内容，从第二个层次向第三个层次超越时，主要侧重“负”的方面的教育内容。只有将审美教育的“正”“负”两方面的教育内容结合起来，才能最终达到作为人生最高境界的审美境界。

思考题

1. 审美教育与教育美学和艺术教育之间有何关系？
2. 如何理解审美教育作为完人教育？
3. 如何理解审美教育作为态度教育？
4. 审美教育包括哪些实际的知识教育？
5. 如何理解审美教育作为境界教育？

推荐书目

蔡元培：《蔡元培美学文选》，北京大学出版社，1983 年。

席勒：《审美教育书简》，冯至、范大灿译，北京大学出版社，1985 年。

冯友兰：《新知言》、《新原人》，载冯友兰：《贞元六书》下，华东师范大学出版社，1996 年。

叶朗：《美学原理》第十四、十五章，北京大学出版社，2009 年。

曾繁仁主编：《现代美育理论》，河南人民出版社，2006 年。

Morris Weitz, “What is Aesthetic Education?” *Educational Theatre Journal*, Vol. 24, No. 1, 1972.

Francis T. Villemain, “Toward a Conception of Aesthetic Education”, *Studies in Art Education*, Vol. 8, No. 1, 1966.

Paul H. Hirst, “Aesthetic Education”, in *A Companion to Aesthetics*, Edited by David E. Cooper, Oxford: Blackwell, 1997.

① 张世英：《天人之际——中西哲学的困惑与选择》，人民出版社，1995 年，第 232—233 页。

图书在版编目(CIP)数据

美学导论/彭锋著. —上海：复旦大学出版社，2011. 1(2023. 12 重印)
(复旦博学·哲学系列)
ISBN 978-7-309-07291-4

Ⅰ. 美… Ⅱ. 彭… Ⅲ. 美学 Ⅳ. B83

中国版本图书馆 CIP 数据核字(2010)第 091836 号

美学导论
彭 锋 著
责任编辑/陈 军

复旦大学出版社有限公司出版发行
上海市国权路 579 号 邮编：200433
网址：fupnet@fudanpress.com http://www.fudanpress.com
门市零售：86-21-65102580 团体订购：86-21-65104505
出版部电话：86-21-65642845
常熟市华顺印刷有限公司

开本 787 毫米×960 毫米 1/16 印张 18.75 字数 329 千字
2023 年 12 月第 1 版第 10 次印刷

ISBN 978-7-309-07291-4/B · 348
定价：48.00 元

联系我们

复旦大学出版社向选用《美学导论》作为教材的教师免费赠送多媒体课件。请完整填写下面表格，或者登陆 http://edu.fudanpress.com 填写课件索取表，我们将根据您的资料寄赠多媒体课件。

教师姓名：________________

任课课程名称：________________________

任课课程学生人数：____________

联系电话：(O)______________ (H)_____________ 手机：_____________

E-mail 地址：________________________________

所在学校名称：__________________________ 邮政编码：_____________

所在学校地址：____

学校电话总机(带区号)：____________ 学校网址：______________

系名称：__________________________ 系联系电话：____________

请将本页完整填写后，剪下邮寄到上海市国权路 579 号

复旦大学出版社陈军收

邮政编码：200433

联系电话：(021)65112469

E-mail 地址：shchenjun@126.com